国外油气勘探开发新进展丛书

GUOWAIYOUQIKANTANKAIFAXINJINZHANCONGSHU

TIGHT OIL RESERVOIRS:
CHARACTERIZATION, MODELING, AND FIELD DEVELOPMENT

致密油藏
表征、建模与开发

【阿联酋】哈迪·贝尔哈吉（Hadi A. Belhaj） 著

秦 勇 崔洪嘉 译

石油工業出版社

内容提要

本书论述了致密储层地质特征、致密储层地层评价、致密储层表征、致密储层动态建模、致密储层油田开发方法等方面内容。通过研究案例，分析了致密储层经济效益及风险性，展望了能源转型对非常规储层的影响。

本书可供油气田开发相关专业决策人员、管理人员、技术人员及石油院校相关专业师生参考使用。

图书在版编目（CIP）数据

致密油藏表征、建模与开发 /（阿联酋）哈迪·贝尔哈吉（Hadi A. Belhaj）著；秦勇，崔洪嘉译．-- 北京：石油工业出版社，2024. 11. -- ISBN 978-7-5183-6703-0

（国外油气勘探开发新进展丛书．二十六）

Ⅰ. TE343

中国国家版本馆 CIP 数据核字第 20244TG786 号

Tight Oil Reservoirs：Characterization，Modeling，and Field Development
Hadi Belhaj
ISBN：9780128202692

《致密油藏表征、建模与开发》（秦勇　崔洪嘉　译）
ISBN：9787518367030

北京市版权局著作权合同登记号：01-2024-5645

出版发行：石油工业出版社
（北京安定门外安华里 2 区 1 号　100011）
网　址：www.petropub.com
编辑部：（010）64523760
图书营销中心：（010）64523633
经　销：全国新华书店
印　刷：北京九州迅驰传媒文化有限公司

2024 年 11 月第 1 版　2024 年 11 月第 1 次印刷
787×1092 毫米　开本：1/16　印张：16
字数：380 千字

定价：160.00 元
（如出现印装质量问题，我社图书营销中心负责调换）

《国外油气勘探开发新进展丛书（二十六）》编委会

序

“他山之石，可以攻玉”。学习和借鉴国外油气勘探开发新理论、新技术和新工艺，对于提高国内油气勘探开发水平、丰富科研管理人员知识储备、增强公司科技创新能力和整体实力、推动提升勘探开发力度的实践具有重要的现实意义。鉴于此，中国石油勘探与生产分公司（现为中国石油油气和新能源分公司）和石油工业出版社组织多方力量，本着先进、实用、有效的原则，对国外著名出版社和知名学者最新出版的、代表行业先进理论和技术水平的著作进行引进并翻译出版，形成涵盖油气勘探、开发、工程技术等上游较全面和系统的系列丛书——《国外油气勘探开发新进展丛书》。

自 2001 年丛书第一辑正式出版后，在持续跟踪国外油气勘探、开发新理论新技术发展的基础上，从国内科研、生产需求出发，截至目前，优中选优，共计翻译出版了二十五辑 100 余种专著。这些译著发行后，受到了企业和科研院所广大科研人员和大学院校师生的欢迎，并在勘探开发实践中发挥了重要作用。达到了促进生产、更新知识、提高业务水平的目的。同时，集团公司也筛选了部分适合基层员工学习参考的图书，列入“千万图书下基层，百万员工品书香”书目，配发到中国石油所属的 4 万余个基层队站。该套系列丛书也获得了我国出版界的认可，先后八次获得了中国出版协会的“引进版科技类优秀图书奖”，形成了规模品牌，获得了很好的社会效益。

此次在前二十五辑出版的基础上，经过多次调研、筛选，又推选出了《油藏描述、建模和定量解释》《致密油藏表征、建模与开发》《蠕虫状胶束的体系、表征及应用》《非常规油气人工智能预测和建模方法》《多孔介质中多相流动的计算方法》《页岩油气开采》等 6 本专著翻译出版，以飨读者。

在本套丛书的引进、翻译和出版过程中，中国石油油气和新能源分公司和石油工业出版社在图书选择、工作组织、质量保障方面积极发挥作用，一批具有较高外语水平的知名专家、教授和有丰富实践经验的工程技术人员担任翻译和审校工作，使得该套丛书能以较高的质量正式出版，在此对他们的努力和付出表示衷心的感谢！希望该套丛书在相关企业、科研单位、院校的生产和科研中继续发挥应有的作用。

丛书编委会

目　录

第1章 概　　述

据美国能源信息署能源展望报告（U.S. Energy Information Administration，2012）显示，全球能源消费将发生大幅增长，而传统的碳氢化合物将日益枯竭。因此，以非常规油气藏为代表，油气行业即将发生革命。随着能源需求增加，人们开始积极勘探先前由于开采技术困难而搁置的非常规油藏，并对其中的大部分油藏进行开采。非常规油藏具有多种多样的地质特征（Harris，2012），多变的地球化学特征，复杂的岩石物理性质，不稳定的流体相态，以及多种流体流动控制机制。非常规油气藏包括煤层气、致密油气、重油、页岩油气、天然气水合物等多种类型。

由致密储层的形成性质可知，低渗透率与低孔隙度和低毛细管压力一样，是导致储层非常规性的特性之一。上述特性导致勘探和开采过程存在一定的复杂性和困难性（Salahuddin et al.，2018）。储层致密性是多种因素共同作用的结果，包括沉积环境和沉积环境形成后发生的成岩作用。

致密油主要分布于低渗透或超低渗透储层，因此储层流动性较差。岩石基质的渗透率一般为 10^{-1}mD，甚至更低，孔隙率多为 1%~10%。在常规油气开发过程中，部分砂岩和碳酸盐岩储层的渗透率可能较低（Moridis et al.，2010）。致密砂岩气形成于砂岩中，其基质渗透率小于 10^{-1}mD，孔隙度阈值小于 10%。尽管其区域封闭性较好，但致密砂岩中没有发育明显的圈闭或直接盖层（Zou et al.，2013）。由低渗透率介质组成的储层为非常规储层，在此类储层的开发过程中，应建立一个更好的开发方案，以了解流体的流动情况、流动状态，以及控制低渗透率介质的力学特性 / 机制。在非常规油藏中，存在扩散、黏性、对流、解吸、惯性、毛细管力、吸附和黏弹力，影响流体流动。根据调节作用，可将这些作用机制分为两类：圈闭作用和驱替作用（Belhaj et al.，2019）。圈闭作用有利于捕获湿润相流体，而驱替作用则能够在纳米、微米和宏观尺寸上控制流体在多孔介质中的流动。由于储层类型和储层条件不同，多孔介质中的流体流动受到多种物理过程和机制的影响，以及影响圈闭作用和驱替作用的力学性质，其中部分力学性质的影响高于其他力学性质（Belhaj et al.，2019）。因此，现有的压降计算方法和流体浓度方程（达西方法）忽略了大部分控制因素，其精度和有效性较低。此外，通过了解非常规油藏，可建立一个涵盖解吸效应和扩散效应的新型模式，用于非常规油气井开发。

在矿物燃料和其他能源资源的未来岌岌可危的关键时刻，为了在全球能源资源中维持主导地位，石油行业在消除或大幅减少对环境负面影响的同时，必须采用智能技术低价开采石油和天然气。在相当长的一段时间内，仍将继续开采油气，提高非常规油气资源采收率将是常规油气藏枯竭后的唯一解决方案。通过提高非常规油气资源采收率，能够吸引更多的投资者，从而扩大勘探、钻探、开采和研发规模。因此，需采取严格的工业操作规范和规章制度，以确保作业安全和环保效益，其中零排放政策应放在首位。在未来，氢能将成为全球范围内的新能源。目前，氢能可从化石燃料（如碳氢化合物气体、煤、原油）中获取。因此，如何充分利用排放碳（如建筑材料），并建立高效的二氧化碳捕获和封存（CCS）

方法是目前应着重研究的问题。地下层系蕴藏着大量的天然氢气，可以利用天然气储层的开采方式进行开采，在不久的将来，能源行业将迎来更多振奋人心的消息。该举措将为利用完全清洁的“白色”能源奠定基础。

参考文献

Belhaj, H.A., Qaddoura, R., Ghosh, B., Saqer, R., 2019. Modeling fluid flow in tight unconventional reservoirs: nano scale mobility/trapability mechanistic approach! In: SPE-198676-MS, SPE Gas & Oil Technology Showcase and Conference, Dubai, UAE, 21–23 October. https://doiorg.libconnect.ku.ac.ae/10.2118/198676-MS.

Harris, C., 2012. What Is Unconventional Resources? AAPG Annual Convention and Exhi- bition, Long Beach, CA, USA.

Moridis, G.J., Blasingame, T.A., Freeman, C.M., December 2010. Analysis of mechanisms of flow in fractured tight-gas and shale-gas reservoirs. In: Proceedings of the SPE Latin American and Caribbean Petroleum Engineering Conference. Society of Petroleum Engineers, Lima, Peru, pp. 1–3.

Salahuddin, A.A., Seiari, A., Jamila, M., Shehhi, A., Abdulla, S., Khaled, E., Hammadi, A., November 2018. Tight reservoir: characterization, modeling, and development feasibil- ity. In: Paper presented at the Abu Dhabi International Petroleum Exhibition & Con- ference, Abu Dhabi, UAE., https://doi.org/10.2118/192778-MS.

U.S. Energy Information Administration, 2012. EIA—Independent Statistics and Analysis. Short-Term Energy Outlook—U.S. Energy Information Administration (EIA). Avail- able from: https://www.eia.gov/outlooks/steo/. (Accessed 7 June 2021).

Zou, C.N., Yang, Z., Tao, S.Z., Yuan, X.J., Zhu, R.K., Hou, L.H., Wu, S.T., Sun, L., Zhang, G.S., Bai, B., 2013. Continuous hydrocarbon accumulation over a large area as a distinguishing characteristic of unconventional petroleum: the Ordos Basin, North-Central China. Earth-Sci. Rev. 126, 358–369.

第2章 非常规储层分类

无论采用何种方法分类，每一个非常规储层都是独一无二的。

关键词：非常规储层；非常规储层分类；致密页岩；致密烃源岩；低渗透；微米（纳米）尺度

2.1 储层分类策略

近年来，非常规储层（UCR）引发了相关从业人员的高度关注，非常规油气已成为油气市场的主要油气来源。随着全球能源需求日益增长，石油工业更加关注非常规油气资源。在过去二十年间，受油价上涨的推动，非常规油气资源的商业开发取得了重大进展。水平钻井和水力压裂技术的快速进步对非常规能源的开发作出了重大贡献。就当前石油行业发展进程而言，仍无法完全了解非常规储层的复杂性，因此尚未研发出经济高效的开发技术。非常规油气藏的天然气采收率仍落后于预期开采水平。该类储层蕴藏着巨大的能源资源，足以满足未来数百年的能源消耗，但其采收率却低于10%。非常规储层的形成和发育情况尚不明确，相关开发和开采技术也受到了限制。此外，微/纳米级孔隙的形成过程也较为复杂，具有异常流体流动特性，因此，非常规储层的实时表征和建模非常困难。许多情况下，非常规储层的采收率甚至低至石油地质储量（OIIP）的3%~7%。部分非常规层系的渗透率尺度甚至达到纳达西级。非常规储层的油气存储能力和流体流量受到渗透率、总有机质含量、热成熟度、天然气对有机质的吸附能力等特性的影响。

非常规储层通常被定义为地质特征明显、地球化学特征多变、岩石物理性质复杂、完井难度大、流体相态和流动机理异常的储层。尽管经过多年的技术发展，研究人员在该领域积累了一定的相关经验，但常规储层的表征精度仍然不够。除了常规储层中遇到的技术难题之外，非常规储层的表征和建模也是一个突出问题。目前，人们对非常规储层的地质和岩石/流体相互作用缺乏了解，造成了许多困难。多项重要参数目前仍无法确定，部分参数仍处于未知状态。研究过程中，应当优先考虑能够量化本构储层关系的常规岩石和流体表征特征。非常规储层的表征和建模对开发也至关重要，因此有必要对致密储层的纳米级孔隙内流体的流动特性开展研究。当前用于非常规储层表征、建模和开发的常规方法和工具已不能满足非常规储层开发的目的和预期。与常规储层不同，非常规储层的建模不仅要考虑达西定律中简单的黏性力项，还要考虑多个重要的力学特性，包括黏弹力、毛细管力、惯性、平流、对流、吸附和解吸力，这些力学特性会影响流体在致密非常规储层的纳米级孔隙中的流动。有必要充分掌握归纳上述机制对非常规储层中流体的流动带来的影响。建立多尺度（宏观，微观和纳米级）综合模型，预测致密层系中流体流动，这是模拟非常规储层流体流动特性的基础。首先，根据每种机制建立对应的基本模型，评估其对流体流动特性的影响，将这些基本模型组合成一个综合模型。这一综合模型应当能够反映上述力学特性对致密多孔介质中流体流动特性的影响。利用参数验证预测结果，定义关键参数及其相对灵敏度。储层条件包括温度、压力、岩石和流体性质，其变化能够表示这些参数对流体流动特性的影响。这些模型一旦建立，将对非常规储层的开发产生重大影响，从而降低其生产资本和运营成本。

首先，应当建立一个分类矩阵，用于区分常规储层和非常规储层，之后对非常规储层进行精细分类。根据分类目的或分类者观点的不同，非常规储层的分类也会发生变化。可根据油气资源的地质环境、质量特征、开发复杂程度和难度、烃类质量等因素选择分级标准。本章总结了一些常用的分类方案，并重点介绍了非常规储层的表征和建模过程中采用的分类方案。

纵观石油工业的整体发展史，曾出现多种油气储层分类方案。油气储层的分类往往受到其分类背景、分类目的和分类者思维方式的影响。油气储层一般可分为两类：常规储层和非常规储层。就传统意义而言，常规储层能够代表石油工业的整体发展史。非常规储层的发现距今已经有一段时间，但由于其岩石和（或）流体性质复杂，直到最近几年，才将其提上开发议程，因此，非常规储层的开发资本和运营成本是一大问题。一方面，许多常规储层已经投入生产长达几十年，其中部分储层已遭废弃。目前，业界和学术界已经基本明确了开发非常规储层所需的知识和方法。但这并不代表非常规储层相关的所有信息都是已知的，在全球范围内，多个国家的非常规储层采收率仅为 25%，这表明，对非常规储层的研究仍亟待加深。目前，非常规储层的剩余油气产能高达 75%，因此其开发前景仍然非常广阔。此外，非常规储层的开发仍处于起步阶段，其中部分储层的大规模开采时间还不到 20 年。尽管 20 年看起来很长，但目前非常规储层的全球采收率几乎可以忽略不计。其中已开发的非常规储层的采收率低于 10%。对业界而言，如何利用经济效益较高的技术开采这些非常规储层的油气是一个重大挑战，对于学术界而言也是一个严肃的科研课题。

非常规储层的出现，彻底改变了人们对常规储层的看法。许多创新理念和突破起初是为非常规储层设计的，之后在常规储层中同样得到应用。例如，在北美地区非常规油气开发热潮中，创新研发了水平井分段压裂技术和三维地震勘测技术，目前这些技术已经应用于常规储层。技术的发展能够提高油气采收率，或者降低油气开采成本，甚至两者兼而有之。同样，许多成熟的理论概念也影响和改变了人们对常规储层的认知。这些理论包括常规储层和非常规储层的共生、储层的分布、油气的运移，以及油气圈闭理论等。1934 年，McCollough 正式提出了油气圈闭理论（McCollough，1934）。至此，人们对油气圈闭的定义发生了改变。

非常规储层的识别与评价策略与常规储层有很大不同。对于非常规储层，目标是识别连续或断续分布的储层，之后在当前市场条件下确定具有经济效益的油气富集点（通常称为“甜点”区）。另一方面，通常利用聚集了油气的圈闭对常规储层进行识别。之后对该油气圈闭进行评价和开发，以获得长时间的稳定高产油气。

2.2　含油气系统分类

在解决常规储层和非常规储层的分类问题之前，首先应当明确在油气系统中识别常规储层和非常规储层的必要性。在常规油气勘探开发过程中，当钻探浅层油气井时，油气会通过井筒自发流至地表。多年来，为了勘探开发更复杂、更棘手的储层，钻井和完井技术略有进步，但相关基本理论并没有发生太大变化。20 世纪 90 年代初，George Mitchell 率先开发了一种新型技术，将水平钻井与水力压裂相结合。这一技术代表了现代意义上的水力压裂。这种革命性的技术代表了技术水平的飞跃，标志着页岩油开发热潮的诞生。过去普遍认为经济效益较差的巨大非常规油气藏，突然一跃成为石油和天然气的主要来源，成为能源供应链中的重要一环。

在之后 30 年间，仅在美国地区，原油日产量就增加了 1000 多万桶。此外，人们还为这些储层创造了一个新术语，即“非常规储层”（UCR）。对非常规储层而言，需要全新的开发策略，同时与常规储层相比，这一储层的岩石物理性质、流体性质，以及非达西流体流动特性也有着很大不同。现在，许多科学家甚至质疑多孔介质中流体流动的基本规律是否适用于非常规储层。考虑到这两种储层之间的巨大差异，世界各地都建立了新的研究体系，试图建立一种新的、适当的方法对这两种储层进行分类。

2.2.1 常规油气储层分类

常规油气储层可大致分为含油储层和含气储层。按照以下几个标准，可以对这种宽泛的分类进行细分：流体组分、初始储层压力和温度、地面生产压力和温度。通常利用相图对上述标准进行判断，然而，本次研究并未使用传统相图（多称为压力 / 体积 / 温度分析图，PVT 相图）。

在常规储层的进一步分类过程中，储层初始压力起到了重要作用。如果储层初始压力大于泡点压力，则将储层划分为欠饱和储层；如果储层初始压力等于泡点压力，则将其划分为饱和储层；如果储层初始压力低于泡点压力，则将其划分为饱和气顶储层。根据原油的质量和性质，可将储层分为黑油储层、低收缩性储层、挥发性储层和近临界储层。

与含油储层不同，储层初始温度对含气储层的分类起着关键作用。本次研究将讨论最重要的四个子分类。第一类含气储层是反凝析气储层。这类储层的温度介于储层流体的临界温度和临界凝析温度之间。第二类含气储层是近临界凝析气储层。顾名思义，这类储层的温度最接近临界温度。第三类含气储层是湿气储层。大多数“含气”储层都属于这一类储层。这类储层包括温度高于烃类混合物临界温度的含气储层。在这类含气储层中，从储层到地表，温度下降，质量极轻的液态烃从储层的气体中冷凝出来，并流入采出流体。第四类含气储层是干气储层。在干气储层中，烃类气体保持单相状态，烃类气体的开采过程只伴随着少量水，就像所有石油和天然气开采案例一样。

影响常规油气储层分类的因素还有很多。在本次研究中，仅讨论两个重要的分类因素，即储层的存储和流动特性，以及储层的几何形状。

2.2.1.1 根据储层的存储和流动特性进行分类

储层的存储和流动特性受油气储层空间和优势通道的影响。第一类储层是多孔储层，这类储层与多孔介质的相关性最强。在这类储层中，晶间孔隙是主要的储集空间。典型的储层岩性包括砂岩、砾岩、生物碎屑灰岩和鲕粒灰岩。第二类储层是裂缝—孔隙型储层，以天然裂缝为主要流动通道，以多孔基质为主要储集空间。此类储层也被称为双孔单渗储层。此类储层的渗透率通常较低，但裂缝延伸距离较长。典型案例包括美国 Spraberry Trend 储层和中国任丘碳酸盐岩储层。第三类储层是裂缝性储层，其天然裂缝既是主要的渗流通道，也是主要的储集空间。此类储层的孔隙要么不发育，要么不连通。通常情况下，此类储层主要为致密碳酸盐岩、变质岩和泥页岩储层。第四种储层为裂缝—孔隙型储层。在此类储层中，油气既可存储在裂缝空间中，也可存储在基质空间中。此类储层也称为双孔双渗储层。此外，此类储层的裂缝延伸距离较短。第五种储层是缝—洞—孔复合型储层，其中发育的裂缝、基质空间和孔洞能够提高油气的存储能力和流动性。此类储层也称为三孔储层。

2.2.1.2 根据储层几何形状进行分类

在此种分类方案中，根据储层的几何形状对其进行分类，可将其分为块状、层状、断块和透镜储层。

第一类储层为块状储层，其中可能存储石油或天然气。这一储层最明显的特点是有效厚度较大（超过 32ft）。第二类储层为层状储层。此类储层为典型的背斜圈闭，构造完整，油水界面清晰。可根据渗透率的变化，将此类储层细分为更小的层系。中国大庆油田就是此类储层的典型实例。第三种储层类型是断块储层，主断层将此类储层切割成大小不同的断块。此类储层也具有层状结构。切割储层的部分断层可能是封闭性断层，从而形成了不同的油水界面，甚至不同的初始储层压力。第四种储层是透镜状储层，由砂岩透镜体叠置而成。通常将透镜体定义为长宽比等于或小于 3 的砂体。

上述研究表明，可以根据分类的背景、目的和标准建立多种常规储层分类方案。每一种分类方案都很重要，且都有其独特的优缺点。这是一个非常重要的概念，下一节对非常规储层进行分类时，将重申这一概念。

2.2.2 非常规油气储层分类

非常规储层通常边界不明显，且往往分布在较大区域内。此外，单井的产量不一定影响邻井的产量。因此，在储层分类和评价过程中，应当采用不同的方法。与常规储层一样，非常规储层的分类也有多种标准。然而，即使在最基本的理论层面上，也尚未能就此达成科学共识。本节将讨论最常见的分类方案。随后，将介绍用于非常规致密储层表征和建模的分类方法。

2007 年，石油工程师学会（SPE）、世界石油理事会（WPC）、美国石油地质学家协会（AAPG）、石油评价工程师学会（SPEE）、勘探地球物理学家学会（SEG）和石油资源管理系统（PRMS）召开会议，建立了一个新的综合性油气资源分类框架（Chan et al., 2012），尤其关注新出现的非常规油气资源。

2007 年，PRMS 定义了两种油气资源：常规油气资源和非常规油气资源。在这一定义中，常规油气资源分散在多种地质构造特征和（或）地层条件下，并受其约束。下倾接触面是典型的含水层。因此，水对油气的浮力对油气的汇聚有着很大影响。该定义还规定，可通过井筒对常规油气资源进行开采，在出售前几乎不需要进行额外处理。另一方面，通常将非常规油气资源定义为分布广泛的连续的、无边界的油气储层。非常规油气储层不受水动力的影响。需要使用专门的技术对其进行开采，并且在出售前可能需要对其进行大量加工。上述定义在油气储层规模、边界、可得性和出售前的处理要求等方面展现了常规油气资源和非常规油气资源之间的明显区别。

目前尚未明确界定常规储层和非常规储层。当前，许多储层均未进行明确定义，比如汇聚在盆地中心的天然气藏。根据 Aguilera 和 Harding（2007）的研究可知，这些储层的分类尚存在争议，如图 2.1 所示。

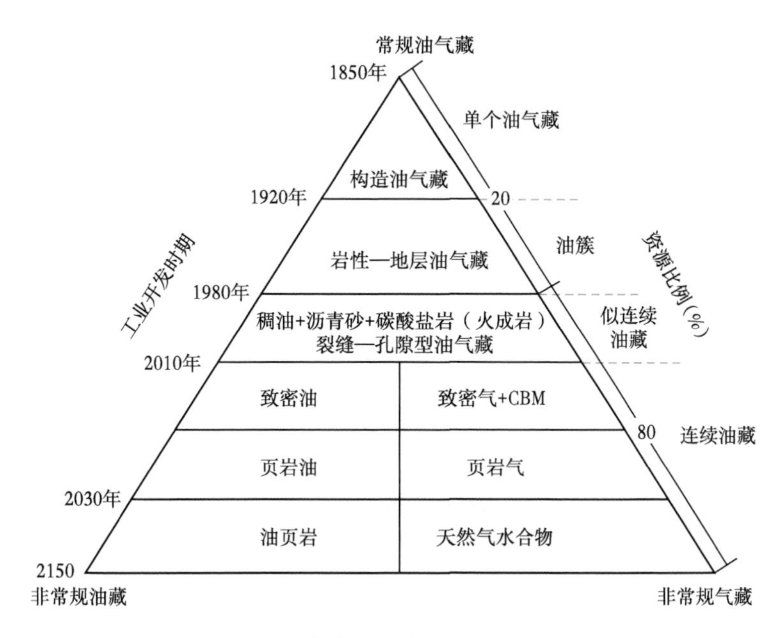

图 2.1　油气资源三角图（Zou，2017）

图 2.1 展示了联合国经济委员会欧洲特派团（UNECE，2013）开发的油气资源三角图。该图表明，常规储层与非常规储层的界定尚不明确。图 2.1 用最简洁的形式对储层分类中面临的困难进行了描述。其中还展示了对技术进步的需求与非常规储层油气价格上涨之间的关系。由于油气价格低、缺少开采技术，或两者兼而有之，因此无法对这些非常规油气进行商业化开采。例如天然气水合物，至今无法使用商业技术对其进行开采。与此同时，天然气价格一直非常低。

PRMS 系统将以下储层划分为非常规储层，包括：超稠油储层、沥青储层、致密气储层、煤层气储层、页岩气储层、油页岩储层和天然气水合物储层。然而，PRMS 的分类过于简化，因此建议使用类比法评估潜在的油气储层。无论如何，都应当对油气储层进行更为精确的划分。对储层的错误分类可能会降低其商业开采价值，特别是当油气储层的分类与技术要求和潜在投资者开发该储层的相关风险有关时。

根据多个与各种类型的储层明显相关的已知属性，PRMS 对非常规储层进行了分类。然而，研究发现，可以从不同角度对非常规储层进行分类。这些因素包括储层岩石类型、油气成熟度和密度、油气耦合关系、油气成因、生储盖组合，以及储层的连续性。上述分类因素改编自 Zou（2017）。岩石类型指储层岩石类型，例如砂岩或页岩。烃类成熟度和密度能够描述储层的流体类型。油气耦合关系是指烃类被储层岩石圈闭时的状态，例如在天然气水合物中，气—水—固在复杂的压力—温度图中具有相关性。油气成因是指烃类物质的有机成因或无机成因。可以将烃源视为烃类物质的运移路径或缺乏烃源。最后，储层连续性代表油气藏的分布面积（表 2.1）。

表 2.1　非常规储层分类

储层岩石类型	致密砂岩油/气，页岩油/气，CBM，碳酸盐岩缝—洞型油/气，火山岩储层油/气，变质岩储层油/气	
油气成熟度和密度	油页岩，重油，油砂岩，页岩油，致密油，页岩气，煤成气，致密气	
油气耦合关系	流—固耦合（致密油气，页岩油气，煤成气），气—水—固耦合（天然气水合物），气—水混合（水溶气），流体动力屏障（流体动力密封气）	
成因	热成因，生物成因，混合成因油/气，有机成因，无机成因	
烃类来源	自源型	非自源型
连续型油气储层	CBM，页岩油/气	致密砂岩油/气
	连续油藏	似连续油气藏
	致密砂岩油/气，页岩油/气，CBM	碳酸盐岩缝—洞油/气，储层火山岩油/气储层，变质岩油/气储层，稠油，油砂，天然气水合物

注：修改自 Zou（2017）。

在基于油气来源和储层连续性构建的分类方案中，着重强调常规储层和非常规储层的对比。对于常规储层而言，这两种分类方案是相互矛盾的。这意味着，如果油气能够从烃源岩向外运移，或在单个储层或其他储层附近发现油气，且规模相对较小，那么该储层肯定是一个常规储层。此外，该储层通常属于常规的油气系统。换句话说，该油气储层在明显的圈闭中发育。单个圈闭通常发育于构造活动下形成的构造高位，而簇状圈闭通常发育在地层或岩性储层中。另一方面，非常规储层往往发育于盆地中心和斜坡，是大面积分布的连续和准连续（通常称为半连续）储层。

Cander（2012）提出了非常规储层的另一种分类方法。该方案将非常规储层定义为需要利用相关技术提高渗透率与黏度比的储层（图 2.2）。渗透率能够代表岩石的非常规性，而黏度则能够代表流体的非常规性。非常规技术主要针对储层的两种特性进行改造。一般来说，主要利用水平井水力压裂技术改变储层的总渗透率，利用热力学方法改变储层流体黏度。

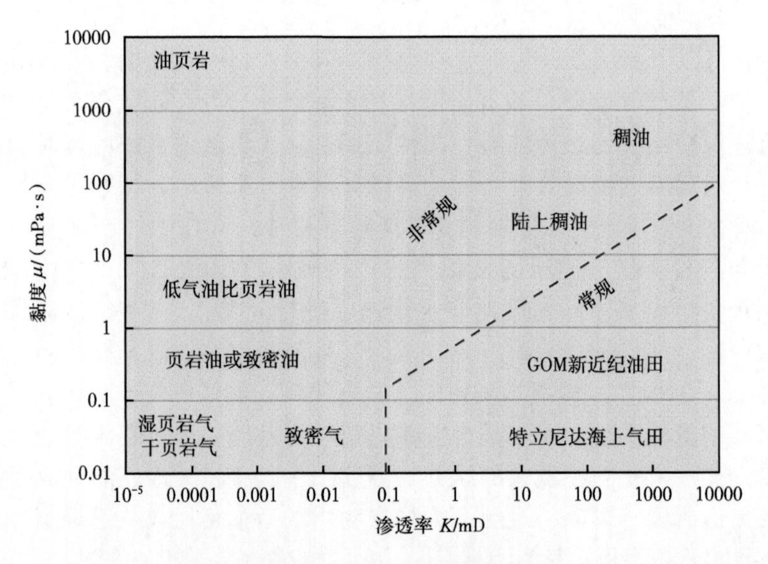

图 2.2　常规油气储层与非常规油气储层分类（Zou，2017）

Donovan 等（2017）提出了另一种非常规储层的分类方法。他们提出了两种不同的非常规储层渗透率类型：烃源岩成藏组合和致密岩成藏组合。前者代表泥岩储层和富有机质烃源岩。烃源岩成藏组合也称为储集系统，其中有机质生成的油气以平衡状态存储在烃源岩孔隙中。因此，这些非常规储层与常规储层不同，无须常规的油气圈闭系统。Eagle Ford、Woodford、Marcellus、Barnett 和 Haynesville 油田都是烃源岩成藏组合的典型案例。另一方面，致密成藏组合通常由粉砂岩和粒度极细的砂岩和碳酸盐岩组成。在致密岩成藏组合的运移系统中，储层与烃源岩并非同一套层系。因此，这些储层的发育需要构造圈闭和地层圈闭。Bakken、Codell、Montney 和 Midland Basin Wolfcamp 都是致密岩成藏组合的典型案例。

众所周知，非常规储层的分类与常规储层的分类有很大的不同。例如，在非常规油气储层分类中，从不根据原油质量对其进行分类，尽管原油质量的变化（如页岩油）很大。同样，也无法根据储层储集空间、运移质量、压力和温度，以及其他多种特征对非常规储层进行分类。尽管非常规储层的孔隙度、渗透率、压力和温度差异很大，但有几个原因可以解释这种变化。首先，比起石油工程师，地质学家更热衷于对非常规油气储层进行分类。石油工程师更关注如何提高非常规油气产量及保持稳产，至少目前是这样。其次，非常规油气开采区域目前仍局限于北美地区。这意味着大多数油气开发商的规模较小，这些公司更热衷于开采“任何”经济效益较高的油气资源。在这种情况下，只要能产生盈利，原油的品位或质量就不是问题。由于油气储量巨大，人们不会去开采目前无法出售的油气、或在不久的将来无法确定是否有开发潜力的油气。然而，随着非常规储层的开采规模日益全球化，人们可能会重新采用旧有的储层分类方案。此外，通常认为，非常规储层的产层是不连通的，因此往往采用水力压裂技术对每个非常规储层进行开采。由此可知，储层总压力和总温度并非评价非常规储层的重要参数。

2.2.2.1 致密油储层

致密油储层，顾名思义，是非常规储层的一个分支，代表含有轻质油的异常低渗透储层（Zhang et al.，2015）。其更准确的名称是轻质致密油（light tight oil，LTO）储层，注意不要将其与油页岩混淆。渗透率范围为 0.00001~0.1mD。通常发育在致密砂岩、致密页岩和碳酸盐岩储层中。值得一提的是，低渗透储层通常与烃源岩成藏组合有关。只有通过水平井、分支井和水力压裂等先进技术，才能对此类储层进行开采。此外，只有在油价足够高、作业成本足够低的情况下，此类储层才具有可开采性，就像大多数非常规储层一样。此外，此类储层的分布范围较广，通常分布较为连续。致密轻质油的 API 重度高于 40°API，是质量最高的原油之一，因此也是价格最高的原油。

2.2.2.2 致密气储层

致密油储层和致密气储层有很多共同之处。致密气储层是非常规砂岩储层的一个分支，用于指代含气的异常低渗透储层。渗透率范围为 0.00001~0.1mD。其孔隙度也相对较低，通常小于 10%，但在此类储层中，孔隙仍然能储集气体。目前只能在天然气价格较高的情况下，通过水平井、分支井和水力压裂技术对致密气储层进行商业开采。致密气通常与烃源岩接触，运移距离较短。

2.2.2.3 深层/超深层含气储层

过去，人们认为深层和超深层含气储层没有经济价值。然而，随着人们对清洁能源的需求增加，以及全球天然气价格的上涨，此类储层的开发前景变得更加广阔，特别是近年来，相关技术有了飞速发展。技术的发展在很大程度上得益于国际石油公司在开发深海原油储层的过程中获得的经验，特别是巴西和墨西哥湾储层。深层至超深层储层通常为优质储层。在此类储层的开发过程中，最大的阻碍是钻井和完井作业难度较大。通常将深度大于 3000 m 的储层定义为深层储层，将深度大于 6000m 的储层定义为超深层储层。奥地利 Schoenkirchen Ubertief 气田就是一个成功的超深层天然气开发项目（Secklehner et al., 2010）。另一个案例是 Jing-70 气井，总钻深达 4000m，位于中国地区，目前已通过水力压裂进行投产（Ding et al., 2004）。

2.2.2.4 页岩气储层

页岩是一种富含有机物的细粒沉积岩。通常认为，页岩是一种烃源岩。随着水平钻井和水力压裂技术的发展，这种观念已经过时，研究人员的观念已更新。世界上许多页岩气藏蕴藏着丰富的天然气，这意味着未来世界范围内的天然气供应将会迅速增加。页岩既是烃源岩又是储层。通常认为天然气以三种状态存储：吸附在有机质中的天然气、孔隙和裂缝中的游离气、流体中的溶解气（Dong et al., 2015）。页岩储层的孔隙度普遍较低。其孔隙可分为基质孔（粒间孔）、微孔（粒内孔）和纳米孔（有机孔）。页岩气储层的分布范围非常大，往往分布在缓坡、凹陷和盆地边缘。此外，含气地层的厚度可能非常大。页岩气储层的渗透率一般极低，多为 10~100nD（Cipolla et al., 2010）。

美国 Barnett 页岩气的开发掀起了页岩气热潮。通过增加井筒与储层的接触面积，Barnett 页岩气实现了商业化开采。这一技术通过泵送大量低黏度流体（滑溜水）和低浓度的小分子支撑剂实施开采，从而形成了复杂的高度非线性裂缝网络（Cipolla et al., 2010）。该技术与传统的水力压裂技术完全不同。

2.2.2.5 天然气水合物储层（GHR）

在高压低温环境下，水分子形成冰状结构，从而形成了水合物。如果水分子中存在烃类物质，在其冻结过程中，天然气也会被圈闭，形成天然气水合物储层。此类储层属于非常规油气藏。事实上，烃类气体被水分子圈闭，形成了更小的烃类分子，与其他烃源相比，这是一种更为清洁的能源。因此，天然气水合物有望成为未来几十年最佳的勘探开发目标。

天然气水合物储层的储量非常大，总的来说，天然气水合物储层存储的资源量远远高于常规石油、天然气和煤炭储量总和（Fakher et al., 2018）。然而，天然气水合物的开采较为困难。开采过程中，需要通过水合物解离来破坏甲烷和水分子之间的平衡。可以通过三种方式实现：降低储层压力，利用原位热力学性质提高储层温度，以及通过引入热力学抑制剂或二氧化碳驱等材料改变储层热力学性质。以上方法在实施层面均有难度，并且在对应研究领域也存在困难。可以根据储层复杂性、初始相数和水合物层的位置对天然气水合物进行分类（Fakher et al., 2018）。

2.2.2.6 稠油和特稠油储层

稠油和特稠油是指高黏度高密度原油。其黏度通常在 50mPa·s 以上，重度在 20°API 以下。此类非常规油气资源的另一个重要特征是重质成分的含量较高。特稠油与沥青相似，二者的区别在于黏度和密度，沥青的密度和黏度更大。稠油和特稠油的定义大致如下：将黏度 50~20000mPa·s，或 API 重度在 10~20°API 的原油定义为稠油，将黏度高于 10000mPa·s 和（或）API 重度小于 10°API 的原油定义为特稠油或沥青。联合国训练研究所（UNITAR）将储层温度下的稠油分类如下：黏度为 50~10000mPa·s 的原油为黏性油；黏度大于该数值的原油为沥青；API 重度为 10~20°API 的原油为稠油；API 重度小于 10°API 的原油为超稠油。

对于其他非常规资源而言，开采稠油和超稠油的过程中需要使用非常规开采技术，因此将此类油气资源划分为非常规油气资源。其开采技术与这些烃类化合物的埋藏深度有关。其中包括露天采矿法和原位开采法。当储层深度为 3~75m 时，通常采用露天采矿技术；当储层深度较大时，通常采用原位开采技术。原位开采技术包括出砂冷采、水驱、蒸汽驱原位燃烧、微生物处理和原位催化。其中，蒸汽辅助重力泄油技术（SAGD）、吞吐技术和出砂冷采技术应用最为广泛。

2.2.2.7 煤层气（CBM）储层

煤层气（CBM）又称沼气，是一种储集在煤层中的天然气。其主要成分是甲烷气体（CH_4），大部分吸附在煤层中，部分游离和溶解在水中。与天然气水合物一样，煤层气层既是烃源岩又是储层，目前尚未对此类储层进行明确定义。此外，此类储层的分布面积较广，且较为连续。煤层气储层是天然裂缝型低压含水饱和气藏。其开采的关键是煤层的适当脱水。脱水可以达到三个目的：降低储层的压力，使甲烷从煤层表面解吸；排出天然裂缝中的水分，使气体运移到井筒中；降低含水饱和度，提高气体的相对渗透率。可通过各种泵实现脱水，包括抽油杆、潜油电泵、螺杆泵（PC）和气举（Staff，1995）。

2.3 形成非常规储层的原因

在讨论所有类型的非常规储层时，都存在一个明确的主题：需要利用先进技术，在高油价下实现非常规储层的经济开采，同时还要保证油气稳产。从本质上讲，应当从技术层面解决岩石物理性质问题和流体性质问题，在部分情况下甚至二者兼而有之。以页岩气储层为例，其渗透率超低，因此需要采用水平井及非常复杂的水力压裂方案。在稠油或特稠油储层中，原油的黏性过大，无法自行流动，因此需要利用热力法进行开采。据此，根据渗透率和黏度对非常规储层进行分类。上文已经提及，这两种性质，一种代表岩石，另一种代表流体，在开采过程中，需要改变这两种性质。然而，此种分类忽略了一个重要的特征。即部分不同类型的储层之间的区别，因为对于某些特定类型的非常规储层而言，其烃源层与储层是同一套层系。因此，建议将图 2.2 作为非常规储层分类的依据。Donovan 等（2017）得出的数据包含了对非常规资源进行分类的所有重要特征。在此分类方案中，考虑了渗透率、黏度和烃源保存条件。

2.4 非常规致密储层的分类

非常规致密储层是最重要的常见非常规油气资源。此类储层的开发标志着北美石油和天然气热潮的开始，将原油产量从 2005 年的 400×10^4bbl/d 提升至 2019 年的 1300×10^4bbl/d。非常规致密油气储层对世界能源供应的重要性不言而喻。

本文对世界范围内的现有标准进行了研究，发现非常规致密储层的定义在许多方面存在巨大差异。例如，在中东地区，致密储层的标准为渗透率达到 10mD，而在美国地区，往往认为致密储层的渗透率应低于 0.1mD。在非常规储层中，渗透率范围为 0.000001~0.0001mD（或 0.1mD 至纳达西级别）。这意味着致密储层的流体可以达到微 / 纳米级。此外，低渗透率并不是非常规致密储层开发的唯一阻碍，其孔隙度很低或超低，水平连续性较差。

符合这一分类的储层包括致密砂岩油气，后者尤为重要。这是因为流体在致密储层中流动非常困难，因此天然气储层在这一类别中尤为突出和重要。然而，致密油仍然扮演着非常重要的角色，尤其是随着技术的进步。致密气可分为深层气、页岩气、致密气砂、煤层气、浅层微生物气砂和天然气水合物 6 种类型（Schmoker，2005）。Stephen（2006）将致密气藏定义为只能利用大规模水力压裂技术进行开采的低—超低渗透储层。此外，致密砂岩气也被称为深盆气，因为天然气一般分布在盆地中心深处，并不断向外扩散。

如前所述，致密油储层和致密气储层有很多共同之处。致密油渗透率在 0.00001~0.1mD 之间。孔隙度也较低，通常小于 10%。然而，目前尚未对致密油储层进行标准定义。致密油储层的商业化生产需要水平钻井、多分支钻井和水力压裂等技术。此外，致密油储层通常存在于低渗透页岩、粉砂岩、砂岩和碳酸盐岩储层中。由此可见，从这种极低渗透储层中开采出的致密（轻质）油非常轻。

致密油可分为碳酸盐岩致密油、砂岩致密油和重力流致密油三大类。其他能够识别致密油的特征还包括：源储共存、圈闭边界不清晰、优质烃源岩大面积分布，极轻原油 API 重度大于 40°API。

本书以非常规致密储层的表征与建模为主要内容，采用已开发的致密（主要以渗透率为基础）储层分类矩阵。因此，非常规致密储层的分类基于该矩阵。图 2.3 展示了本书采用已开发的储层质量矩阵。在该矩阵中，清楚定义了非常规致密储层的渗透率通常低于 0.015mD，可据此将致密储层细分为致密、非常致密和极致密储层，而常规储层的渗透率高于 0.15mD，可据此将其细分为低、中和高渗透常规储层。此外需要强调，在常规和非常规储层之间，存在一个重叠的渗透率范围，通常为 0.015~0.15mD。

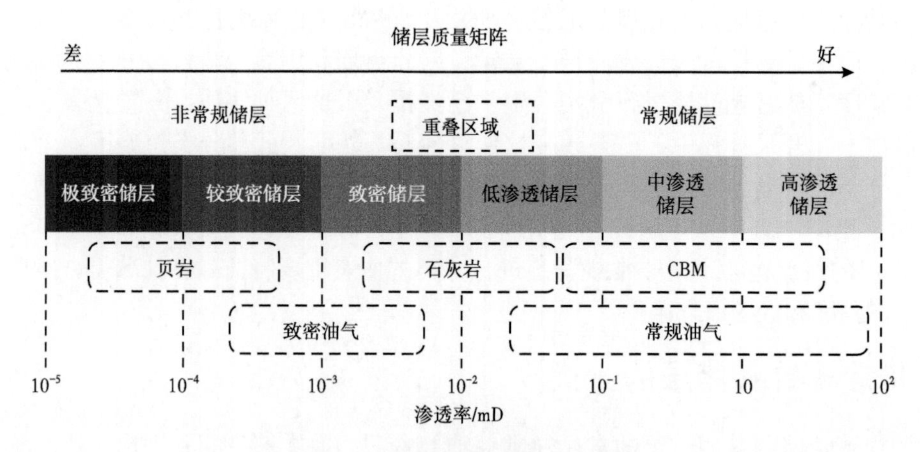

图 2.3　非常规致密储层分类矩阵

参考文献

Aguilera, R., Harding, T., 2007, January. State-of-the-art of tight gas sands characterization and production technology. In: Canadian International Petroleum Conference. Petro- leum Society of Canada.

Cander, H., 2012. PS what are unconventional resources? A simple definition using viscosity and permeability. In: AAPG Annual Convention and Exhibition. American Association of Petroleum Geologists and Society for Sedimentary Geology, Tulsa, US.

Chan, P.B., Etherington, J., Aguilera, R., 2012. Using the SPE/WPC/AAPG/SPEE/SEG PRMS to evaluate unconventional resources. SPE Econ. Manag. 4(2), 119–127.

Cipolla, C.L., Lolon, E.P., Erdle, J.C., Rubin, B., 2010. Reservoir modeling in shale-gas reservoirs. SPE Reserv. Eval. Eng. 13(04), 638–653.

Ding, Y., Jiang, T., Wang, Y., Sun, P., Xu, Z., Wang, X., Zeng, B., 2004, January. A case study of massive hydraulic fracturing in an ultra-deep gas well. In: SPE Asia Pacific Oil and Gas Conference and Exhibition. Society of Petroleum Engineers.

Dong, T., Harris, N.B., Ayranci, K., Twemlow, C.E., Nassichuk, B.R., 2015. Porosity char- acteristics of the Devonian Horn River shale, Canada: insights from lithofacies classifi- cation and shale composition. Int. J. Coal Geol. 141, 74–90.

Donovan, A.D., Evenick, J., Banfield, L., McInnis, N., Hill, W., 2017, September. An organofacies-based mudstone classification for unconventional tight rock & source rock plays. In: Unconventional Resources Technology Conference, Austin, Texas, 24-26 July 2017. Society of Exploration Geophysicists, American Association of Petroleum Geologists, Society of Petroleum Engineers, pp. 3683–3697.

Fakher, S., Abdelaal, H., Elgahawy, Y., El Tonbary, A., Imqam, A., 2018, June. Increasing production flow rate and overall recovery from gas hydrate reservoirs using a combined steam flooding-thermodynamic inhibitor technique. In: SPE Trinidad and Tobago Section Energy Resources Conference. Society of Petroleum Engineers.

McCollough, E.H., Wrather, W.E., Lahee, F.H. (Eds.), 1934. Structural influence on the accumulation of petroleum in California. In: Problems of Petroleum Geology. AAPG, Tulsa, pp. 735–760.

Schmoker, J.W., 2005. US geological survey assessment concepts for continuous petroleum accumulations. In: US Geological Survey. 1. US Geological Survey, pp. 1–9.

Secklehner, S., Arzmu€ller, G., Clemens, T., 2010, January. Tight ultra-deep gas field pro- duction optimisation-development optimisation and CO_2 enhanced gas recovery poten- tial of the Schoenkirchen Uebertief gas field, Austria. In: SPE Deep Gas Conference and Exhibition. Society of Petroleum Engineers.

Staff, J.P.T., 1995. Alternative dewatering system-coalbed methane wells. J. Pet. Technol. 48(8), 699–700.

Stephen, A.H., 2006. Tight gas sands. J. Pet. Technol. 58(6), 88–94.

United Nations Economic Commission for Europe (UNECE), 2013. Study on Current Sta- tus and Perspectives for LNG in the UNECE Region. United Nations, Geneva.

Zhang, K., Sebakhy, K., Wu, K., Jing, G., Chen, N., Chen, Z., Hong, A., Torsæter, O., 2015, September. Future trends for tight oil exploitation. In: SPE North Africa Tech- nical Conference and Exhibition. Society of Petroleum Engineers.

Zou, C., 2017. Unconventional Petroleum Geology. Elsevier.

第3章 非常规致密储层地质特征

本章提出一个新的油气藏工程相关术语——非常规油气地质学。

关键词：非常规油气地质；非常规致密（UCR）层系；烃源岩；准近源油气藏；热演化；油气成熟度

3.1 非常规致密储层的油气地质特征

非常规油气致密储层具有多种地质特征，其中最重要的地质特征是在烃源型非常规致密储层中，烃源层与储层为同一套层系。对于近源型储层而言，其储层质量可能是烃源岩与近源储集岩之差，前者使得油气发生短距离运移，后者在较长的地质时间内限制了这一运移过程。非常规致密储层的其他地质特征包括以下几点：

（1）通常无法在非常规致密储层中划分常规意义上的油气圈闭（也称为储层或构造），在非常规致密储层中，未见明显储集岩发育，因为储集岩能够存储并限制油气运移。

（2）油气受到有限浮力驱替，仅能发生短距离运移。成熟烃源岩资源具有高油气比、高产量的特点。

（3）根据成因，可将致密油划分为原生致密油和次生致密油。原生低渗透率致密油的地质特征为细粒沉积，泥质含量高，分选差，原生孔隙发育。原生孔隙不受成岩作用的影响，因此可形成高脆性、高孔隙度、低渗透率的岩层。另一方面，次生低渗透率致密油是成岩作用的结果。成岩作用降低了地层孔隙度和渗透率，从而形成了致密层系。

（4）致密储层的典型物性特征为孔喉半径小、毛细管压力大。此外，致密储层的原始含水饱和度较高，往往为30%~40%，部分情况下可达到60%。黏度通常小于3mPa·s。

（5）富油区受岩性控制，水动力极低，水驱前缘不清晰，自然能量供应差。影响原油采收率的主要因素是弹性气驱和溶解气驱。因此，一次采收率通常为8%~12%，这一数值非常低，而通过注水作业，可以将二次采收率提高到25%～30%。

（6）发育良好的天然裂缝网络可以帮助油气运移，在二次开采过程中充当注入水的裂缝网络。

（7）富油区层系的非均质性较强，呈砂泥互层。其沉积环境的稳定性较差，砂岩的厚度和渗透率变化很大，油水界面不易分辨及确定。

致密油多分布于沉积斜坡盆地，其成藏作用同样受到沉积斜坡盆地的影响（Zou，2017）。致密油成藏需要满足多个条件，主要包括：稳定的构造沉积条件、适宜的近源成藏条件和整体沉降的保存条件。在近烃源处，致密油气藏沿地层连续分布，而在地层平缓处，致密油富集程度较高。

3.1.1 非常规油气资源的地质成因

非常规油气资源形成于烃源岩的热演化过程。当烃源岩处于低成熟阶段时，原油可以生成并检出，形成油页岩。Ⅰ—Ⅱ型干酪根成熟度与油气发育类型的关系如图 3.1 所示。在成熟阶段，烃源岩生成并排出大量油气，聚集在烃源岩附近的致密储层中，形成致密油；残留在烃源岩内部的油气则形成页岩油。过成熟阶段的烃源岩以生成天然气为主，生成的天然气汇集在烃源岩附近的致密储层中，形成致密气藏；在烃源岩内部，大量剩余气形成页岩气藏（Song et al.，2015）。生成致密油所需的条件包括：（1）大量充足的有机物质，直接或间接来源于初级生产者（陆上高等植物和海洋浮游植物）；（2）有机物的保存环境，主要为低能沉积环境，如较低的水流速度和有限的波浪作用，可防止有机物发生再循环或被侵蚀；（3）碎屑物质流入，且有机物质未被碎屑物质覆盖。

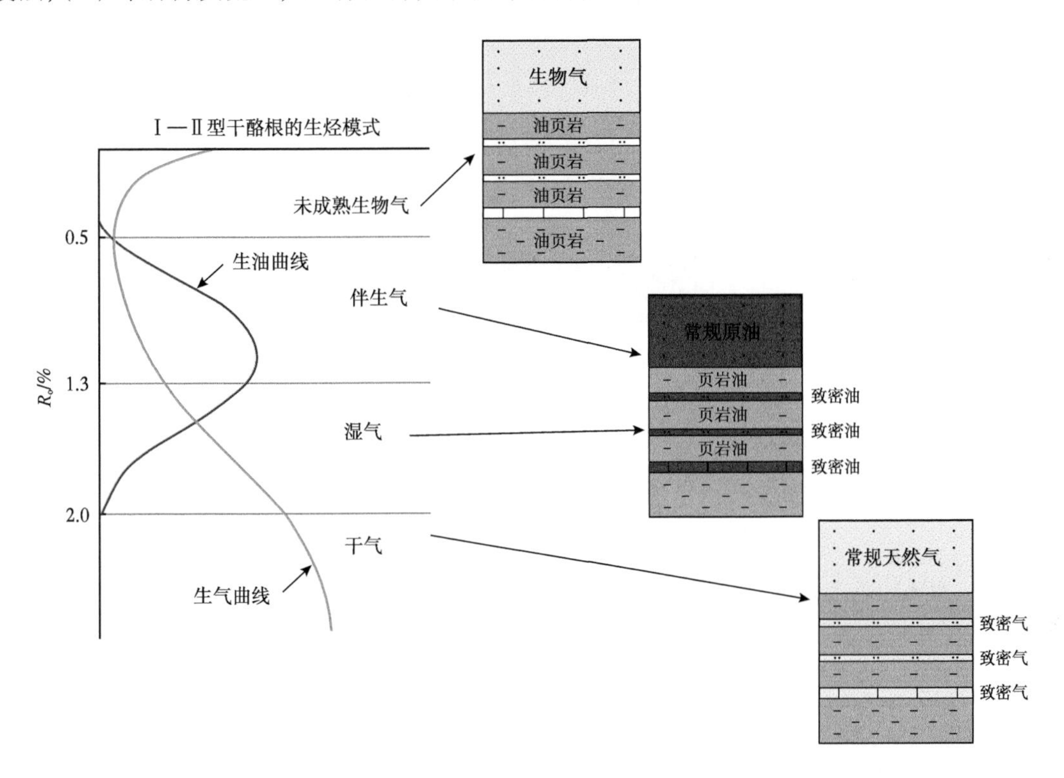

图 3.1　Ⅰ-Ⅱ型干酪根成熟与生烃类型的关系（Song et al.，2015）

油气成熟阶段持续了长达数百万年，期间发生了成岩作用、退化作用和交替作用。致密油成熟阶段如图 3.2 所示。10%~20% 的油气形成于该阶段。其中大部分油气由残余生物有机质的退化和交替作用生成（Tissot and Welte，1984）。

烃源岩内部的热量能够将有机质转化为石油或天然气，在此过程中，热成熟度是重要的评价指标。烃源岩的热成熟度分为早（低）、中（中）、晚（高）三个阶段，分别形成未成熟烃源岩、成熟烃源岩和过成熟烃源岩。热成熟度取决于埋藏深度和地温梯度。目前，多种地球化学方法均可确定热成熟度，如镜质组反射率、热解 T_{max} 和生物标志物成熟度比值等。镜质组反射率可确定干酪根成熟度。生油窗（R_o）为 0.65%~1.3%。在此数值范围之外，烃源岩开始生成气体。生物标志物指标包括分子化石，可用于定义烃源岩成熟量或成熟程度（Mallick，2014）。

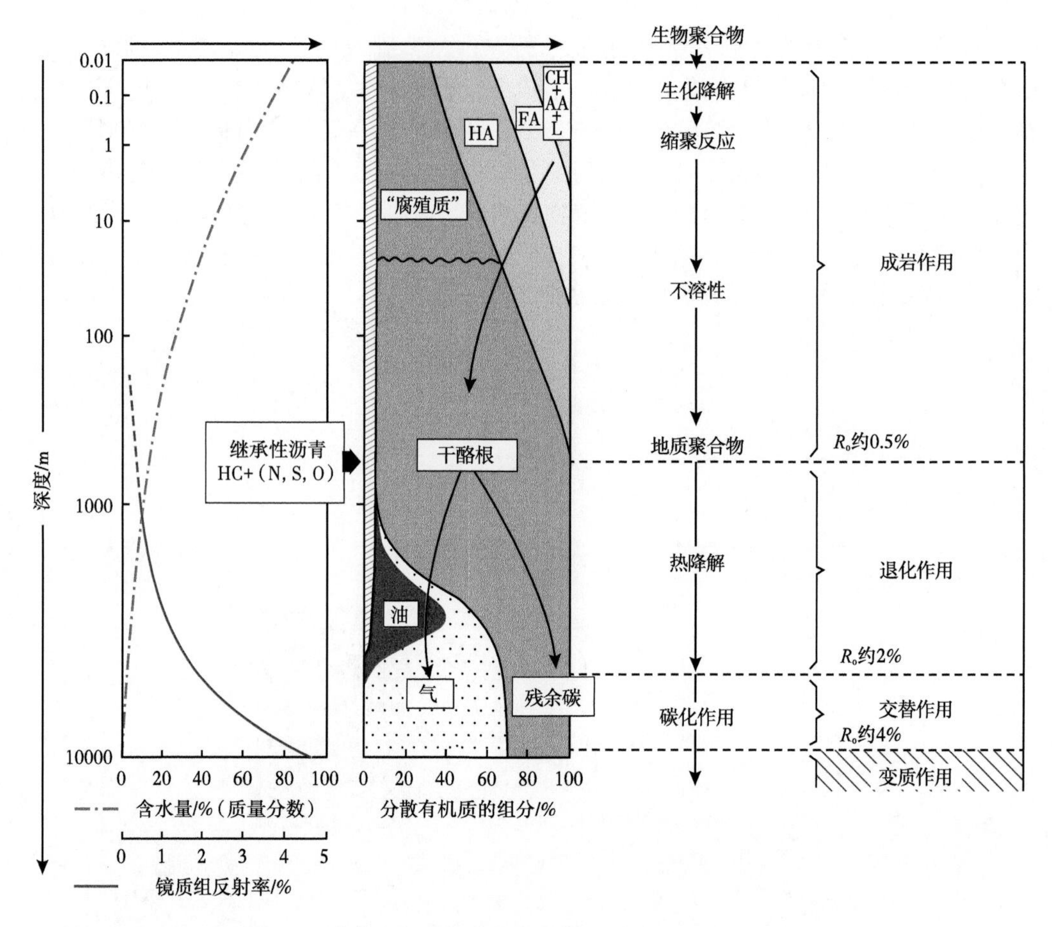

图 3.2　致密油生成的成熟阶段（Tissot and Welte，1984）

基于对非常规储层地质的认识，应特别关注烃源岩由原始有机沉积物形成干酪根，进而完全成熟并生成油气的过程。与常规储层不同，在许多非常规油气资源中，烃源层和储层属于同一套层系。因此，要对此类储层进行正确的表征、分类和合理的评价，就需要对其烃源层进行精准评价，并对有机质进行评价。其中以致密油储层的评价尤为重要，因为此类储层通常发育在烃源层中。油气往往存储在其内部或附近的烃源岩中，并汇聚成藏。储层的油气运移距离为零，或非常短，形成了持续油气充注效应和非浮力成藏。储层岩石中发育天然裂缝网络，促使油气向附近储层运移。圈闭边界不明确，原油分布面积较大。储层质量较差，基质渗透率和孔隙度较低。形成这种现象的原因是储层成熟度（包括有机质和无机质）较低、分选较差、岩石粒度较小，胶结物普遍发育，同时存在表观成岩作用。渗透率通常为微 / 纳米级，孔隙度通常小于 10%。

根据成因，可将致密油储层划分为原生储层和次生储层。原生储层未经历强烈的成岩作用，保留了原生的孔隙结构，储层孔隙度较高。岩石粒度较小，渗透率差，泥质含量高。储层岩石脆性较高，裂缝网络不发育。次生储层经历了强烈的成岩作用和压实、胶结作用，形成了超低渗透、低孔储层。

因此，导致储层含水饱和度高，可达 60% 以上，孔隙网络复杂，孔喉半径为纳米级，非均质性较强，且毛细管压力高。储层通常为砂泥岩互层。各个砂岩层系的埋深不同，且各层的泥质含量不同，导致垂向渗透率和含水饱和度发生变化，水—油界面发生弯曲。储层系统的非均质性较强，在常规驱动机制下，能量支持较少，采收率通常不超过 10%。

基于目前对致密油的了解，对致密油储层进行定义。致密油储层是指发育在烃源岩内部或附近的油藏。其烃源岩通常为优质页岩，近源储层的岩性可能为页岩、粉砂岩、砂岩或碳酸盐岩。油藏分布具有连续性，未发育明确边界。致密油储层为超低渗透率（远小于 0.1mD），超低孔隙度（不大于 10%）储层，没有自然产能。为获得经济效益，增产措施通常以水力压裂为主。

3.1.2 非常规致密储层（UCR）的沉积环境

非常规储层通常发育在盆地充填环境中。非常规油气资源的分布范围较广，确定潜在非常规油气资源的发育位置比较容易。工作难点在于确定高质量的富油区，因此需要对地质、地球物理、地球化学和工程数据进行详细研究。为解决这一难题，应当分析并整合多尺度信息采集技术，如区域地质研究资料、三维地震、测井、岩心、CT 扫描数据等。

沉积环境、沉积过程和地层特征的变化导致了多种类型油气藏的形成。图 3.3 展示了一个典型的沉积盆地，其中包括常规和非常规储层的典型模式。非常规储层的开发可行性与其地理位置有关。不同的地理位置，压实程度不同，对非常规储层的渗透率和孔隙度起着重要影响。

致密油沉积盆地通常由腐泥型富有机质烃源层和邻近的致密砂岩、碳酸盐岩与粉砂岩储层组成。通常位于沉积盆地的生油窗内或附近区域（Selley et al.，2014）。致密油往往汇集在区域含水饱和层段的下倾方向，以及盆地中心致密气藏的上倾方向。

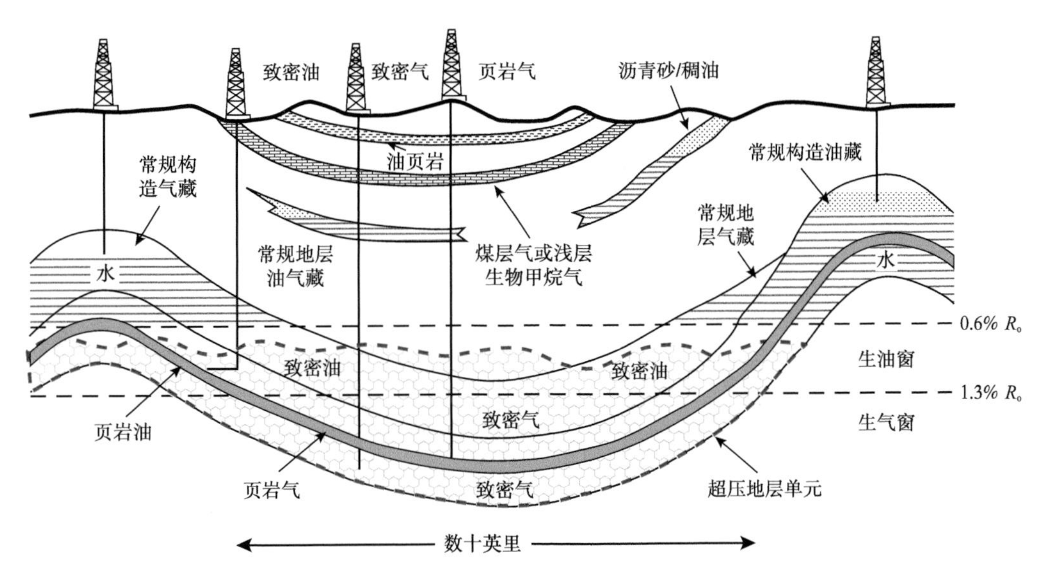

图 3.3 常规与非常规储层分布示意图（Selley and Sonnenberg，2014）

该图展示了致密油气储层的埋藏深度和生烃窗

3.2 页岩和致密成藏组合的地质信息

页岩通常沉积于安静的水体环境中，如半深海沉积、异重流沉积、浊流沉积、风暴沉积和波浪改造沉积，以及等深流沉积（Slatt，2011）。这些沉积环境有三个共同特征：水深、能量水平和底水氧化程度呈现时序变化。这些特征能够解释部分页岩储层的整体粒度向上变细或变粗的现象，也能够解释此类储层为何发育超低渗透率，而非高有机质含量。页岩富含有机质的现象，表明其沉积环境为深海缺氧环境，解释了页岩储层的质量差异。本次研究重心为富含有机物的页岩。

从地质历史来看，页岩和黏土之间的区别并未引起重视。然而，在研究非常规储层时，这种区别不容忽视。在非常规储层中，页岩通常指一种特定地质地层，更确切地说是一种特定岩相。富有机质页岩相以细粒岩石为主，主要包含以下矿物：黏土、石英（碎屑）、方解石、白云石、长石和其他重矿物及热液矿物。值得注意的是，并非所有页岩均包含上述矿物。因此，将页岩归类为致密泥岩。

在非常规储层研究过程中，对于致密和超致密储层，最具挑战性的研究方向是储层的油气储存能力和流体流动潜力。通常情况下，非常规储层的岩性粒度较细、压实度高、孔喉半径小、毛细管系统复杂。针对其油气储存能力，总结了页岩中发育的 6 种孔隙类型：

（1）有机孔隙：有机质内发育的孔隙，是生烃作用的结果。

（2）多孔絮团。

（3）多孔粪便颗粒：微生物形成的细粒颗粒，其微孔隙率高达 15%。

（4）化石碎片的孔隙。

（5）微通道。

（6）微米级和大规模裂缝。

有机孔隙和多孔絮团是页岩中最重要的孔隙类型。它们为页岩区提供了主要的存储空间和油气输导通路。通常根据总有机碳（TOC）和干酪根类型（Ⅰ—Ⅳ型）划分储层有机质丰度，这是非常规油气储层质量的主要评价标准。优质页岩通常具有高 TOC（大于 3%）和Ⅱ/Ⅲ型干酪根。Ⅱ/Ⅲ型干酪根具有倾油性和倾气性。此外，总有机碳（TOC）含量较高的岩层，其 API 伽马射线往往也较高。在页岩层系中，API 伽马射线在准层序内呈现垂向减小。

3.3 烃源型和近烃源型非常规储层

致密油通常汇集在高烃源岩内或优质烃源岩附近区域。油藏规模较大，边界不清晰。根据致密油与优质烃源岩面积的相关性，对此类非常规储层进行分类。根据 Zhang 等（2015）的分类方案，将其分为四种类型：烃源型、近烃源型、源间型和薄互层型。

在烃源型非常规储层内，烃源岩和储集岩属于同一套层系。在此类非常规储层中，烃源岩的有机孔隙往往生成并存储原油，形成原地油藏。其岩性主要为页岩。典型案例为发育于阿纳达科盆地的伍德福德致密油藏。

在烃源岩的上方、下方和附近区域，均有可能发育近源型油气藏，通常发育在具有常规圈闭特征的优质烃源岩附近。其烃源岩与储层分隔，但距离较近，原油从烃源向距离较近的储层发生运移。在较长的地质时间内，优质的烃源岩可能在很长的地质时期内发生短距离运移，这是由于附近的储层圈闭了油气，油气没有发生更进一步的运移。该类储层为特低渗透储层，因此无法通过浮力运移原油。此种类型的油气藏包括阿纳达科盆地的克利夫兰致密油藏和阿纳达科盆地的密西西比石灰岩致密油藏。这两个油气藏的油气都由下伏高质量烃源岩供给。其他案例包括威利斯顿盆地的三叉河油藏和海湾盆地的布达河油藏，二者均为致密白云岩油藏。此外，二者均由高质量烃源岩供烃，原油克服浮力，在压力差的作用下向下运移。

在源间油气藏中，储层夹持在两套烃源层之间，这两套烃源层系均可为储层供烃。储层厚度通常较大，是非常规致密储层的最佳类型。例如威利斯顿盆地的巴肯致密油藏。在此案例中，含油层系为致密灰岩层系，夹持在优质烃源岩之间。

垂向上发育多套储层和烃源层互层的油气藏称为“薄互层”油气藏。通常情况下，储层的厚度较小。且储层层系很难区分，可以根据页岩与地层的厚度比，进一步细分成藏类型，将储层细分为源内泥质油气藏、源内泥岩油气藏和薄互层油气藏。典型案例包括加拿大阿尔伯塔盆地的蒙特尼油藏和中国松辽盆地的青山口组油藏。

参考文献

Mallick, A., 2014. Factors controlling shale gas production: geological perspective. SPE J. 1–9, SPE-171823-MS. https: //doi.org/10.2118/171823-MS.

Selley, R.C., Sonnenberg, S.A., 2014. Nonconventional petroleum resources. In: Elements of Petroleum Geology, third ed. Gulf Professional Publishing, pp. 427–482.

Slatt, R.M., 2011. Important geological properties of unconventional resource shales. Cent. Eur. J. Geosci. 3 (4), 435–448.

Song, Y., Li, Z., Jiang, L., Hong, F., 2015. The concept and the accumulation characteristics of unconventional hydrocarbon resources. Pet. Sci. 12 (4), 563–572. https: //doi.org/ 10.1007/s12182-015-0060-7.

Tissot, B.P., Welte, D.H., 1984. Petroleum Formation and Occurrence, second revised and enlarged ed. Springer-Verlag, Berlin, Heidelberg.

Zhang, K., Sebakhy, K., Wu, K., Jing, G., Chen, N., Chen, Z., Hong, A., Torsæter, O., 2015, September. Future trends for tight oil exploitation. In: SPE North Africa Tech- nical Conference and Exhibition. Society of Petroleum Engineers.

Zou, C., 2017. Unconventional Petroleum Geology, second ed. Petroleum Industry Press.

第 4 章　非常规致密储层的地层评价

非常规致密储层（UCR）资源的连续性是一个重要问题，为资源评估工作带来挑战。
关键词：地层评价；非常规致密储层（UCR）评价；基于单井；岩石物性；地质力学；地球化学

4.1　非常规致密储层开采背景

1821 年，致密储层非常规油气首次以页岩气的形式开采于美国纽约（Lin，2016）。然而，页岩气的开发和开采直到 19 世纪 70 年代才于美国西部取得初步进展，1863 年，在肯塔基州西部的密西西比期和泥盆纪页岩中开展了勘探工作。然而，页岩气藏的勘探进展较为缓慢，直到 1914 年，才发现了第一个页岩气田（大桑迪气田，Kemper et al.，1988）。随后，大桑迪气田的页岩气储层得以广泛钻探，20 世纪 20 年代末，发现了迄今为止最大的天然气藏（Lin，2016）。随着常规储量的急剧减少和能源需求的不断增长，美国政府在 20 世纪末重启了非常规资源的预算和投资。前人从石油工程、地球化学和地质学等多个方面着手开展研究，评估并指导非常规油气储量的开采（Curtis，2002）。1981 年，非常规储层产量实现重大突破。当时以滑溜水为压裂液，在巴内特页岩中成功实施了水力压裂作业，促进了巴内特油田非常规储层的开发和开采技术的进步，具有较高的经济效益。在泥盆纪页岩、密歇根页岩、泥盆纪俄亥俄页岩、白垩纪刘易斯页岩、费耶特维尔页岩和伍德福德页岩储层中，相继迅速开展了非常规油气的勘探开发。

上述非常规储层蕴含巨大的经济产量，但目前对这些储层的了解仍然非常有限。仅有小部分油气储量被开采出来，其余大部分储量（约 90%）仍埋藏在地下。因此，有必要进一步了解非常规储层的性质，建立一套复杂的储层量化标准，从而提高非常规储层的油气产能。

4.2　地层评价：常规储层与非常规储层

根据定义可知，地层评价是一项专项研究，其研究对象包括所有可用的储层数据和信息。在此项研究中，对这些数据和信息进行分析，建立一个综合的储层模型，用于开发潜在的地下储层，从而在较高的经济效益下开发利用油藏。迄今为止，常规储层的地层评价仍然是一项非常具有挑战性的工作。与常规储层评价相比，非常规储层评价更具挑战性和差异性。在下一节中，将对常规储层的地层评价进行综述，并与目前最先进的非常规储层地层评价方法进行比较。

4.3　常规储层地层评价

地震测网能够提供有关地下构造的详细地质信息，对含油气面积进行评估，从而预测储层的分布范围。然而，只有在该储层钻探多口钻井后，才能明确储层的特征，从而对地层进行定性和定量评估。通过利用储层的物性特征进行地层评价分析，从而分析储层特征，主要包括电缆测井和岩心分析等方法。在常规油气储层中，地层评价除了能够明确表征油井的商业开采能力外，还能够明确油气地质储量和储量估算。例如，为了对具备开采潜力的层系进行油气地质储量评估，可使用式（4.1）计算油层体积（Fanchi，2010）。

$$原始原油地质储量=\frac{7758Ah\phi(1-S_w)}{B_o} \tag{4.1}$$

式中：A 为储层横截面积，acre；h 为地层厚度，ft；ϕ 为储层孔隙度（体积分数）；S_w 为储层含水饱和度（孔隙体积分数）；B_o 为油层体积系数，bbl/bbl。

值得注意的是，利用地震资料和地下地质研究资料，可确定式（4.1），通过地震研究，利用实验室分析（PVT 报告），可确定地层体积系数。利用地层评价研究结果，可确定计算地层体积所需的其余三个参数（h、ϕ 和 S_w）。因此，在风险分析的基础上构建关键决策树尤为重要。通过构建关键决策树，可以选取适当的勘探开发方案，或者停止和放弃区块勘探作业。

结合多种工具和相关技术，可获得上述三个参数的数据，将这些数据与分析得出的储层性质相结合，可以对地层进行客观评价。通常认为，地层评价过程是一个数据分析的循环周期，在这个周期中，通过多种方法获得数据，并对其进行连续评价、关联，与其他数据进行比较，直到对储层特征有了清晰认识。因此，地层评价是一个持续的过程，贯穿油藏开发的整个生命周期，随着新数据的产生持续更新。

地层评价是一个长期过程，从勘探、试井、测井、生产和开发阶段积累数据，直至弃井，如图 4.1 所示。之后对获得的数据进行整合分析，得出上文提及的三个主要参数及其他重要参数，如储层压力和温度等。

上文简要介绍了如何对常规储层进行地层评价。当前，业界对非常规储层的地层评价非常关注。

4.4 非常规储层的地层评价

4.4.1 非常规储层的概念

非常规油气储层主要指在当前经济和技术条件下不具有可采性的石油天然气储量。这意味着非常规油气储量的定义将随着技术进步和经济条件的改变而发生改变。与常规储层相似，非常规储层主要分为非常规天然气和原油储层。可将非常规天然气和原油储层细分为致密油气、稠油、页岩油气、天然气水合物和煤层气储层（Zou，2017）。

常规储层是由断层或特定地层条件形成的地质构造所捕获的离散油气藏，这些储层多发育于多孔和渗透性砂岩或碳酸盐岩中，其中存储的油气是很久之前自烃源岩运移而来。在典型的常规储层中，油气多汇聚在与含水层或气顶接触的构造中。这些含水层或气顶通常能够提供天然能量，支撑和驱动油气流向井筒和地表。另一方面，非常规储层发育于大面积分布的油气藏中，但其孔隙度和渗透率明显较差。需要采取特殊的技术对此类储层进行开发，如压裂作业、脱水和其他 EOR 措施。

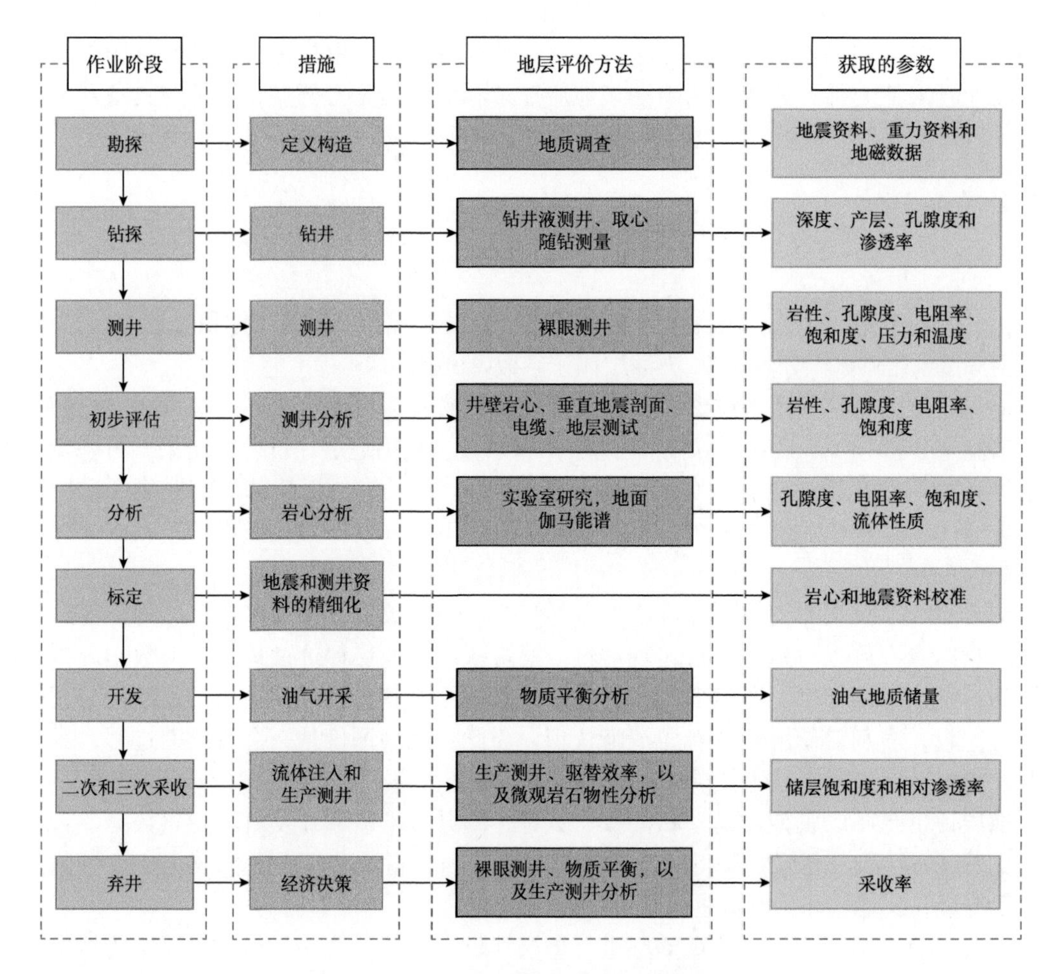

图 4.1　单井 / 储层整体生命周期的地层评价

尽管常规储层的油气藏数量远低于非常规储层，但利用现有的知识和技术，依旧可以从中开采出大量油气。相比之下，非常规储层的油气储量要高得多，但其产量却非常有限。图 4.2 展示了由自然产能与黏度关系曲线绘制的常规和非常规储层示意图（Zou，2017）。图 4.2 中上部为常规储层，具有高渗透率、低黏度的特点，随着渗透率降低到 0.1mD 以下，黏度增加到 10mPa·s 以上，储层逐渐转变为非常规储层。

从图 4.2 可以看出，由于经济效益和技术的限制，以及岩石和流体性质的不同，部分非常规储层更易开采。例如，与油页岩储层相比，致密气储层相对较易开采，因为致密气储层的气体黏度低，依靠现有的技术，可以开采其中的大部分天然气储量。

4.4.2　非常规储层的重要性

第一口工业油井于 1859 年在美国宾夕法尼亚州钻探（Ginsberg，2009）。初期的勘探和开发进展较为缓慢，直到 1920 年，油气产量才出现明显增加。如图 4.3 所示，油气增加量约为 0.11×10^9t 油当量。20 世纪 20 年代至 50 年代，人们对石油地质和油气成藏条件有了进一步了解，发明了三牙轮钻头和旋转钻井技术，普及了钻井电机的应用。到 1955 年，油

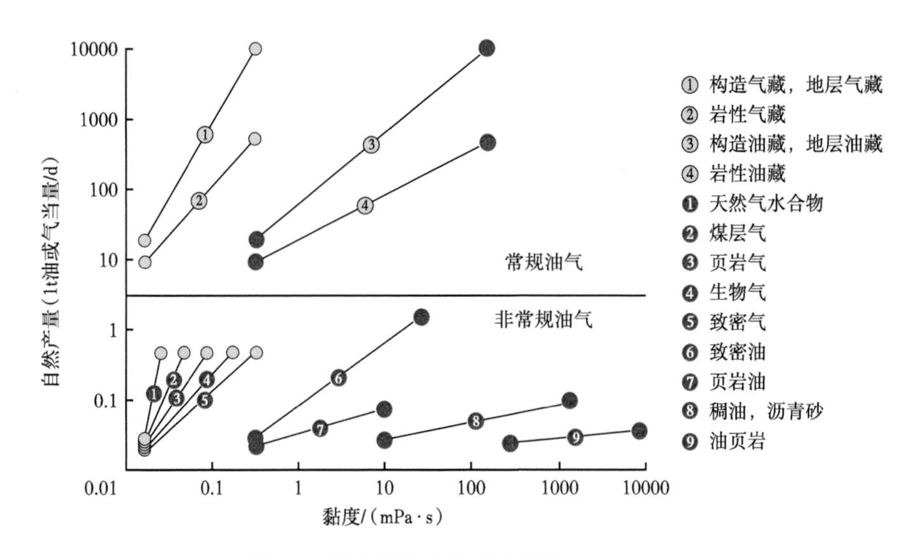

图 4.2 油气储层特性示意图(Zou，2017)

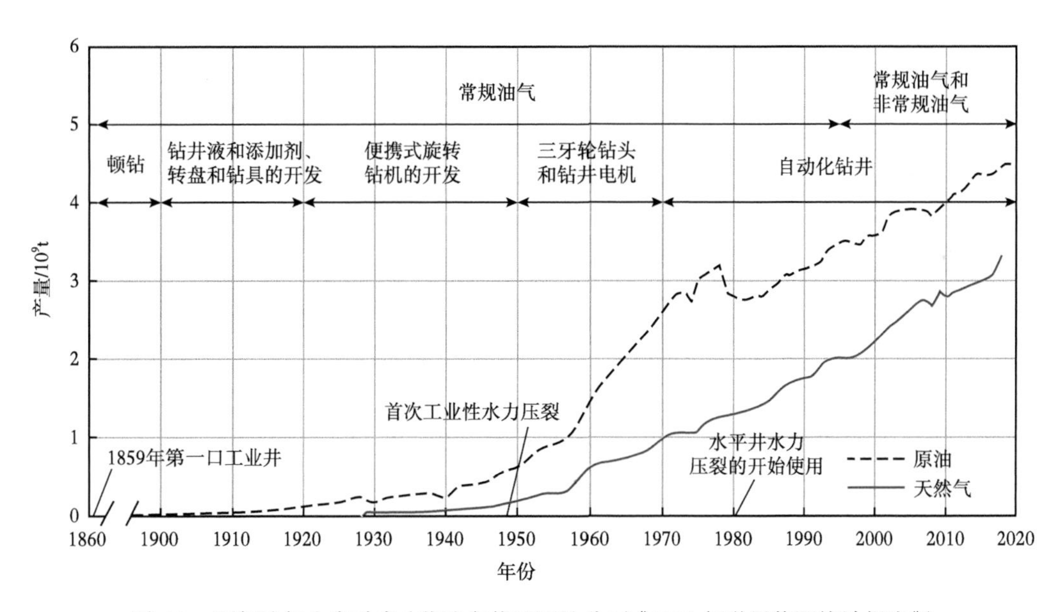

图 4.3 历年油气生产动态(节选自英国石油公司《2020 年世界能源统计报告》)

气当量产量跃升至 1.05×10^9t。从 20 世纪 60 年代到 90 年代，石油生成理论、石油地质和水平钻井相关理论得到大力发展，油气产量也随之迅速增加，到 1995 年，油气产量超过 5.2×10^9t 油当量。1992 年以后，高分辨率地震成像、精细储层表征、含油气系统数值模拟等油气开采技术得到了广泛应用。在过去十年中，油气产量显著增长。

随着多级水平钻井技术的发展和常规油气储量的减少，非常规油气勘探开发取得了新的进展。2019 年，油气产量增加约 7.5×10^9t。目前，油气行业向非常规油气资源的勘探开发工作投入了大量资金，已证实尚存大量未开发的非常规油气资源。

4.4.3　非常规储层的地层评价工作面临的挑战

常规储层评价技术和相关工具已经发展了一个多世纪，在一定程度上说明了相关技术的进步，也加深了人们对常规储层的认识。另一方面，与其他类型的非常规储层相比，致密储层和稠油非常规储层的勘探开发难度较低，因为许多同类油气藏已经被发现并开采。现有非常规油气藏类型繁多，地质特征不同，其性质和条件也有所不同，因此目前尚未形成定量估算储层参数和储量的通用方法（Jia et al.，2016）。此外，非常规储层的流动机制、存储能力，以及发育天然裂缝和诱导裂缝的基质 / 裂缝域较为复杂，提高了对其表征和建模的难度（Clarkson et al.，2012）。

非常规储层具有多样性和独特性，因此很难建立通用的评价方法。下文将着重讨论非常规致密储层，这也是本书的重点。

4.4.4　典型非常规致密储层（UCR）的地层评价步骤

非常规储层的地层评价工作的主要内容是搜集相关数据，对近井地层进行评价，以确定某口井的经济效益。这与传统的储层评价不同。在传统的储层评价工作中，往往采用基于储层的技术来评价储层的整体性质。考虑到这一点，评估工作往往采用基于井的评价方法。评估工作从分析岩心或钻屑开始，之后扩大研究范围，直至井筒附近的区域，如图 4.4 所示。

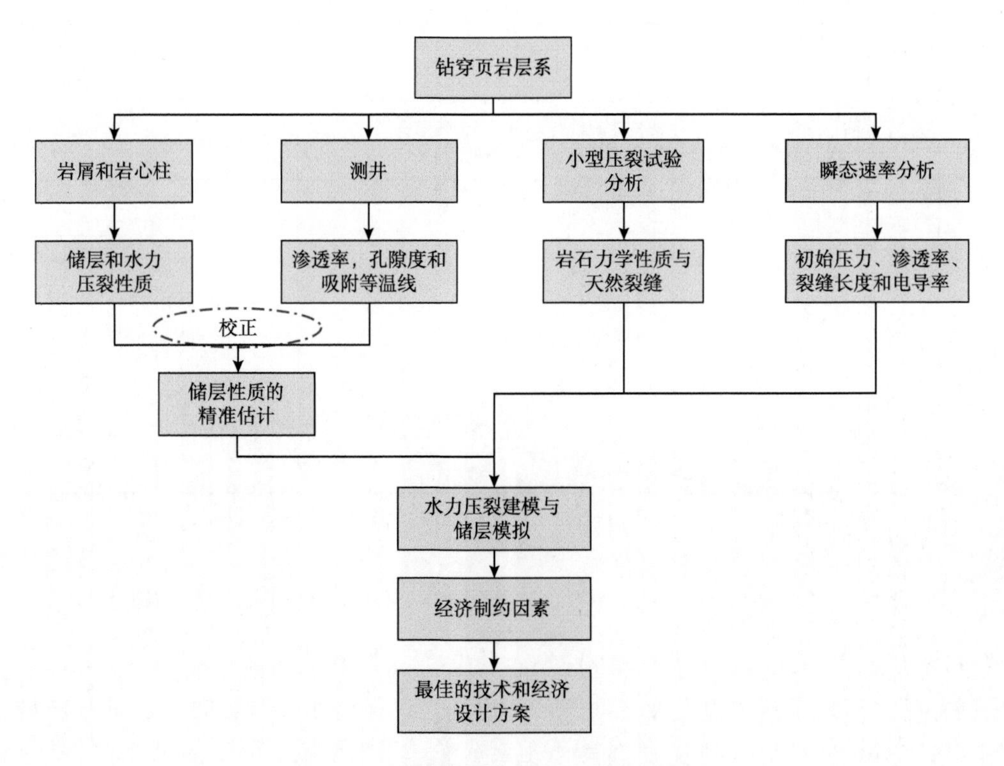

图 4.4　非常规致密储层评价步骤示意图

选择单井开发和开采方案时，对井筒周边区域的储层性质进行评估和综合分析，确定其水力压裂特征。这一步骤非常重要，可用于确定储层类型和描述储层的模型。值得注意的是，近期研究表明，可利用测井分析和岩心分析结果进行相互校准，提高分析精度，从而对储层性质进行精准估计（Jacobi et al.，2008；Sondergeld et al.，2010）。之后，利用估算得出的储层和裂缝特征建立储层模型和裂缝模型，为下一步压裂作业设计多种方案。利用上述模型建立多个累计产量曲线方案，计算对应的成本，以获得净现金流（NCF）曲线及决定性的经济参数。最后，选择最佳技术和经济方案，作为设计和开发下一口井的首选方案。

下一节将详述用于测算储层和裂缝性质的各种评价技术。

4.4.5　非常规致密储层评价

非常规油气的供应对全球生产和油气市场产生了巨大影响。在许多情况下，非常规油气都能作为常规油气能源的补充和替代。目前已经形成一些原理和基本原则，用于非常规储层的资源评价和钻井规模评价。与常规储层不同，非常规储层的油气未汇聚在含水层之上，其汇聚过程与水体的浮力作用无关。非常规油气藏具有下倾接触的特征，不可将其视为独立油藏或地质圈闭。因此，无法采用传统的评价方法对非常规油气藏进行评价，而应当开发和采用专门的评价技术。

非常规油气资源，特别是非常规石油资源的大量发现，使得非常规资源未来可能成为化石燃料主要来源。迄今为止，据报道，全球已有54个国家拥有重要的可采非常规石油资源（Wang et al.，2016a）。表4.1列出了各国和各地区的主要非常规石油储量。由表4.1可知，非常规石油储量巨大，其中部分资源具有可采性，但受限于现有的技术和经济条件。其中绝大部分石油储量的地质条件相似。下一节将讨论当前可用或已用的评价方法。

表4.1　非常规油气估算可采储量和地质储量分布（Wang et al.，2016a）

国家或地区	非常规油/10^8t	
	可采储量	地质储量
北美	1500	12940
俄罗斯	890	4530
南美	630	6325
欧洲	480	3310
亚洲	380	2960
中东	290	1740
非洲	200	1630
大洋洲	50	970
总储量	4420	34400

非常规油气资源评价中存在多个重要问题，如地质条件的形成与分布，评价参数与方法的确定，潜在可采区域的确定等，因此必须首先解决这些问题。

非常规致密储层评价一般包含两个方面：储层油气地质储量评价和储层动态评价。

4.4.6 油气地质储量评估

评价或估算常规油藏的总量可以采用多种方法。例如，采用所有可用的储层数据进行粗略估算，并进行地球化学建模和数值模拟。通过使用这些方法对油气地质储量进行了粗略估计（Collett，1995；Johnson，1996）。

从地质和地球化学的角度来看，原油地质储量估算方法是一种重要的估算方法。通过此方法，能够确定盆地的原油富集程度，对模型进行校准，解释储层系统的运行机制，比较不同地区的油气资源可持续利用情况。原油地质储量的初步估计和评估数据是重要指标，可用于确定是否在特定油藏开发的过程中投入大量成本、精力和时间。

原油地质储量的估算数据意义不大，因为估算得到的大部分油气储量均无法在短期内实施开采。结合两个参数，对近期可采原油地质储量进行预测，其中包括：未来储量潜在增量和预测跨度近 50 年的原油储量（McCabe，1998）。目前，通常利用采收率计算石油地质储量，该方法使用了上述参数。这意味着采收率能够指示预测时间内可采原油占总原油储量的百分比。可以对采收率进行明确定义，将其纳入计算机模型，作为未来原油开采潜力的输入变量之一。储量计算过程中使用的采收率系数是对整体页岩油藏的估算，而不仅仅是对单井产量的估算。油气地质储量计算单元是厚度为 10ft 的地层层段，该层段为砂岩层段。在计算过程中，排除了薄层地层和其他低产层段，因此与实际油气储量相比，估算得出的数值偏低。由此可知，估算得出的采收率数值偏高，导致采收率与实际油气地质储量的相关性较低（Johnson，1996）。

在非常规致密地层评价过程中，另一个重要因素是采收率与总储量的乘积。这一数值对采收率估算过程中出现的任何错误均非常敏感。例如，Collett（1995）的研究中提及了对油气地质储量的高估。

在非常规油气藏评价过程中，将油气地质储量与采收率相结合，能够在一定程度上类比常规油气产量的概念。在采用这一方法的过程中，需要注意一些问题，但该方法仍具有一定的可行性，可用于评估油藏的长期生命周期内的潜在储量增长。

4.4.7 储层动态评价

在基于储层动态的非常规油气藏成藏评价方法中，将储层产出特征作为预测未来储层潜力的主要指标。这一方法适用于已投产的非常规油藏。在缺乏足够的钻井和生产数据的情况下，通常利用相似储层的资料和储层模型进行评估。

为了更好地研究非常规原油储层采收率的评估结果，通常用油气充注单元表示这些储层，如图 4.5 所示（Schmoker，1995）。

这一方法能够定量表征不同数量的油气充注单元对原油产量的贡献，但非常规原油储量的开采特征和其油气充注单元的经济效益可能存在很大差异。可将这些油气充注单元分为三组，并加以评估：（1）未经测试的油气充注单元；（2）随钻测试油气充注单元；（3）未经过测试，但在储层生命周期的某段时期具有开采潜力的油气充注单元，如图 4.6 所示。

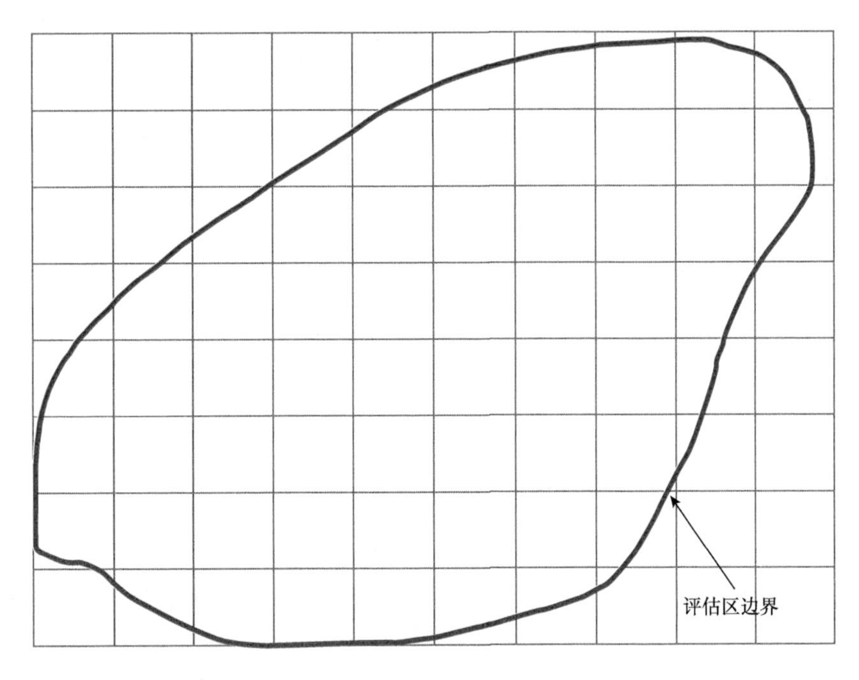

图 4.5 将非常规油气储层划分为多个开采单元（节选自 Schmoker J W，1995，连续型（非常规）油气聚集评价方法。美国地质调查局）

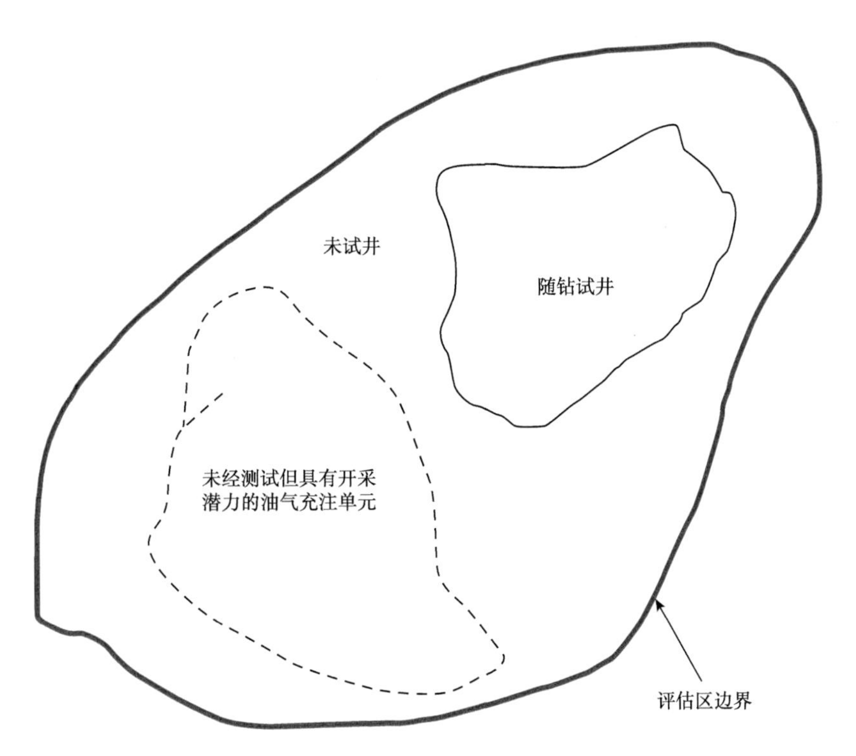

图 4.6 非常规油气充注单元的资源评价分类（节选自 Schmoker J W，1999，美国地质调查局连续型（非常规）油气藏评价模型——“FORSPAN”模型。美国内政部，美国地质调查局）

此处引入了一种概念，即未来的油藏评价过程中，无须在一定的时间范围内评价整个非常规油藏；相反，可以将评价重点放在油气开采条件更加优越的油气富集点（HES）。

Schmoker（1999）最早提出了未测试地层单元的数量，可利用地层单元性能评价模型，在指定的时间范围内对地层单元的数量进行评估。在评价过程中，利用了地质区域的分布范围、未测试区域相对于整体区域的占比、在预测时间内具有潜在油气储量的未测试区域的占比，以及在预测期间具有潜在额外储量增量的未测试地层单元的面积。这四个变量的不确定性较高，从而导致计算结果变化范围很广。该参数与油气充注单元具有一定的相关性，虽未经过测试但具有一定的开发潜力，并且能够提供概率分布相关信息。

在为上文提到的不确定数值创建概率分布后，本次研究创建了另一个概率分布，用于描述给定时间范围内，每个未测试地层单元潜在油气增量的最终采收率。这一概率分布的建立是基于储层模拟动态数据建立的。

评估过程中可以参考评估区域的生产历史，或在无法获得早期模拟储层数据的情况下，以油藏产能为重点，进行相关评估工作，并将得到的相关数据作为储量估算的初始输入参数。这些参数无法完全适用于含水饱和度、孔隙度和渗透率等其他储层参数的估算，因为非常规储层的评估以单井数据为基础。因此，必须钻穿特定区域的目的层，从而获得特定的储层岩石物性参数。通过将历史生产数据作为输入参数，预测未来可能发生的变化。尽管历史数据是模型预测的良好开端，但其应用目的是确定未来将要开发的油气富集点，不应对未来生产规划产生限制。

4.5　评估案例研究 1

美国地质调查局（USGS）报道了北达科他州、蒙大拿州和南达科他州威利斯顿盆地省泥盆系三叉组和密西西比亚阶巴肯组的非常规油气储量的地层评价研究，如图 4.7 所示。

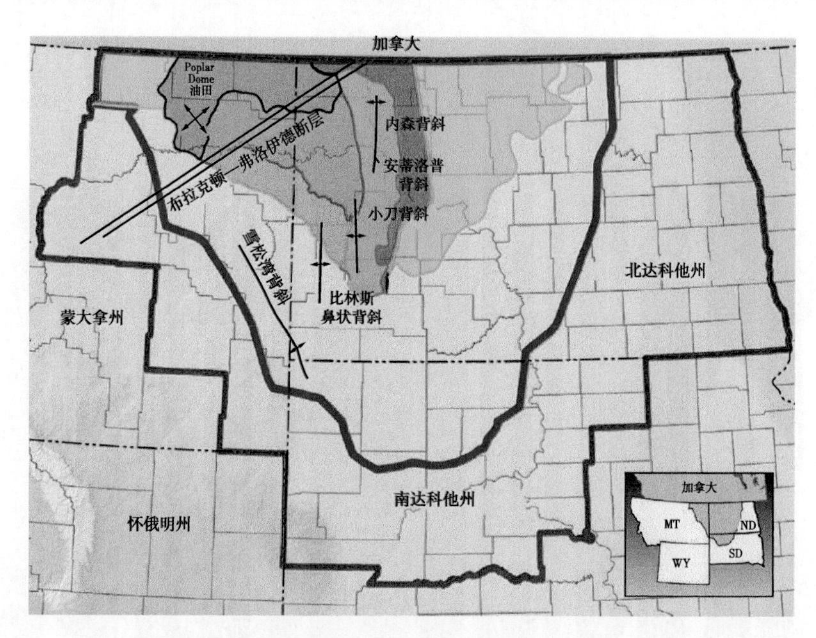

图 4.7　美国地质调查局报告的地层分布图（Gaswirth et al.，2013）

2008年至2013年期间，在巴肯组和三叉组共钻遇近4000口井。上述两套层系提供了大量的地质信息，有助于估算和评价油气储量。此外，由于缺乏数据，在2008年之前，无法对三叉组储层进行评价。通过对储层地质条件进行评估，认定在三叉组和巴肯组中，未发现的原油储量为7.4×10^9bbl，未发现的天然气储量为6.7×10^{12}ft^3，溶解液化天然气储量为0.53×10^9bbl（Gaswirth et al.，2013）。

在巴肯组整体含油气系统中，共识别了6个连续评价地层单元和2个常规评价地层单元。其中巴肯组包含5个连续评价地层单元和1个常规评价地层单元，三叉组包含1个连续评价地层单元和1个常规评价地层单元。巴肯组和三叉组连续地层单元评价过程中使用的关键输入参数见表4.2。其中，根据潜在储量，确定了6个地层单元的平均潜在生产面积。从平均面积中选取了可能位于生产井泄油区周边的区域。根据确定的潜在生产井的泄油面积，进行静态研究，确定油气富集点。

表4.2　巴肯组整体含油气系统连续评价地层单元（AU）的关键评价参数（Gaswirth et al.，2013）

1	Elm Coulee 油田—比林斯鼻状背斜连续型原油 AU 50310161			
	最小值	中值	最大值	计算平均值
AU 潜在开采面积 /acre	1400000	1600000	1800000	1600000
生产井平均泄油面积 /acre	320	400	600	440
未测试的 AU 占比 /%	51	69	80	67
“甜点”区 AU 占比 /%	24	27	30	27
成功率 /%	98	99	100	99
平均 EUR/10^6bbl	0.15	0.18	0.22	0.182
2	中央盆地连续型原油 AU 50310162			
	最小值	中值	最大值	计算平均值
AU 潜在开采面积 /acre	2800000	3100000	3400000	3100000
生产井平均泄油面积 /acre	320	400	600	440
未测试的 AU 占比 /%	80	87	91	86
“甜点”区 AU 占比 /%	24	29	70	41
成功率 /%	98	99	100	99
平均 EUR/10^6bbl	0.225	0.25	0.325	0.254
3	内森—小刀背斜连续型原油 AU 50310163			
	最小值	中值	最大值	计算平均值
AU 潜在开采面积 /acre	2600000	2800000	3000000	2800000
生产井平均泄油面积 /acre	320	400	600	440

续表

未测试的 AU 占比 /%	65	76	84	75
“甜点”区 AU 占比 /%	35	38	85	53
成功率 /%	98	99	100	99
平均 EUR/10^6bbl	0.26	0.3	0.35	0.302
4	东部过渡带的连续型原油 AU 50310164			
	最小值	中值	最大值	计算平均值
AU 潜在开采面积 /acre	1800000	1900000	2000000	1900000
生产井平均泄油面积 /acre	320	400	600	440
未测试的 AU 占比 /%	70	79	93	81
“甜点”区 AU 占比 /%	10	15	20	15
成功率 /%	98	99	100	99
平均 EUR/10^6bbl	0.375	0.425	0.55	0.431
5	西北过渡带的连续型原油 AU 50310165			
	最小值	中值	最大值	计算平均值
AU 潜在开采面积 /acre	500000	2000000	3100000	1866667
生产井平均泄油面积 /acre	320	400	600	440
未测试的 AU 占比 /%	94	98.8	99.5	97
“甜点”区 AU 占比 /%	10	15	45	23
成功率 /%	80	90	95	88
平均 EUR/10^6bbl	0.075	0.15	0.25	0.154
6	三叉组连续型原油 AU 50310166			
	最小值	中值	最大值	计算平均值
AU 潜在开采面积 /acre	5000000	10000000	25000000	13333333
生产井平均泄油面积 /acre	220	400	600	407
未测试的 AU 占比 /%	89	96.5	99.2	95
“甜点”区 AU 占比 /%	10	50	90	50
成功率 /%	80	90	95	88
平均 EUR/10^6bbl	0.18	0.22	0.275	0.222

美国地质勘探局对巴肯组和三叉组共计6个区块的连续型技术可采（非常规）油气资源量进行了估算，结果显示，原油储量为7375×10^6bbl，天然气储量为6723×10^9ft^3，液化天然气储量为527×10^6bbl，见表4.3。其中包括Elm Coulee油田—比林斯鼻状背斜连续型原油AU（283×10^6bbl原油）、中央盆地连续型原油AU（1122×10^6bbl原油）、内森—小刀背斜连续型原油AU（1149×10^6bbl原油）、东部过渡带连续型原油AU、西北过渡带连续型原油AU（207×10^6bbl原油）和三叉组连续型原油AU（3731×10^6bbl原油）。

表4.3　六个地层评价单位的评价结果（Gaswirth et al.，2013）

总含油气系统（TPS）和评价地层单元（AU）	油气田类型	未发现资源总量		
		原油平均值 / 10^6bbl	天然气平均值 / 10^9ft^3	液化天然气平均值 / 10^6bbl
Elm Coulee油田—比林斯鼻状背斜连续型原油AU 50310161	原油	283	283	22
中央盆地连续型原油AU 50310162	原油	1122	1122	88
内森—小刀背斜连续型原油AU 50310163	原油	1149	1149	90
东部过渡带的连续型原油AU 50310164	原油	883	441	35
西北过渡带连续型原油AU 50310165	原油	207	145	11
三叉组连续型原油AU 50310166	原油	3731	3583	281
连续型原油总资源量		7375	6723	527

4.6　评估案例研究2

另一个案例研究了位于波兰北部波罗的海盆地的页岩层系，如图4.8所示。该地区已经钻探了数十口井，用于勘探和研究非常规原油开采情况，并从岩心样本和测井数据中收集了众多有价值的信息，从而对波罗的海盆地下伏层系展开研究（Sowizdzał et al.，2020）。

评价结果表明，利用地球化学评价方法，能够计算得出目标页岩储层的原油地质储量。该方法能够为页岩层系的开发提供可靠信息和相关数据，特别是在开发早期。

由于页岩构造富油气的独特特征，能够直接使用地球化学方法测定富油气页岩层段的岩石样品的油气含量，从而对油气地质储量进行评估。基于地球化学数据的油气资源评价方法具有以下优点：在勘探和开发的早期阶段，通常无法获得孔隙度和流体饱和度的详细信息，因此，基于地球化学数据的油气资源评价方法无须此类数据。该方法主要采用流体饱和度相关数据，通常是测井数据分析的产物，然而，在页岩地层中，可能无法获得此类数据。测定岩石样品油气含量的实验室方法如下：

（1）利用蛋膜（ESM，eggshell membrane）萃取烃类，并利用有机溶剂进行输送，待溶剂蒸发后，在60℃条件下测定萃取量，之后测定非挥发性烃类（组分C_{12+}）。

（2）利用岩石热解（R）对页岩样品进行热解分析，根据S_1标准评估液态烃，测定热解炉释放挥发性烃类时，300℃的岩石样品中游离烃的质量（mg HC/g岩石）。

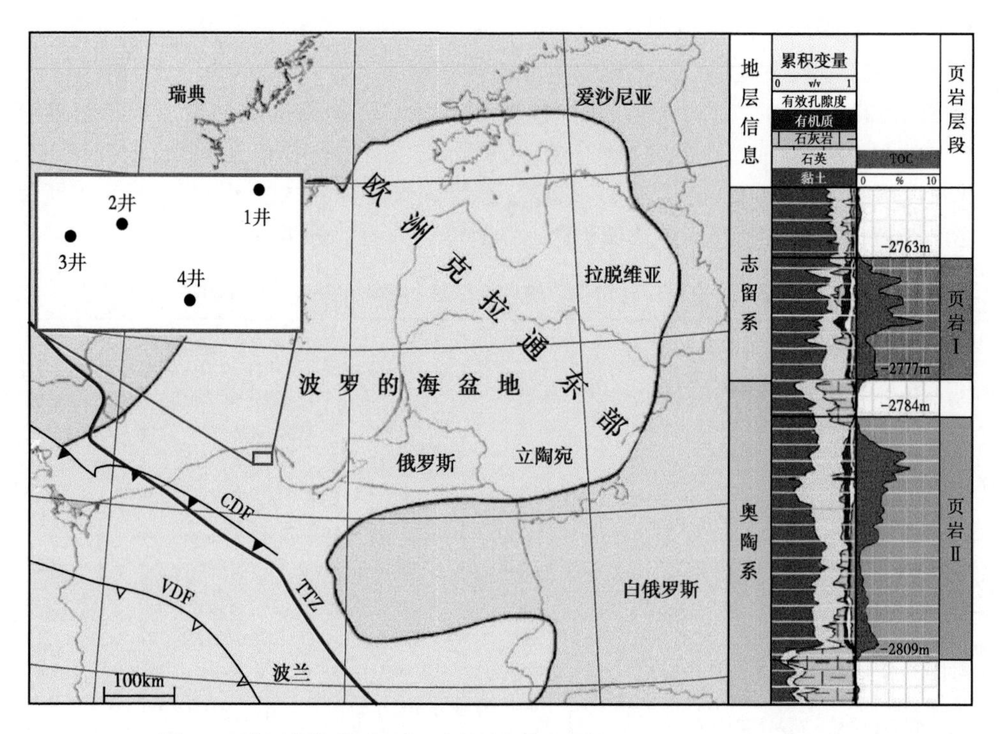

图 4.8　波罗的海盆地目标页岩层段位置图（Sowizdzał et al.，2020）

与提取溶剂相比，测定岩石热解和 S_1 参数容易得多，因为此过程是一个早期、简单且直接的过程。当给定浅层地层厚度时，可对原油地质储量进行升级。在本次评价过程中，评价人员将岩石热解 S_1 数据作为原油地质储量的主要表征参数，并使用溶剂萃取程序建立校正系数。

可使用岩石热解 S_1［式（4.2）］对给定体积的页岩层系的原油资源量进行计算（Sowizdzał et al.，2020）。

$$含油量=\frac{V_o}{V_r}=\frac{S_1\rho_r}{\rho_o} \tag{4.2}$$

式中，V_o 为原油体积；V_r 为岩石体积；S_1 为每克岩石含油量；ρ_r，ρ_o 分别为岩石密度和原油密度。式中引入一个计算蒸发损耗的系数（c_1），可用于估算油气地质储量，见式（4.3）（Sowizdzał et al.，2020）：

$$\mathrm{OIIP}=\frac{V_o\rho_r S_1 c_1}{\rho_o}\times10^{-3} \tag{4.3}$$

4.7　数据来源及估值

在前几节中，本次研究从经济学角度对非常规储层进行了初步评估和地层评价。下文将介绍所需相关参数（数据）的类型，以及如何获取和处理这些参数。

非常规油气储层与常规油气储层的区别在于，非常规油气储层既是油气的来源，又是捕获油气的圈闭（储集空间）。如上文所述，常规油气资源包括砂岩或碳酸盐岩层系中油气的运移和聚集。相反，在很长的地质时间内，有机质在高温高压条件下埋藏并发育，可同时作为非常规油气藏的烃源岩和储层。之后有机质经历了从有机质逐渐转化为成熟油 / 气的发展阶段。这一过程能够增加烃源岩的孔隙度。如图 4.9 所示，在储层评价过程中，通常需要对三种类型的储层特性进行分析。在评价每种特征的过程中，均需要采用一些重要的参数，对非常规致密储层进行研究和评价。可通过三维地震勘测、测井分析和岩心分析获得这些参数，下文将对其进行详细讨论。

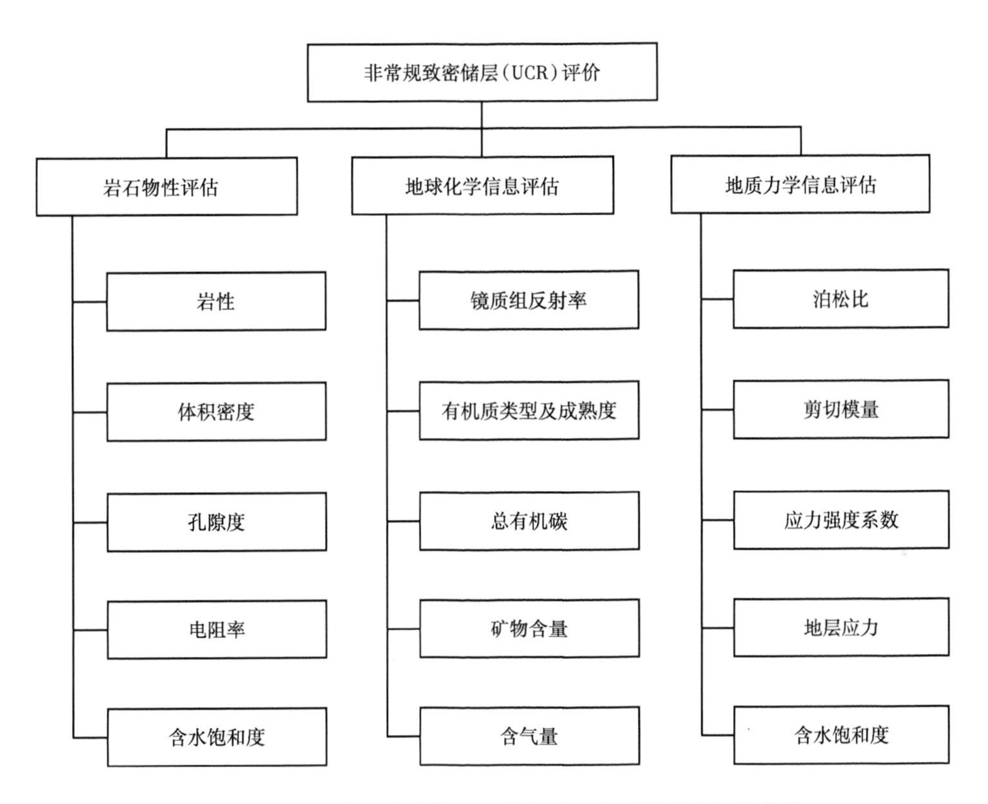

图 4.9 用于非常规致密储层评价的储层特性类型和相关参数

4.7.1 岩石物性评估

岩石物性可用于描述非常规储层的中—粗粒碎屑组分和砂、粉砂、黏土等细粒组分，这些组分组成了储层（Glorioso and Rattia，2012）。以下是非常规储层岩石物性分析过程中采用的重要参数。

4.7.1.1 岩性

研究非常规储层岩性过程中，最佳方法是从储层采集样品。然而，这一做法的成本高昂，技术上也存在困难。在钻井过程中，可利用井壁取心或电缆取心，从储层中采出岩心柱。还可采用其他方法获取样品，如钻井液测井，然而，这些方法仅能自钻井初期随钻获得，在特定深度获取岩屑样品仍有一定困难。由于其尺寸大小受储层规模限制，目前无法确定这些岩屑样品能否代表岩性。通过对已经进行地层分层和岩性分类的钻井进行测井，进一步获取岩性相关信息。

目前采用多种常规测井方法确定非常规致密储层的岩性，如聚类分析、神经网络、交会图法等。还可以通过自然伽马、钍钾交会图、密度电阻率和声波时差电阻率确定非常规致密储层的岩性（Fan et al.，2016；Jianqiang et al.，2013；Mosheni，2010）。

例如，利用测井交会图确定典型地层的岩性（Dawei et al.，2016）。本次研究利用测井信息，从储层的不同区域获得了大量岩性数据，这些岩性数据与钻井过程中获取的岩性具有高度一致性。研究发现，在某些区域，仍然可以利用统一标准对现有测井资料进行分析，从而对岩性进行表征和分类。利用自然伽马和补偿中子交会图，能够进一步对区域内不同岩性进行精准描述。研究表明，研究区岩性可分为砂岩、粉砂岩、泥质岩和凝灰岩四种类型。图 4.10 为测井曲线交会图。

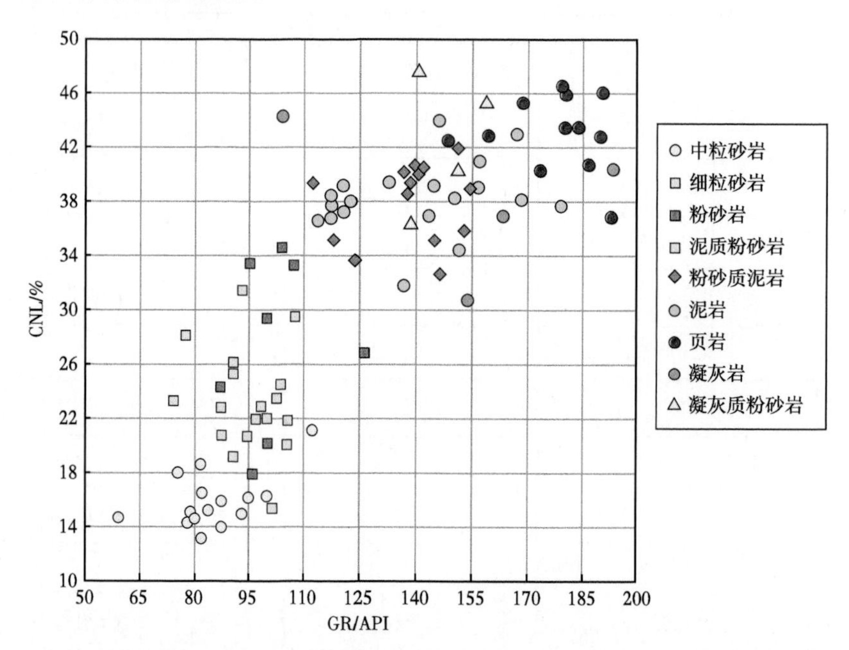

图 4.10　用于岩性测定的自然伽马与补偿中子测井交会图（Dawei et al.，2016）

4.7.1.2　体积密度

岩石的体积密度是组成岩石的矿物、基质内的孔隙和充填多孔介质的流体的函数。其中任何一个因素的变化都可能导致体积密度发生变化。通过岩石样本直接测量得出密度数据，在大气压条件下取一定量的岩石样本，然后将其浸没在水中。在此过程中，水进入孔隙空间，与最初记录的原始岩石质量相比，此时岩石质量有所增加。因此，可根据样品的质量差，以及水和岩石样品的体积来计算样品体积密度。表 4.4 为主要储集岩体积密度。

基于非常规致密储层勘探阶段形成的地震资料，利用地震反演或地质统计学方法，确定岩石密度。之后绘制地下构造图，预测非常规储层的埋藏深度及主要成因矿物。仅使用纵波数据，无法检测地层的流体和岩石特性，但横波响应特征能够识别上述特征（Barnola and White，2001）。

表 4.4 常见储集岩体积密度

岩石	密度 / (g/cm^3)
页岩	2.06~2.66
砂岩	2.0~2.5
石英岩	2.6~2.7
黏土	1.6~2.6
石灰岩	2.6~2.8
白云岩	2.3~2.9
花岗岩	2.5~2.7

总体而言，体积密度参数是一个重要的声学参数，可用于分析生油岩的发育情况，在非常规致密页岩油气藏中，生油岩和储层为同一套层系。此外，在稠油和油砂的开发过程中，需要采用精确的密度数据预测页岩的发育位置，避免其干扰蒸汽驱等采收作业(Gray et al.，2006)。

4.7.1.3 孔隙度

对于非常规致密储层，特别是页岩储层而言，利用储层中与黏土相互作用的水、存储于毛细管空间和大孔隙的自由流体(Kuila et al.，2014)，以及图 4.11 所示的微裂缝，可以指示孔隙度。孔隙度的增加与干酪根有关，干酪根释放了原油和天然气，从而提高了孔隙度。非常规致密储层孔隙度的确定同样存在困难，因为其储层往往富含有机质或干酪根，具有非均质性，孔隙度相当低(Pan et al.，2015)。利用传统的孔隙度测定方法，无法得到精确数据，从某种程度而言，利用传统方法得到的数据甚至是错误的(Jiang et al.，2016)。

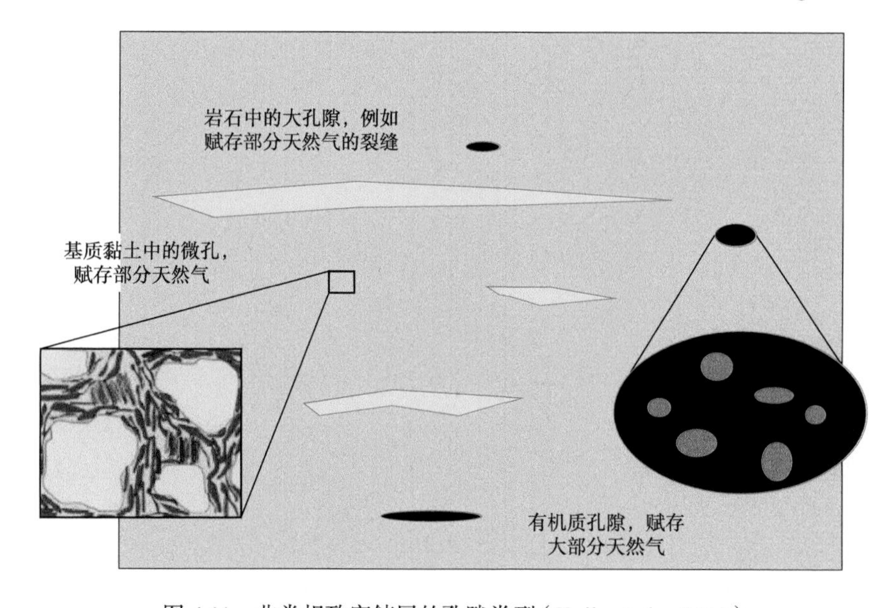

图 4.11 非常规致密储层的孔隙类型(Kuila et al.，2014)

目前，非常规致密储层孔隙度的测定方法主要分为两类：（1）辐射法；（2）流体穿透法（Chen et al.，2018）。

有多种先进的辐射技术，用于直接测定孔隙度（Clarkson et al.，2013），具体方法如下：

（1）扫描电子显微镜（SEM）；

（2）场发射扫描电子显微镜（FESEM）；

（3）中子小角散射（SANS）；

（4）超中子小角散射（Ultra-SANS）；

（5）三维重建；

（6）计算机断层扫描（CT）。

除了辐射法之外，流体穿透法还提供了一系列可用于估算非传统储层孔隙度的相关技术，对非常规储层的孔隙度估算起到了重要作用，主要包括：

（1）低温氮吸附 / 脱附（LTNA）；

（2）压汞法（MICP）；

（3）核磁共振法（NMR）。

LTNA 和 MICP 的实验条件不同，每种方法都需要特定的压力、温度和流体性质范围。这两种测试方法能够测定纳米—微米级的孔隙度，将这两种方法结合起来，可以更好地估算孔隙度。唯一缺点是只能检测相互连通的孔隙，因此通常用这两种方法计算有效孔隙度。相比之下，NMR 法能够测定浸液样品的孔径分布，并显示充满液体的孔隙，计算过程中无须考虑孔隙的连通性，因此通常采用这种方法计算总孔隙度或绝对孔隙度。

4.7.1.4　渗透率

在常规储层中，通常在实验室进行岩心驱油实验，在达到稳态流动后，利用达西定律计算渗透率。然而，在渗透率低至纳米级的非常规致密储层中，渗透率的估算过程要复杂得多。在非常规致密储层渗透率测定过程中，可能造成影响的因素包括样品微裂缝，以及取心过程中引起的饱和度变化和高度非均质性，这些问题增加了地层渗透率估算过程的复杂性，使得岩石更容易受到微裂缝的影响（Suarez-Rivera et al.，2012）。

非常规储层的岩性非常复杂，有机和无机固体含量较高，由于储层的润湿性发生了巨大变化，流体饱和度分布也存在差异，因此储层流体的流动性并不仅仅取决于常规储层中已知的简单压降理论和黏滞力理论（Sondergeld et al.，2010b）。目前研究较多的扩散机制包括克努森扩散与分子扩散机制，以及与孔隙压力相关的扩散机制（Sinha et al.，2012；Fathi et al.，2012）。在上述机制的作用下，利用气体和液体测量得出的非常规储层渗透率有很大的差别。这实际上是流体的平均自由程和孔径之间的相对差异造成的。该差异导致了分子碰撞受到抑制，从而改变了流体流动的平均速度。例如，氦和氮的平均自由程分别为 173.6nm 和 58.8nm。在相同的环境压力和温度条件下，水的平均自由程约为 0.0025nm。非常规致密储层的平均孔喉为 5~50nm，因此气体和液体的流动状态有着明显区别。

尽管文献中已经提出了多个修正参数，如克林肯贝格和克努森相关性，从而校正气体滑移和分子碰撞带来的影响，但这些参数的变化仍然给研究带来巨大挑战。这是因为，在描述页岩中流体流动过程中吸附烃类的影响及渗透率各向异性的影响时，应当考虑其他因素（Sondergeld et al.，2010b；Vermylen，2011）。当利用现有的校正系数时，考虑到这两方面的影响，只有提高非常规致密储层渗透率的计算精度，才能更好地估计非常规致密储层渗透率。

此处重新回顾渗透率的初始定义，即岩石内部传导流体的能力。那么对于非常规致密储层，渗透率的概念和理解本身就会发生变化。究其原因，与常规储层多孔介质的流体流动相比，非达西流动（与纳米尺度有关）对流体的驱替或圈闭的贡献在此类致密多孔介质中更为突出和重要。关于这些机制及带来的影响，将在第 8 章建模相关章节中继续讨论。

4.7.1.5 电阻率

从根本上说，常规储层存储石油和天然气，而非常规储层生成并储存石油和天然气。此处，“生成”指的是，随着烃源岩成熟度增加，石油和天然气含量也随之增加。这一过程具有持续性，在发现前、发现后，甚至未来将一直持续。随着油气的成熟及非常规致密储层中更多油气的释放，地层电阻率从高含水的非电阻性变为生烃的电阻性（Meissner，1991）。在非常规致密储层的岩石物性分析过程中，这一特性对于确定地层流体类型和烃源岩成熟度具有重要意义。通常不会单独采用电阻率测井，而是与声波测井和孔隙度测井等其他测井方法一同采用，以估算相关的储层性质。

SP 测井可用于计算地层的电阻率。利用 SP 测井资料计算地层水电阻率时，通常需要遵循以下步骤：

（1）确定地层温度；

（2）根据地层温度校准钻井液滤液电阻率；

（3）将钻井液滤液电阻率转换为等效钻井液滤液电阻率；

（4）根据页岩基线确定目标层系的 SP 测井曲线值，并确定等效地层水电阻率；

（5）将等效地层水电阻率校正为地层温度下的地层水电阻率。

4.7.1.6 含水饱和度

评估非常规致密储层的困难在于储层物性的所有岩性参数的计算，包括干酪根和有机质性质（Zuber et al.，2002）。非常规致密储层的结构网络非常复杂，储层基质和有机质聚集成团，从而影响了测井工具的精度。与孔隙度的测定相比，含水饱和度测定的相关研究较少，但含水饱和度的精准估算对于非常规致密储层开采可行性的确定具有重要意义。

值得注意的是，非常规储层中存在干酪根，且黏土含量相对较高，因此无法利用常规的阿尔奇方程估算含水饱和度和烃类饱和度。如上文所述，阿尔奇方程的另一个使用限制因素是非常规地层水电阻率的复杂性，因此应当对其进行估算。曾有学者尝试研究电阻率随盐度条件的变化，设定一个恒定电阻率值，用于计算含水饱和度，但计算所得的含水饱和度值无法代表实际储层的含水饱和度（Zuber et al.，2002；Martini et al.，2008）。

Yu 等（2018）利用三种公式对含水饱和度的估算进行了全面研究：（1）阿尔奇公式；（2）Waxman-Smits 公式；（3）印度尼西亚公式。这些方法正在试图改进，以便更好地估算和表征非常规致密储层的含水饱和度。尽管做出了种种努力，但采用阿尔奇公式及其变形公式进行计算时，仍然存在含水饱和度值过高的问题。第二种公式（Waxman-Smits 公式）更适用于非常规致密储层，但仍无法确定部分电阻率参数的准确数值。因此，建议采用改进的印度尼西亚法确定非常规致密储层的含水饱和度，该方法得出的数值在某种程度上更具代表性（Yu et al.，2018）。

4.7.2 地球化学评估

如上文所述，非常规油气储层的岩石物性评估过程中面临着很大程度的挑战，且包含多个不确定参数。这些挑战是由于非常规致密储层通常也是烃源岩的缘故。其中有机质的发育，黏土含量的丰富，低孔隙度和超低的渗透率意味着需要采用一套不同的方法来评价非常规致密储层。地球化学分析为非常规致密储层的评价提供了一种方法，可以通过计算储层中的油气地质储量和资源量来评估储层的价值。下文将对部分重要的地球化学特性进行讨论。

4.7.2.1 镜质组反射率

在非常规致密储层中，沉积物的暴露温度是一个非常重要的指标。该指标反映了非常规油气的热成熟度。热成熟度能够指示有机物（干酪根）的分解程度，可用于确定油气处于气窗或油窗。

镜质组反射率（R_o）可以代表热成熟度，镜质组反射率表示沉积物暴露于古温度下的最高温度。该温度通常不是典型的井底温度，因为富有机质泥岩在成熟后通常会发生抬升，导致深度与环境温度降低。其中包含的有机质碎屑镜质体是木本植物典型的深成阶段改良组织。通常情况下，如果该物质的碎片以原生形式存在于干酪根或岩石中，光束就会照射到该物质的抛光面。光电倍增管能够接收并记录这一反射率及其强度 / 量。当探测到镜质组时，数据将以直方图的形式记录下来，显示地层中存在的镜质组的标准差和平均值。其中记录的数据量根据镜质组碎片而变化，通常为 1~50。然后利用这些记录数据的平均值绘制地层的热成熟度图。研究镜质组反射率的典型方法是在整个地层上进行试验，并在目的层上方 500ft 处进行测试，以绘制目标层系的热成熟度图。图 4.12 显示了钻遇巴内特页岩层系的一口钻井的热成熟度。与巴内特组各项参数进行拟合，表明落在生油窗晚期的样品与几乎进入湿气窗的样品点（如虚线所示）的相关性较高。

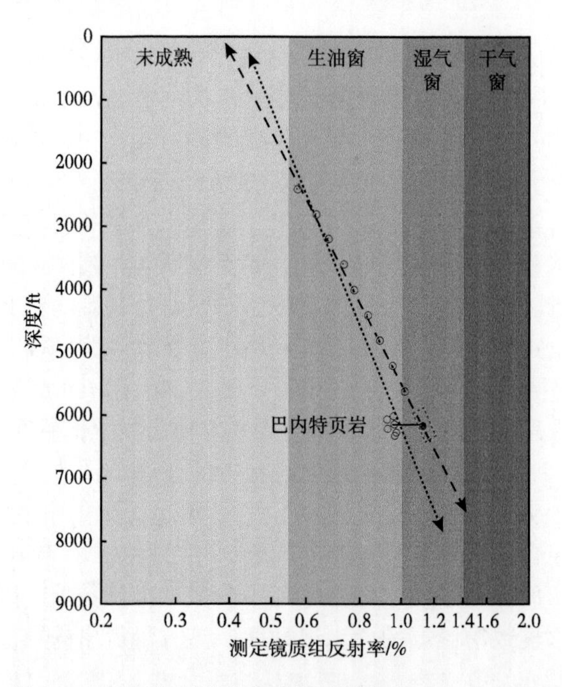

图 4.12 巴内特页岩的镜质组反射率（Rezaee，2015）

4.7.2.2 有机质的类型和成熟度

所有油气的初始状态均为富有机质泥岩。这些泥岩沉积在不同的环境中，如湖泊、海相环境，甚至沼泽。包裹在泥质中的有机质类型取决于沉积环境。依据碳氢比和碳氧比，可以对有机物类型进行分类（Tissot and Welte，2013）。这些有机质统称为干酪根，随着时间的推移，它会分解成较重的分子，如石油，之后逐渐分解成较小的分子，如气体，直到仅包含一种烃类（甲烷）。根据碳氢比和碳氧比的数值，可将干酪根划分为四种类型，见表 4.5。

表 4.5 干酪根类型及性质

类型	形态	来源	碳氢比	碳氧比
Ⅰ	藻质体	藻类	＞1.4	＜0.1
	无定形	藻类（无结构）		
Ⅱ	壳质组	浮游生物（无结构）	1.2~1.4	约 0.1
Ⅲ	镜质组	纤维和木质植物	0.7~1.0	＞0.1
Ⅳ	惰质组	氧化木质碎屑	＜0.5	＜0.15

从表 4.5 中可以看出，Ⅰ型和Ⅱ型干酪根主要来源于藻类和浮游生物，碳氢比最高，在热成熟作用下将会形成原油。Ⅲ型干酪根通常由木质物质组成，在热成熟过程中通常会产生气体。Ⅳ型干酪根主要由镜质组组成，通常既不生成油也不生成气。

非常规致密储层评价的主要困难在此，因为非常规层系既是烃源岩，也是存储油气的储层。

4.7.2.3 总有机碳（TOC）

评价非常规致密储层的另一个重要参数是总有机碳（TOC）。通常将有机碳在非常规储层中的质量所占比例称为 TOC，代表有机碳量。有机碳的密度远低于岩石基质的密度，这使得有机碳在岩石基质中占有相当大的体积。岩石基质中的有机碳主要分为两种类型：贫氢型有机碳和富氢型有机碳。贫氢型有机碳是一种非生物有机碳，因为它不具备生成商业石油的潜力。而富氢型有机碳则为生成型有机碳，因为它在一定的热成熟条件下能够生成商业石油。

为了确定非常规烃源岩的油气生成量，从而验证 TOC 评价结果，可以利用氢含量进行评价，同时校准烃源岩 TOC。氢含量也是确定烃源岩生烃类型的重要因素。例如，烃源岩中形成甲烷气体，需要将四个氢原子与一个碳原子相连。烃类系列中的乙烷和丙烷等气体的生成也是如此。烃源岩热解可用于岩石基质中氢含量的定性测量，通常将测算指标称为氢指数。

目前，可通过前人研究成果提供的实证相关性，基于多种影响因素和测井数据，估算岩石基质的 TOC。第一个有效的模型是利用地层密度估算 TOC。

该模型主要用于估算泥盆纪页岩中 TOC 体积的占比，其质量百分比测定见式（4.4）（Schmoker，1979）。

$$\mathrm{TOC_{vol}} = \frac{\rho_b - \rho}{1.378} \tag{4.4}$$

式中：ρ_b 和 ρ 分别为未包含有机物的基质的体积密度和密度。该模型进一步修正，可用于巴内特页岩的测定，见式（4.5）（Schmoker，1980）。

$$TOC_{vol}=\frac{(100\rho_o)-(\rho-0.99\rho_{mi}-0.039)}{R_\rho(\rho_o-1.135\rho_{mi}-0.675)} \tag{4.5}$$

式中：ρ_o 为有机质密度；R_ρ 为有机质与碳的比值；ρ_{mi} 为体积密度。

建有多个 TOC 估算模型，例如利用声波时差和深部电阻率测井等测井资料建立的模型（$\Delta\lg R$ 模型），见式（4.6）（Passey et al.，1990）：

$$\Delta\lg R=\lg\left(\frac{R}{R_{base}}\right)+0.02(\Delta t-\Delta t_{base}) \tag{4.6}$$

式中：R，R_{base} 为地层电阻率和基底地层电阻率；Δt，Δt_{base} 为地层声波时差和基底地层的声波时差。

该模型是非常规储层 TOC 评价过程中应用最多的模型之一。

4.7.2.4　矿物含量

非常规致密储层主要由黏土粒级的矿物颗粒（伊利石、高岭石和蒙皂石）组成，其沉积环境通常较为平静，主要组成矿物为海底或湖底的细粒沉积物。页岩中可能包含石英、燧石、长石等其他矿物（Wang et al.，2016b）。非常规致密层系是地壳中油气资源最为丰富的沉积层系。非常规地层在油气开采中发挥着重要作用，因为它们可以同时作为烃源岩、盖层和储层。

下文通过实例展示了利用 XRD 得出的三套层系（C，P 和 K）的矿物含量（Rezaee，2015），其三端元图如图 4.13 所示。

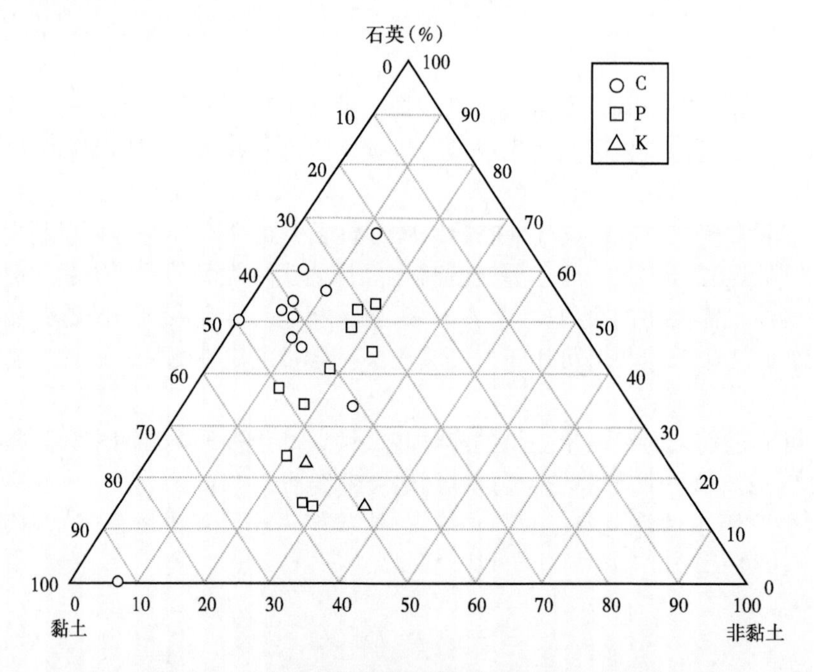

图 4.13　三个页岩样品的矿物组成（Rezaee，2015）

三种样品的基质均以二氧化硅为主，C 和 P 样品中石英含量相对较高，K 样品中黏土含量较高。矿物组成是了解非常规致密储层流体流动复杂性的重要参数，在非常规致密储层中，层系的非均质性和黏土含量越高，越难开采，吸附问题越严重。

4.7.2.5　天然气含量

在非常规致密油气储层中，天然气主要以游离气和吸附气两种形式存在，部分甚至吸附在水中（Zhou et al.，2016），如图 4.14 所示。吸附气是储层气体中最重要的组成部分，因为它在储层气体中的占比最高。吸附气含量通常高于游离气含量，而含气量的估算对于非常规致密储层评价和开发具有重要意义。在钻井过程中，可从地层钻取样品，并将其保存在特殊的容器中，使其一直保持在储层条件下，从而准确测定非常规油气藏中气体的吸附和脱附情况。

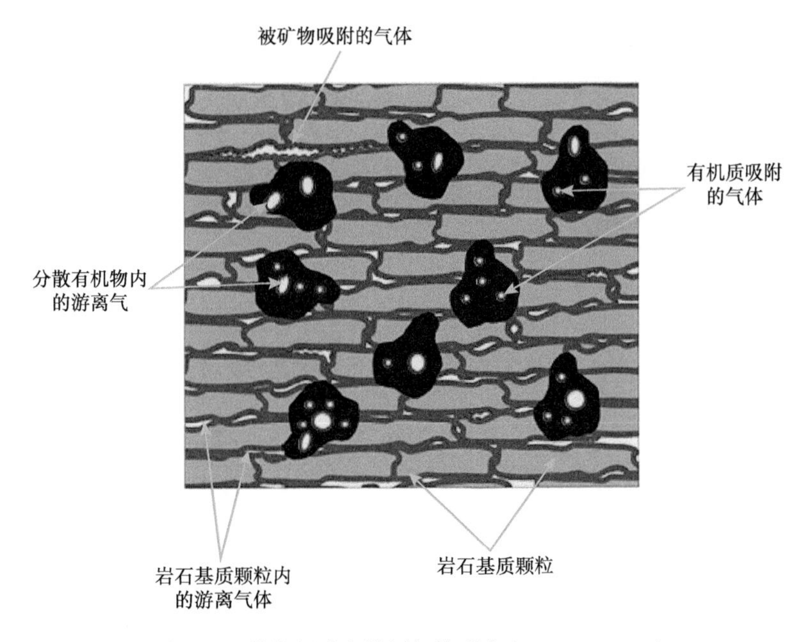

图 4.14　非常规致密储层气体形态（Dyrka，2020）

关于非常规储层中天然气生成和储存有多种理论。已探明的储层表明，天然气被吸附在干酪根和基质（黏土）区域的非常规层系中，而游离气主要储存在孔隙空间、天然裂缝和裂隙中（Wang et al.，2009）。部分模型能够利用不同于吸附气的游离气进行计算，从而算出油气产能（Xia et al.，2017）。为了开采吸附气，需要在储层衰竭过程中产生大量游离气，从而使得吸附气脱附（Mengal et al.，2011）。

储层中大量气体以吸附气形式存在，因此，需要尽量准确地估算吸附气体积。吸附气体积在描述非常规储层的生产潜力的过程中，起着至关重要的作用（McGlade et al.，2013）。这有助于准确估算吸附气体积，通过选择最佳生产策略，更精准地估算原位天然气储量和可采天然气储量。

4.7.3　地质力学评价

在非常规致密储层的地层评价中，另一种评价工具是地质力学评价。地质力学评价是对储层的力学性质进行评价，了解近井地带地层的天然裂缝系统，从而设计有效的水力压裂方案。

泊松比是一种重要的力学性质，能够描述一种材料（在本次研究中为岩石）在施加应力过程中发生的形变。利用应变的概念，可以详细阐述和加深对泊松比的理解。

此外，可以通过胡克定律来理解应变的概念。胡克定律指出，弹簧的拉伸 / 压缩量与其拉伸长度之间存在正相关关系。这一概念适用于所有脆性材料或延展性材料，即使这些材料的塑性和弹性性质存在差异。压力和应变之间的关系遵循胡克定律。对材料施加应力后，材料将会发生形变，依据施加应力后长度变化与原始长度之间的关系，可以计算材料的应变。应力与应变的相关性如图 4.15 所示。

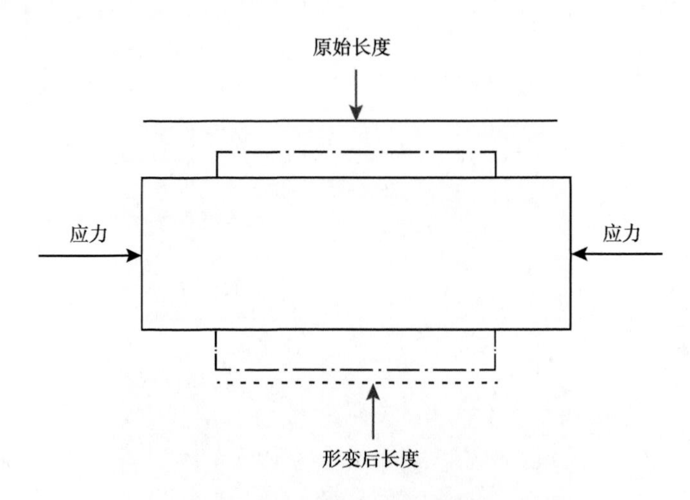

图 4.15　压应力产生的应变

可利用式（4.7）计算泊松比，具体计算过程为：沿应力轴方向发生的形变除以沿垂向轴发生的变形（Zhang，2019）。泊松比能够表征地层脆性和强度，通常情况下，地层的泊松比越高，所需的破裂应力越高。

$$\nu = -\frac{\varepsilon_1}{\varepsilon_p} \tag{4.7}$$

式中：ε_1，ε_p为水平形变和垂向形变（应变）。

不同岩层的泊松比数值不同。这一数值能够确定裂缝高度，同时还能明确特定的压裂压力能否对上下部地层进行压裂。

4.7.4　剪切模量

剪切模量 G 定义为材料对剪应力的响应。将剪应力除以剪应变，可以得出这一参数，见式（4.8）（Rajput et al.，2016）。

$$G = \frac{剪应力}{剪应变} \tag{4.8}$$

剪切模量是一项重要的参数，用于表示材料对剪应力引发的形变的抗力。高抗材料通常会抵抗剪切作用，因此剪切能将迅速传递到材料中。这一现象在刚性材料中很常见，通常将其称为刚性模量。从地震资料中得到的剪切模量数值通常高于实验室的测定结果。因为地震测定过程中使用了低应变弹性材料。

4.7.4.1 杨氏模量

图 4.16 展示了各个阶段中材料对给定应力的不同反应。根据材料性质的不同，形变响应落在弹性区域或塑性区域。在图 4.16 中，从 O 点到 A 点的区域为杨氏模量（E）区域，可以描述为弹性区域，计算方法为应力除以应变。在弹性区域内，形变材料在应力消失后通常会恢复到原来的形状。另一方面，如果代表材料的样品点落入塑性区，材料在应力作用下将会发生形变，不会恢复到原来的形状。

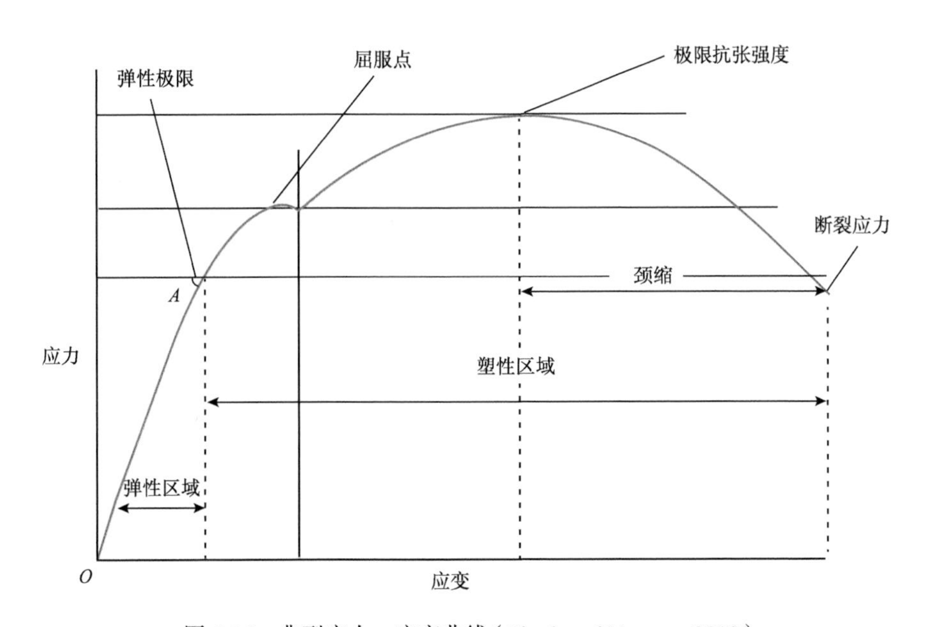

图 4.16 典型应力—应变曲线（Singh and Verma，2019）

根据杨氏模量，可以了解岩石刚度，杨氏模量越高，意味着材料发生形变所需的应力越高。在非常规致密储层中，这一特性尤为重要，因为杨氏模量会影响裂缝闭合所需的应力，从而控制裂缝的高度。如果在地层中，垂向应力与杨氏模量定义的最小水平应力相差较大，则裂缝闭合应力高于各向同性岩石的应力。由此产生了各向异性，在黏土含量较高的岩石中，这一特性尤为明显。这一特性能够指示地层为韧性地层还是脆性地层，从而确定水平井压裂技术是否适宜。对韧性地层进行压裂时，支撑剂会嵌入裂缝，因此，裂缝导流能力会降低。

4.7.4.2 应力强度系数

应力集中系数可应用于多种工程功能，但在水力压裂中的应用较为有限。该系数能够提供有关应力点的应力信息，但无法提供整体应力信息。该系数的另一个缺点是，数值非常大，接近无穷大，而裂缝尖端的半径非常小，此时应力集中系数也非常小，接近于零。因此，在设计压裂作业时，提出了一种有助于了解岩石特性的新方法（Moore et al.，2014）。

利用应力强度系数 K 解决应力集中作用有限的问题。数学模型表明，可以对应力作用下的裂缝体进行处理。在该模型中，距离裂缝尖端任意长度处的最小水平应力（σ_x）可由式（4.9）求得：

$$\sigma_x = \frac{\sigma\sqrt{a\pi}}{\sqrt{2\pi x}} \tag{4.9}$$

式中，σ 为施加在地层上的应力；a 为裂缝长度；x 为到断裂尖端的长度。裂缝尖端应力分布如图 4.17 所示。

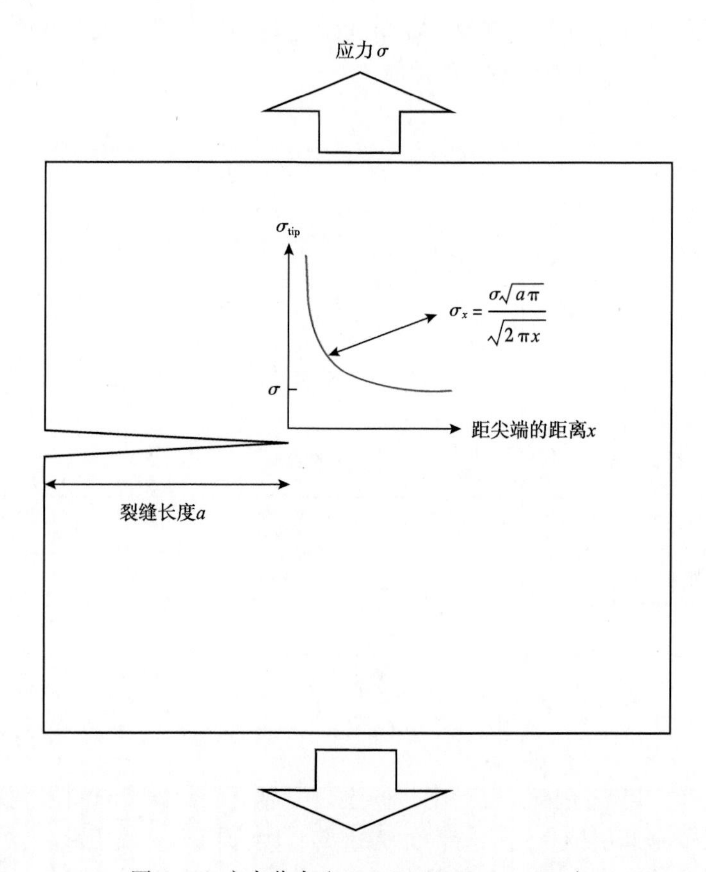

图 4.17　应力分布（Moore and Booth，2014）

应力 σ 和（πa）的平方根以符号 K 表示，称为应力强度系数。据此，式（4.9）可写为式（4.10）：

$$\sigma_x = \frac{K}{\sqrt{2\pi x}} \tag{4.10}$$

强度系数的概念表明，如果 K 是已知的，裂缝尖端周围的应力分布也是已知的。此外，当两条长度不同的裂缝分别受到应力强度系数相近的应力时，两条裂缝周围的应力分布是相同的。

4.7.4.3 地层应力

在非常规储层中，提高致密储层油气产量至关重要。因此，应尽可能增加地层和裂缝之间的接触面。在非常规致密储层水平井段中，应力的分布是形成水力裂缝并决定其延伸范围的主要参数（King，2010）。现场应用情况表明，垂向应力、最小水平应力和最大水平应力（σ_v、σ_h 和 σ_H）是控制裂缝形成和延伸的最重要参数。其他参数如模量、强度、接触面和压力梯度对裂缝的影响相对较小（Simonson et al.，1978）。图 4.18 展示了初始垂向应力、最小水平应力和最大水平应力及其对裂缝导流能力和延伸的影响。裂缝的类型和延伸方向受三种应力控制和决定。

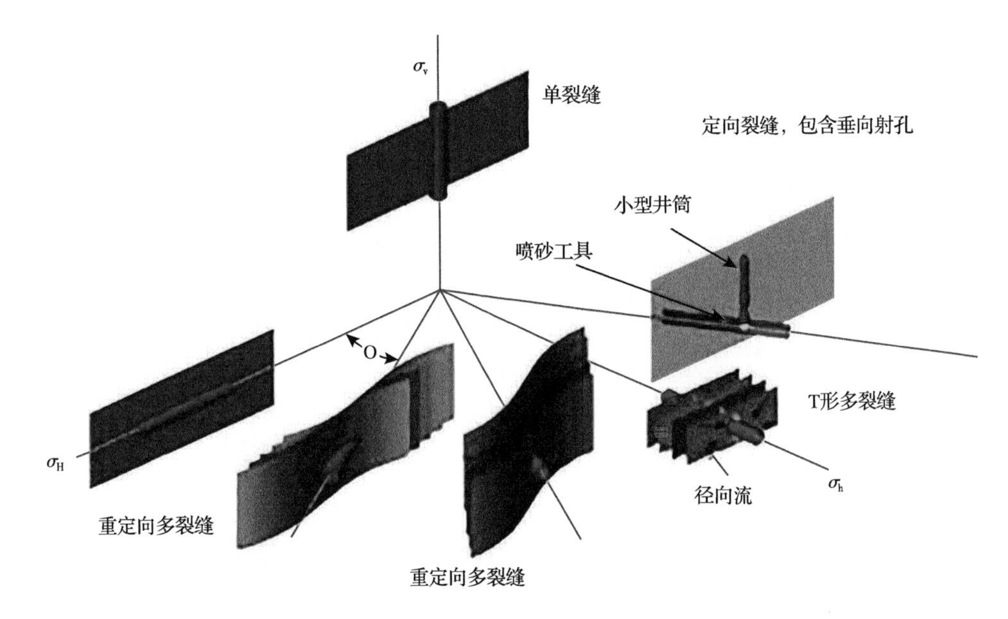

图 4.18 不同初始地应力下裂缝几何形状示意图（Li et al.，2015）

上述应力原理是确定裂缝性质的主要因素，其中油气主要存储在主裂缝和次级裂缝中（Daneshy，2009）。

4.8 非常规致密储层的宏观、微观和纳米尺度评价

非常规储层的孔径变化较大，从微米级到纳米级不等。非常规储层中的油气，尤其是天然气，可能以多种状态存在，部分以游离气的形式存在于裂缝和纳米级孔隙中，部分吸附于干酪根和（或）水中。常规储层的孔隙多为微米级，而非常规致密储层的孔隙多为纳米级。在纳米级及更小尺度上对地球的地质条件进行全面研究，将得到更小尺度的地质解释结果，能够更好地揭示地下层系的地质现象（Ju et al.，2009）。由此可知，通过深入了解纳米级孔隙，能够加深对非常规致密储层的了解。

储层孔隙包括两种形式：作为流体主要储集空间的主孔隙，以及孔喉系统。在非常规致密储层中，发育大量微米级和纳米级孔隙系统，如图 4.19 所示。纳米级结构是指在油气存储空间以孔隙为主的地层中，孔径为 1~1000nm 的孔隙，微米级结构是指在油气存储空

间以孔隙为主的地层中，孔径为 1000nm~1mm 的孔隙（Ju and Li，2009）。

非常规致密储层孔隙系统是评价储层开发效果最重要的参数之一，因为它代表了储层的储烃能力和产烃潜力。纳米级孔隙的研究始于巴内特页岩的孔隙网络和有机质孔隙，在巴内特页岩中，油气储量多赋存于干酪根（有机质）中，纳米级孔隙的直径约为 100nm（Zou et al.，2013）。对各种非常规储层的研究表明，非常规储层主要发育微米—纳米级孔隙，这些孔隙控制着非常规储层中油气的运移和存储（Loucks et al.，2009）。

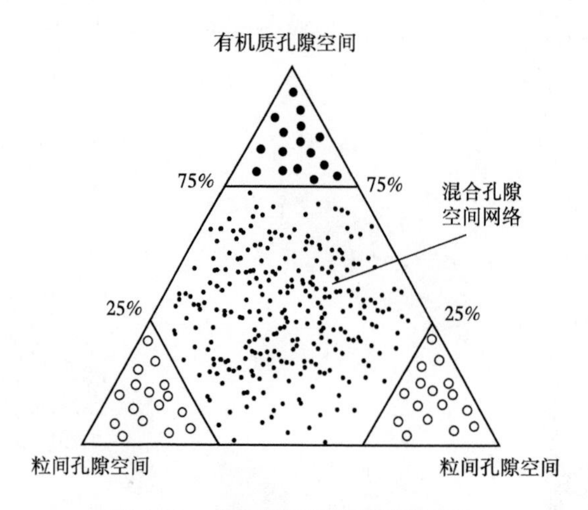

图 4.19　非常规致密储层孔隙系统

可根据孔径大小对非常规储层孔隙结构体系进行分类：（1）孔径小于 2nm 的微孔；（2）孔径为 2~50nm 的中孔；（3）孔径大于 50 nm 的大孔（Sing，1985）。这一分类原则可用于非常规储层的表征和孔隙系统的评价。本次研究介绍了当前采用的非常规储层孔隙结构体系的确定及评价方法。

4.8.1　压汞毛细管压力（MICP）

汞具有非润湿性，在研究过程中，可用作侵入储集岩的物质。因此，汞能够在不借助毛细管渗透作用的情况下，进入相互连通的孔隙和空间。在 MICP 测试过程中，通常使用干燥岩样（而非样品粉末）对孔隙尺寸的分布情况进行测试。将岩石样本放置在一个容器里，抽干容器内的空气，然后将汞注入样本。注入汞的压力逐渐增大，以便将更多的汞注入样品相互连通的孔隙。继续注汞，并增加注入压力，直到将汞注入指定的孔隙空间。通常在 MICP 过程中，利用最高压力能够将汞注入直径近 3nm 的小型孔隙。通过汞的侵入体积，可以采用毛细管法，精准估算非常规储层的连通孔隙的分布情况，其中孔隙直径通常在 2nm 以上，见式 4.11：

$$\Delta p = \frac{2\gamma \cos\theta}{r_{\text{pore}}} \tag{4.11}$$

式中：Δp 为毛细管压力；θ 为汞与岩石表面的夹角；γ 为表面张力；r_{pore} 为孔喉半径。

将汞注入岩样的孔隙系统所做的功 W 可由式（4.12）（代表侵入剖面曲线下部面积）计算求得：

$$W = \frac{1}{\gamma \cos\theta} \int_0^v p \mathrm{d}V \tag{4.12}$$

这种方法有一个缺点，即汞的排驱与侵入作用相差较大，因此很难决定使用侵入剖面还是排驱剖面来估算样品的孔径分布。

取自巴肯页岩组的样品的注入压力和注入汞体积的 MICP 曲线如图 4.20 所示。

图 4.20 显示，在压汞作用开始阶段，大量的汞侵入页岩，之后汞进入孔径较小的孔隙，汞注入速率缓慢增加。孔径分布计算见式（4.12）。

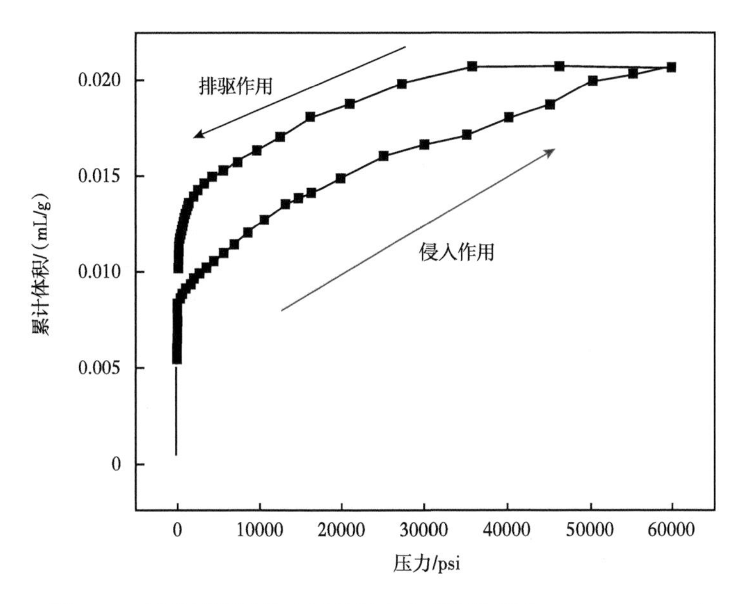

图 4.20　巴肯页岩样品中汞的侵入和排驱作用（Liu et al.，2017）

4.8.2　气体吸附法

在非常规致密储层中，最常用的方法是气体吸附法，可用于表征孔径分布和岩石样品特征。测量气体吸附的第一个成功案例是在环境温度下使用氮气（Dewar，1904）。Langmuir 引入了气体吸附的概念，但仅在单个层系上使用了这一方法，因此，在测定孔隙系统和表面积方面应用有限（Langmuir，1917）。之后，这一方法得到了改进，将氮气应用在多层系吸附过程中（Benton et al.，1932）。通过对 Langmuir 等温线法进行拓展，得到了 Brunauer-Emmett-Teller 法（BET），该方法突出了多层吸附等温线的优势，除了常规储层之外，还能更好地估算非常规致密储层的孔径分布和表面积（Brunauer et al.，1938）。

在气体吸附测试中，首先将样品粉碎成粉末并过筛，得到一定粒度的岩样，以便在后续研究过程中更好地估算其表面积。然后根据岩石样品的类型，在一定的温度下对样品进行脱气，马塞勒斯（Marcellus）页岩样品的脱气温度通常是 120℃，持续脱气一天，以去除样品中的所有水分。最后，根据孔径分布情况，得到氮或二氧化碳吸附等温线（通常使用二氧化碳估算微米级孔隙）。在极低的压力条件下记录吸附情况，随着压力的增加，越多的气体被吸附在孔隙表面。

龙马溪组破碎岩心样品的氮吸附情况如图 4.21 所示（Liu et al.，2018）。相对压力从 0 增加到 1.0 时，龙马溪组样品表现出明显的气体吸附现象。实验初期，气体吸附量增加较快，之后吸附量呈线性上升，上升速率较为缓慢。从 BET 的角度来看，吸附速率由快到慢的变化（吸附曲线斜率的变化）代表单层吸附的结束和多层吸附的开始（Liu et al.，2017）。最后，当相对压力趋于一致时，吸附速率又迅速恢复。常规 BET 剖面包括样品的滞后效应，以测试气体在特定岩石中的脱附特性。结果表明，龙马溪组样品的孔隙系统以中孔为主。

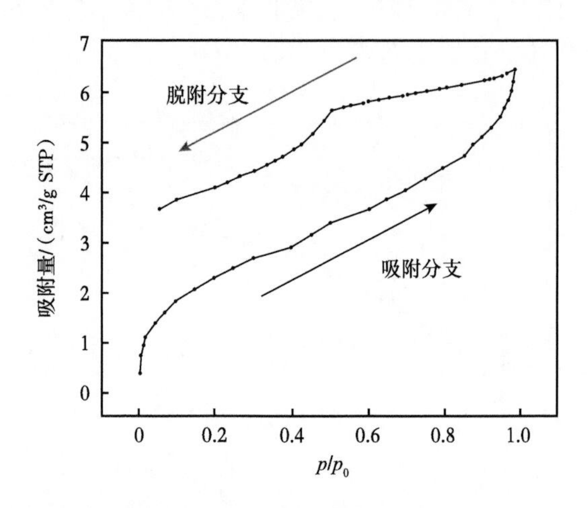

图 4.21　龙马溪组页岩样品气体吸附测试（Liu et al.，2017）

4.8.3　扫描电子显微镜（SEM）

扫描电子显微镜是评价岩石样品的形态学特征的一项重要技术。其中使用了多种信号，这些信号形成于电子与岩石样本的相互作用，能够产生高质量的图像。场发射扫描电子显微镜（FESEM）的原理与扫描电子显微镜相同，但其分辨率更高，可以在纳米尺度上更好地评估非常规储层的形态学特征。

在测试之前，必须首先对岩石样品进行机械抛光，去除样品表面的树脂，方便观察样品形态。目前有各种抛光机可供选择，如金刚石抛光机及砂纸抛光机等，可在多种尺寸范围内对岩石样品的表面进行抛光。抛光过程可能导致非常规岩石样品的外形不规则，但能够据此更好地分析样品的形态学特征。由于抛光效应，氩离子能够使岩石样品表面更平整，从而精准估算孔隙系统。

为了分析 SEM 或 FESEM 图像，将样品图像记录为灰度图像，通常使用软件来评估岩石的孔隙系统。

4.9　静态建模在非常规储层评价中的应用

非常规致密储层静态模型的建立是一个不断发展的过程，在开发初期，可供使用的定性数据和定量数据并不多。随着作业的进行，研究人员搜集到了更多的数据和分析信息，从而更新了针对特定环境的静态模型。根据上文提及的三种评估方法（岩石物理、地球化学和地质力学）得到的相关参数将作为静态建模的输入参数。对于非常规储层而言，传统的常规储层地层评价方法不够，也不适用。非常规储层具有不确定性，比如岩相分布规律不明显，在岩石和油气形成的过程中具有不确定性，因此，需要深入研究并表征非常规储层，但这一过程比较困难（Yarus et al.，2014）。通过建立多场景建模过程，并对优先级进行排序，以便更好地估计油气分布情况，制定油气开发计划（Yarus et al.，2014）。

储层岩石的弹性特征在非常规储层的静态建模中发挥重要作用，通过从三个应力方向进行分析，确定了非常规储层水力压裂方案建模的质量和实施情况。然而，在确定单井的经济效益时，岩石物理和地质力学性质也非常重要。静态建模能够利用所有可用的数据，分析三个评估结果的输出参数，确定资源油气的最佳潜在开发和生产区域，绘制构造图。在非常规储层的静态建模过程中，还存在其他问题，使建模过程更加复杂。除了水力压裂过程中诱发的裂缝外，致密地层基质中发育的天然裂缝也会使得非常规储层的建模过程更加复杂。因此，非常规致密储层模型的层系中分别包含天然裂缝和诱导裂缝。

4.9.1 储层尺度的模型

在非常规储层静态建模过程中，通常采用储层尺度的模型，该模型有两个优势：（1）给出了储层整体物性分布的三维随机确定性模型；（2）能够提供井位等初始开发规划信息。与常规储层建模相比，非常规储层建模中更重要的影响因素是地质力学特征。

通常，静态模型应包括储层物性分布、天然裂缝和诱导裂缝系统，从而为钻井规划设计、油气地质储量和储量估算提供依据。该模型可以为盆地模型提供参考信息，验证岩石物性分布情况（Yarus et al.，2006）。

4.9.2 盆地尺度模型

另一个重要的静态模型是盆地尺度模型，它能够提供地层剥蚀、沉积等地质历史信息，以及成岩作用预测、热成熟度等地质力学信息。盆地尺度模型还能够对沉积过程中流体和固体物质的沉积过程和发育情况进行预测，从而指示非常规储层的成藏环境。顾名思义，盆地尺度模型的范围通常覆盖整个盆地或盆地的大部分区域。盆地尺度模型能够详细描述盆地从沉积时期到烃源岩发育时期，直至烃源岩成熟期的地质历史。这一模型对非常规储层的建模特别重要，而常规储层建模通常仅关注储层的现状和近期地质历史（Yarus et al.，2014）。

以米德兰盆地 Wolfberry 油气藏的盆地尺度模型为例。研究区范围约 8000$mile^2$，盆地内包含 12 个区域。目前该盆地已钻探 300 余口井，可从井中搜集盆地相关信息，用于盆地岩石物性分析及评估。

据估计，盆地的平均地层厚度约为 1700ft，在盆地范围内，该数值变化较大。该盆地的油气藏模式具有目标层系单一、地质条件复杂、页岩含量较高等特征。为了更好地研究烃源岩发育区，本次研究建立了 Wolfberry 油气藏模型。这一模型通过自迭代完成，可以根据地质时间校正油气生成量。

在盆地范围内，由于各区域的热成熟度、埋藏史、古沉积过程和沉积物来源不同，物性分布发生了明显变化。油气藏成藏类型为 2 型和 3 型，分布于整个盆地，总有机碳（TOC）也发生了变化，平均值为 2%。

4.9.3 埋藏史模型

在建立储层和盆地尺度模型后，可将这两种模型结合起来，以获得精度更高的模型。通过该模型，能够初步估算非常规致密储层的压力梯度和温度梯度。这对于地层流体和岩石物性随时间变化的函数的初步估算非常重要，通过压力梯度和温度梯度，可以对地层流体和岩石物性参数进行校准。这是一个非常关键的步骤，因为校准误差可能会导致储层属性的总体精度下降。从埋藏史模型中可获得一系列相参数，这些参数对预测和评估岩石物性、地球化学和地质力学性质具有一定的价值。

4.10 油气富集点识别

非常规致密储层建模的最后阶段是优选油气富集点（HES）模型。该步骤同样适用于静态建模和预测动态建模，其优势是利用近井或同一地区已开发井的实际数据，提高建模精度。通过结合静态和动态模型，可以更好地理解和表征非常规致密储层，从而对其进行开发。通过这种方法，可以建立预测方案，对现有井进行开发，并根据潜在的 HES 标准确定未来的钻井位置。此外，HES 标准对于制定提高采收率方案发挥着重要的作用，这些方案将对非常规致密储层的油气产量产生重大影响。

参考文献

Barnola，A.，White，R.，2001. Gardner's relations and AVO inversion. First Break 19，607–611.

Benton，A.F.，White，T.A.，1932. The sorption of gases by iron. J. Am. Chem. Soc. 54，1820–1830.

Brunauer，S.，Emmett，P.H.，Teller，E.，1938.Adsorption of gases in multimolecular layers.J. Am. Chem. Soc. 60，309–319.

Chen，F.，Lu，S.，Ding，X.，He，X.，Xing，H.，2018. The splicing of backscattered scanningelectron microscopy method used on evaluation of microscopic pore characteristics inshale sample and compared with results from other methods. J. Pet. Sci. Eng. 160，207–218.

Clarkson，C.R.，Jensen，J.L.，Chipperfield，S.，2012. Unconventional gas reservoir evalua-tion：what do we have to consider? J. Nat. Gas Sci. Eng. 8，9–33.

Clarkson，C.R.，Solano，N.，Bustin，R.M.，Bustin，A.，Chalmers，G.，He，L.，Melnichenko，Y.B.，Radlin' ski，A.，Blach，T.P.，2013. Pore structure characterizationof north American shale gas reservoirs using USANS/SANS，gas adsorption，and mer-cury intrusion. Fuel 103，606–616.

Collett，T.S.，1995. Gas hydrate resources of the United States. In：National Assessment ofUnited States Oil and Gas Resources on CD-ROM：US Geological Survey Digital DataSeries. US Geological Survey，p. 30.

Curtis，J.B.，2002. Fractured shale-gas systems. AAPG Bull. 86，1921–1938.

Daneshy，A.A.，2009. Factors controlling the vertical growth of hydraulic fractures. In：SPEHydraulic Fracturing Technology Conference. Society of Petroleum Engineers.

Dawei，C.，Xuanjun，Y.，Chuanmin，Z.，Cong，T.，Mengshi，W.，2016. Logging-lithologyidentification methods and their application：a case study on Chang 7 member inCentral-Western Ordos Basin，NW China. China Pet. Explor. 21，117–126.

Dewar，J.，1904. The absorption and thermal evolution of gases occluded in charcoal at lowtemperatures. Proc. R. Soc. Lond. 74，122–127.

Dyrka，I.，2020. Petrophysical Properties of Shale Rocks.（Online）. Available from：https：//infolupki.pgi.gov.pl/en/gas/petrophysical-properties-shale-rocks.

Fan，J.，Wang，Y.，Wang，J.，2016.Research and application of oil shale logging identificationmethod of Yuqia area. Coal Technol. 35，130–132.

Fanchi，J.R.，2010. Geology. In：Fanchi，J.R.（Ed.），Integrated Reservoir Asset Management.Gulf Professional

Publishing, Boston (Chapter 3) .

Fathi, E., Tinni, A., Akkutlu, I.Y., 2012. Shale gas correction to Klinkenberg slip theory. In: SPE Americas Unconventional Resources Conference. Society of Petroleum Engineers.

Gaswirth, S.B., Marra, K.R., Cook, T.A., Charpentier, R.R., Gautier, D.L., Higley, D.K., Klett, T.R., Lewan, M.D., Lillis, P.G., Schenk, C.J., 2013. Assessment of undiscoveredoil resources in the bakken and three forks formations, Williston Basin Province, Mon-tana, North Dakota, and South Dakota, 2013. In: US Geological Survey Fact Sheet, 3013.

Ginsberg, J., 2009. The development of the Pennsylvania oil industry. In: History of Oilbefore. American Chemical Society National Historic Chemical Landmarks.

Glorioso, J.C., Rattia, A.J., 2012. Unconventional reservoirs: basic petrophysical conceptsfor shale gas. In: SPE/EAGE European Unconventional Resources Conference andExhibition. Society of Petroleum Engineers, Vienna, Austria.

Gray, F.D., Anderson, P.F., Gunderson, J.A., 2006. Prediction of shale plugs between wellsin heavy oil sands using seismic attributes. Nat. Resour. Res. 15, 103–109.

Jacobi, D.J., Gladkikh, M., Lecompte, B., Hursan, G., Mendez, F., Longo, J., Ong, S., Bratovich, M., Patton, G.L., Shoemaker, P., 2008. Integrated petrophysical evaluationof shale gas reservoirs. In: CIPC/SPE Gas Technology Symposium 2008 Joint Confer-ence. Society of Petroleum Engineers, Calgary, Alberta, Canada.

Jia, C., Zheng, M., Zhang, Y., 2016. Some key issues on the unconventional petroleum sys-tems. Pet. Res. 1, 113–122.

Jiang, F., Chen, D., Wang, Z., Xu, Z., Chen, J., Liu, L., Huyan, Y., Liu, Y., 2016. Porecharacteristic analysis of a lacustrine shale: a case study in the Ordos Basin, NW China.Mar. Pet. Geol. 73, 554–571.

Jianqiang, W.Y.L.Z.G., Xuefeng, Z., Yong, W., 2013. Discussion on an evaluation methodof shale oil and gas in Jiyang depression: a case study on Luojia area in Zhanhua sag. ActaPet. Sin. 34 (1), 83–91.

Johnson, R.C., 1996. An Assessment of in-Place Gas Resources in Low-Permeability UpperCretaceous and Lower Tertiary Sandstone Reservoirs, Wind River basin, Wyoming.96 US Geological Survey, p. 264.

Ju, Y., Li, X., 2009. New research progress on the ultrastructure of tectonically deformedcoals. Prog. Nat. Sci. 19, 1455–1466.

Kemper, J.R., Frankie, W.T., Smath, R.A., Moody, J.R., Johnston, I.M., Elkin, R.R., 1988. History of gas production from Devonian shale in eastern Kentucky. AAPG Bull.72 (8) .

King, G.E., 2010. Thirty years of gas shale fracturing: what have we learned? In: SPE AnnualTechnical Conference and Exhibition. Society of Petroleum Engineers.

Kuila, U., McCarty, D.K., Derkowski, A., Fischer, T.B., Prasad, M., 2014. Total porositymeasurement in gas shales by the water immersion porosimetry (WIP) method. Fuel 117, 1115–1129.

Langmuir, I., 1917. The constitution and fundamental properties of solids and liquids. II. Liq-uids. J. Am. Chem. Soc. 39, 1848–1906.

Li, Q., Xing, H., Liu, J., Liu, X., 2015. A review on hydraulic fracturing of unconventionalreservoir. Petroleum 1, 8–15.

Lin, W., 2016. A review on shale reservoirs as an unconventional play – the history, tech-nology revolution, importance to oil and gas industry, and the development future. ActaGeol. Sin. 90, 1887–1902.

Liu, K., Ostadhassan, M., Zhou, J., Gentzis, T., Rezaee, R., 2017.Nanoscale pore structurecharacterization of the Bakken shale in the USA. Fuel 209, 567–578.

Liu, K., Ostadhassan, M., Kong, L., 2018. Multifractal characteristics of Longmaxi shale porestructures by N2 adsorption: a model comparison. J. Pet. Sci. Eng. 168, 330–341.

Loucks, R.G., Reed, R.M., Ruppel, S.C., Jarvie, D.M., 2009. Morphology, genesis, anddistribution of nanometer-scale pores in siliceous mudstones of the Mississippian Barnettshale. J. Sediment. Res. 79, 848–861.

Martini, A.M., Walter, L.M., McIntosh, J.C., 2008. Identification of microbial and thermo-genic gas components from upper Devonian black shale cores, Illinois and Michiganbasins. AAPG Bull. 92, 327–339.

McCabe, P.J., 1998. Energy resources - cornucopia or empty barrel? Am. Assoc. Pet. Geol.Bull. 82, 2110–2134.

McGlade, C., Speirs, J., Sorrell, S., 2013. Methods of estimating shale gasresources–comparison, evaluation and implications. Energy 59, 116–125.

Meissner, F.F., 1991. Petroleum Geology of the Bakken Formation Williston Basin, NorthDakota and Montana.

Mengal, S.A., Wattenbarger, R.A., 2011.Accounting for adsorbed gas in shale gas reservoirs.In: SPE Middle East Oil and Gas Show and Conference. Society of Petroleum Engineers.

Moore, P.L., Booth, G., 2014. The Welding engineer' s Guide to Fracture and Fatigue.Elsevier.

Mosheni, P., 2010. Gothic and Hovenweep Shale Play Opportunity on the Ute MountainUte Indian Reservation, Colorado. Indian Mineral Development Act, Michigan.

Pan, Z., Ma, Y., Connell, L.D., Down, D.I., Camilleri, M., 2015.Measuring anisotropicpermeability using a cubic shale sample in a triaxial cell. J. Nat. Gas Sci. Eng. 26, 336–344.

Passey, Q., Creaney, S., Kulla, J., Moretti, F., Stroud, J., 1990. A practical model for organicrichness from porosity and resistivity logs. AAPG Bull. 74, 1777–1794.

Rajput, S., Thakur, N.K., 2016.Rock properties. In: Rajput, S., Thakur, N.K. (Eds.), Geo-logical Controls for Gas Hydrate Formations and Unconventionals. Elsevier (Chapter 5).

Rezaee, R., 2015. Fundamentals of Gas Shale Reservoirs.John Wiley & Sons.

Schmoker, J.W., 1979. Determination of organic content of Appalachian Devonian shalesfrom formation-density logs: geologic notes. AAPG Bull. 63, 1504–1509.

Schmoker, J.W., 1980. Organic content of Devonian shale in western Appalachian Basin.AAPG Bull. 64, 2156–2165.

Schmoker, J.W., 1995. Method for assessing continuous-type (unconventional) hydrocarbonaccumulations. In: Gautier, D.L., Dolton, G.L., Takahashi, K.I., Varnes, K.L. (Eds.), National Assessment of United States Oil and Gas Resources—Results, Methodology, and Supporting Data: U.S. Geological Survey Digital Data Series. U.S. GeologicalSurvey.

Schmoker, J.W., 1999. US Geological Survey Assessment Model for Continuous (Unconventional) Oil and Gas Accumulations—The "FORSPAN" Model. US Depart-ment of the Interior, US Geological Survey.

Simonson, E., Abou-Sayed, A., Clifton, R., 1978.Containment of massive hydraulic frac-tures. Soc. Pet. Eng. J. 18, 27–32.

Sing, K.S., 1985. Reporting physisorption data for gas/solid systems with special reference tothe determination of surface area and porosity (recommendations 1984). Pure Appl.Chem. 57, 603–619.

Singh, J.P., Verma, S., 2019. Woven Terry Fabrics.Elsevier.

Sinha, S., Braun, E.M., Passey, Q.R., Leonardi, S.A., Wood III, A.C., Zirkle, T., Boros, J.A., Kudva, R.A., 2012.Advances in measurement standards and flow properties measure-ments for tight rocks such as shales. In: SPE/EAGE European UnconventionalResources Conference & Exhibition-From Potential to Production. European Associ-ation of Geoscientists & Engineers (cp-285-00034).

Smlease, 2020.Strength of Material.

Sondergeld, C.H., Newsham, K.E., Comisky, J.T., Rice, M.C., Rai, C.S., 2010a. Petrophy-sical considerations in evaluating and producing shale gas resources. In: SPE Unconven-tional Gas Conference. Society of Petroleum Engineers, Pittsburgh, Pennsylvania, USA.

Sondergeld, C.H., Ambrose, R.J., Rai, C.S., Moncrieff, J., 2010b. Micro-structural studiesof gas shales. In: SPE Unconventional Gas Conference. Society of Petroleum Engineers.

Sowiz·dz·ał, K., Słoczyn' ski, T., Kaczmarczyk, W., 2020. Estimation of the oil-in-placeresources in the liquid-rich shale formations exploiting geochemical and petrophysicaldata in a 3D high-resolution geological model domain: Baltic Basin case study. Geofluids2020, 5385932.

Suarez-Rivera, R., Fjaer, E., 2012. How important is the poroelastic effect to completiondesign on tight shales? In: 46th US Rock Mechanics/Geomechanics Symposium. Amer-ican Rock Mechanics Association.

Tissot, B.P., Welte, D.H., 2013. Petroleum Formation and Occurrence.Springer Science &Business Media.

Vermylen, J.P., 2011. Geomechanical Studies of the Barnett Shale. Stanford University, Texas, USA.

Wang, F.P., Reed, R.M., 2009. Pore networks and fluid flow in gas shales. In: SPE AnnualTechnical Conference and Exhibition. Society of Petroleum Engineers.

Wang, H., Ma, F., Tong, X., Liu, Z., Zhang, X., Wu, Z., Li, D., Wang, B., Xie, Y., Yang, L., 2016a. Assessment of global unconventional oil and gas resources. Pet. Explor.Dev. 43, 925–940.

Wang, S., Javadpour, F., Feng, Q., 2016b.Fast mass transport of oil and supercritical carbondioxide through organic nanopores in shale. Fuel 181, 741–758.

Xia, Y., Jin, Y., Chen, K.P., Chen, M., Chen, D., 2017. Simulation on gas transport in shale: the coupling of free and adsorbed gas. J. Nat. Gas Sci. Eng. 41, 112–124.

Yarus, J.M., Carruthers, D., 2014. Modeling unconventional resources with geostatistics andbasin modeling techniques: characterizing sweet-spots using petrophysical, mechanical, and static fluid properties. AAPG Search Discov., 41362.

Yarus, J.M., Chambers, R.L., 2006. Practical geostatistics-an armchair overview for petro-leum reservoir engineers. J. Pet. Technol. 58, 78–86.

Yu, H., Wei, X., Wang, Z., Rezaee, R., Zhang, Y., Lebedev, M., Iglauer, S., 2018. Reviewof water saturation calculation methods in shale gas reservoir. In: SPE Asia Pacific Oil andGas Conference and Exhibition. Society of Petroleum Engineers.

Zhang, J.J., 2019. Rock physical and mechanical properties. In: Zhang, J.J. (Ed.), AppliedPetroleum Geomechanics. Gulf Professional Publishing (Chapter 2).

Zhou, S., Yan, G., Xue, H., Guo, W., Li, X., 2016. 2D and 3D nanopore characterization ofgas shale in Longmaxi formation based on FIB-SEM. Mar. Pet. Geol. 73, 174–180.

Zhu, H., Ju, Y., Lu, W., Han, K., Qi, Y., Neupane, B., Sun, Y., Cai, J., Xu, T., Huang, C., 2017. The characteristics and evolution of micro-nano scale pores in shales and coals.J. Nanosci. Nanotechnol. 17, 6124–6138.

Zou, C., 2017. Meaning of unconventional petroleum geology. In: Zou, C. (Ed.), Uncon-ventional Petroleum Geology, second ed. Elsevier (Chapter 2).

Zou, C., Zhang, G., Yang, Z., Tao, S., Hou, L., Zhu, R., Yuan, X., Ran, Q., Li, D., Wang, Z., 2013. Concepts, characteristics, potential and technology of unconventionalhydrocarbons: on unconventional petroleum geology. Pet. Explor. Dev. 40, 413–428.Zuber, M.D., Williamson, J.R., Hill, D.G., Sawyer, W.K., Frantz, J.R., J. H., 2002.A comprehensive reservoir evaluation of a shale reservoir-the New Albany shale. In:
SPE Annual Technical Conference and Exhibition.Society of Petroleum Engineers.

第5章　非常规致密储层表征

非常规致密储层（UCR）的特点是过渡区不明确，或者整个储层均为过渡区。因此，可使用专项岩性分析（SCAL）对其进行分析。

关键词：静态建模；非常规致密储层（UCR）表征；CT XRD NMR SEM；非常规储层（UCR）过渡带；非常规储层（UCR）数据整合；鄂尔多斯盆地

5.1　油藏描述

油藏描述可对已发现的油藏进行定性和定量评估，也是一种用于油藏表征及储层预测的工具。非常规致密储层的油藏描述过程同样需要用到非常规技术。在描述非常规致密储层的过程中，应使用所有可用数据。主要数据来源为地质、地震和测井数据，随着后续数据的增加，应当实时更新储层分析结果。在储层描述过程中，对储层类型、岩石物性、流体性质及其分布、初始储层压力和温度，以及初始地应力进行表征。储层的描述对于储层表征至关重要。

5.1.1　常规储层描述

与利用钻井结果分析地质条件的方法相比，储层描述更有效、经济效益更高。在现代油气勘探开发历程中，特别是在复杂油气藏勘探开发难度大、原油价格低的条件下，开采成本和时效性至关重要。因此，储层描述是了解和指导储层开发的主要方法。

常规储层描述包含三个关键的储层要素，分别是圈闭、储层和流体。在储层描述过程中，应当观察这三个要素随时间发生的变化。储层描述这一概念已经过四次修订。储层描述的对象包括静态和动态因素。在本次研究中，静态储层描述非常重要。为了充分理解储层描述这一概念，有必要对其进行深入了解。本书介绍了一种更为直观的储层描述方法，可按时间顺序进行描述，也可依据开发阶段进行描述。

勘探阶段从最初的钻探发现持续至制定储层开发策略，其中涵盖了储层勘探的勘查和评价阶段。在此过程中，可用信息往往较少。可用信息主要包括探井和评价井的相关数据，以及地震数据。地质学家和现场工程师可以应用石油地质理论对数据进行分析，并做出合理假设。构造地质学、沉积学和地球化学相关研究，均能够为层序地层学研究奠定基础。利用地震地层学信息和岩性信息，能够解释勘探过程中获得的数据，特别是地震解释数据。在此阶段，地质学家和工程师可以更好地了解构造系统和构造样式、沉积体系和沉积相、成岩作用和成岩史、地层划分和运移通道类型、烃源岩和流体地球化学特征。

在开发的早期阶段，开始实施油藏开发计划。在这一时期，储层描述的目的是阐明油气富集规律，识别高产油区，模拟储层流体流动，预测潜在的突发水淹和储层敏感性。这些措施能够提高现代油藏管理精度，从而提升原油产量和可采储量利用率。利用测井资料，可以进一步估算储层参数。主要方法是重点井研究和多井评价。其中基本分析单元是油层中的小层。利用上述要素，可以掌握储层地质特征，储层地质特征将影响流体流动、流体性质变化和分布，以及流体与油田的相互作用。

主要储层描述内容和特征包括7个方面：(1)沉积微相—岩相；(2)成岩储集相：(3)裂缝相；(4)岩石物理相；(5)储层非均质性；(6)流体的地球化学和分布特征；(7)多孔介质中流体与流体场相互作用的地质特征。

根据上述特征，可以创建储层的地质静态模型，并确定已开发油藏的储量。

在开发的中后期，充分实施开发计划。在此阶段之后，将进行三次采油。此步骤可与动态建模结果（本章未做讨论）进行比较。在实际生产过程中，考虑到勘探所需的时间和开发成本，不宜对储层进行分段描述。因此，储层描述应当贯穿整个勘探和开发过程，从第一口井的发现直至油田的枯竭，这一过程被称为滚动勘探开发。

储层描述可以是静态描述，也可以是动态描述。静态储层描述主要用于研究油田的构造特征、储层的沉积相和微相、储层微观特征、储层参数的空间分布、储层非均质性，以及油气地质储量的计算。动态储层描述的主要目的是改变油气藏的基本动态参数，计算产油气量，生成注水剖面，并在整个开发过程中对静态模型进行修正。储层静态描述是油田研究的出发点和基础，而储层动态描述是静态描述的深入研究和发展。

非常规石油地质学是石油地质学中一个相对较新的研究领域。与常规储层相比，非常规储层的原油类型、细粒沉积物，以及微纳米级储层均有所不同。其油气形成机理、分布特征、富集方式、评价方法、核心技术、开发战略和经济可行性也不同于常规储层的经验和方法。显而易见，如果没有非常规原油，人类将付出更高的代价，甚至可能无法开发和利用未开发油气资源。

5.1.2 常规和非常规储层之间的差异

上一节已经讨论了常规储层的储层描述方法。通过大量的工程实践，已证实所有理论、经验和方法的价值和有效性。研究证实，这些技术均能够应用于非常规储层。然而，常规储层和非常规储层存在差别，无法将所有理论、经验和方法应用于非常规储层的开发。为了建立适用于非常规储层开发的理论，首先应当将其与常规储层进行对比。通过比较这两类储层的特征，能够调整现有的理论和方法，从而对新的非常规储层进行开发，进而指导其勘探工作。本节将对非常规和常规储层进行定义。地质学家和工程师正在寻找能够赋存大量油气资源的大规模储层，而不是在常规储层中寻找传统圈闭。这意味着无法将传统的圈闭成藏理论应用于非常规储层的开发。

上文已经讨论了在勘探阶段，传统储层描述过程中如何应用圈闭理论对构造框架进行描述。众所周知，在石油地质学范畴内，油气从烃源岩向圈闭发生运移。因此，在开发有效的油气圈闭的过程中，需要确定石油或天然气的位置。通常意义上，将圈闭作为储层的基本单元。在确定圈闭的价值时，应当考虑烃源岩、储层、盖层、圈闭、油气运移和保存条件。上述六个因素与地质条件的时空构造相关，因此对常规储层的开发造成影响。

非常规储层的描述则有所不同。与传统的圈闭不同，在非常规储层中，油气呈连续汇聚或拟连续汇聚。烃源—储层结构和连续型储层理论能够为非常规储层描述提供理论框架，而非圈闭理论。因此，即使是未发育圈闭的区域，也可能赋存具有商业价值的油气资源。非常规储层的发育包含两个方面的时空条件匹配：大尺度纳米级孔喉型储层的紧密排列和油气的生—排—聚组合。

本章重点介绍了烃源岩和储层的评价条件、油气充注门限和有效性、油气运移和流动机制，以及成藏区评价标准。与常规储层相比，非常规储层中油气运移路径有所不同。非常规储层中的油气运移可能为初次运移或短距离二次运移。油气运移和汇聚的主要驱动因素是增压生烃和毛细管压差作用。此外，储层内部流体的流动状态为非达西渗流。

通常情况下，无须在非常规储层中寻找圈闭。因此，应当对非常规储层中油气成藏的识别标准进行相应调整。

此外，与常规储层相比，非常规储层具有五个不同特征。这些差异使得非常规储层的描述和表征很困难（Unconventional Petroleum Geology，2017）。

5.1.3　烃源—储层特征

在大多数非常规储层中，烃源岩与储层具有共生关系。其中包括两种类型的油气成藏：烃源岩—储层联控成藏和近源油气成藏。后者形成于油气源附近，可称为烃源油气。通过利用多年的生产经验，前人将油气成藏理论的应用范围从常规圈闭型储层延伸至常规油气成藏，乃至非常规油气成藏。理论研究的蓬勃发展同样反映了石油工业的繁荣与发展。通常认为，常规储层的圈闭规模较小，其周边区域同样赋存石油和天然气。可以将油气聚集区定义为地质特征相似且汇聚少量油气的区域。可由前人提出的石油和天然气边界理论对其进行定义。非常规规储层则有所不同。在非常规储层中，油气周边不存在边界。油气通常聚集在纳米级孔隙网络、碳酸盐裂缝和孔洞中。然而，很难应用这种油气聚集理论评估油气面积、计算已开发油气储量。

5.1.4　油气运移和成藏特征

如前所述，在非常规储层中，缺少"包围"石油和天然气的物理边界。油气聚集单元并非一个紧密封闭石油和天然气的油气藏，而是一个大型储层，其中零散分布小型石油和天然气圈闭。在油气运移和聚集过程中，浮力的作用较为有限，非达西渗流作用是其主要影响因素，但在常规储层表征过程中，通常将其忽略。吸附作用和扩散作用也可能影响油气聚集，甚至可能是首要因素。在常规储层中，通常不发育清晰的储层边界，而在非常规储层中，可以利用排烃压力和毛细管压力封闭油气。事实上，在常规储层中，损耗的部分作用力在非常规储层中影响较大。如果没有深入分析，很难正确理解非常规储层的某些现象。

如前所述，非常规油气运移包括初次运移和短距离二次运移。与常规油气运移相比，非常规油气的运移距离相对较短。在源—储综合油藏中，石油和天然气通常停留在其生成的位置。此类烃类包括煤层气（CBM）和页岩油。在渗透扩散和超压作用的影响下，油气藏中的流体趋于饱和，因此可能发生快速流动。非常规油气运移包括初次运移和短距离二次运移，与常规油气运移相比，非常规油气的短距离运移距离非常短。在源—储综合油藏中，当石油和天然气处于成熟阶段时，仍然为初级油气资源。

5.1.5　储层特征

在非常规储层中，孔喉直径变化很大，从纳米级、微米级到宏观尺度不等。因此，建立合适的系统或模型，用于表征多孔介质中的流体流动特征，尚存在许多困难。例如，准噶尔盆地博格达地区中二叠统芦草沟组，其孔喉直径通常为5~2000nm。

纳米级孔喉直径意味着储层非常致密，孔隙和喉道中的流体流动空间极其有限。因此，此类储层的物性无法满足地球科学家和现场工程师的要求。通常情况下，此类储层的孔隙度小于 10%，渗透率为 10^{-6}mD。微裂缝的发育使得渗透率增加，但同时也增加了储层的多尺度问题。

5.1.6 分布特征

与常规石油和天然气储层不同，非常规石油储层可能为负构造单元。此外，烃源岩内或盆地中心附近区域的非常规储层往往发育于斜坡，通常大面积分布于局部油气富集区，呈连续状或断续状。因此，无法使用起源理论解释为何油气的分布不受次级构造带的约束。这一转变使得整个盆地转变为一个包含商业价值的经济勘探区，其开发不再受限于传统经验。新的理论认为，非常规储层的油气并未以特定次序排列，也并非随机分布，而是汇聚在油气藏中。由于储层边界不发育，油气藏可能具有连续性。与常规原油储层相比，短距离运移意味着烃源岩和储层之间距离可能非常短，甚至完全重合。本次研究以准噶尔盆地博格达地区中二叠统芦草沟组页岩油为例。

虽然没有发育常规意义上的“油藏”，但非常规储层具有油气连续汇聚特征，同样也具备开发价值。控制油气分散或连续汇聚的三个关键因素分别是优质烃源岩、大型储层和源储共生系统。

5.1.7 流体流动特性

非常规储层的规模较小，孔隙喉道很窄，流体无法自主流动。单凭达西定律，无法描述纳米级储层的流体流动情况，且非达西流动的研究和预测更为困难。例如，在致密砂岩储层中，同时存在达西流和非达西流。在非常规储层中，流体流速主要由渗透率和含水饱和度决定，而不是由更常规的变量决定。在滞流、非线性流和拟线性流中，流体流动的复杂程度远远超过常规流体。然而，非常规储层也有一些优势，许多微小裂缝能够为油气提供聚集空间。因此，石油和天然气分散在整个层系中，汇集在裂缝内，形成有利勘探区。

5.1.8 非常规致密储层描述的意义

过去 10 年间，原油价格一直呈现剧烈波动。曾几何时，世界担心石油供应短缺和油价上涨。而在过去 5 年间，欧佩克不得不减产以维持油价。不可否认，政治问题、经济疲软和新冠肺炎疫情造成了这种情况，但页岩油和其他非常规原油储存区的相继发现是影响原油价格的最重要因素。非常规储层的发现，使得许多有关常规储层的原理被颠覆，之后快速发展的工程实践则为非常规储层的研究提供了广阔的空间。在非常规石油地质理论中，如果未对储层描述理论进行明确和修订，那么油气勘探成本将非常高，超出能源行业的承担上限（Unconventional Petroleum Geology，2017）。

（1）有效储层的新认识。

在常规石油地质理论中，致密岩和烃源岩分别为圈闭和油源，不具备经济价值。结合工程实践可知，分散在孔喉中的石油和天然气可能会流入裂缝，从而形成油气藏（“甜点”区）。这一认识超出了传统储层理论的范畴。

（2）盖层封闭性的新认识。

在传统的理论中，没有对致密油气储层和地层水问题进行分析。在修正相关理论后，致密油气储层可以作为盖层，地层水同样能够封闭油气。

（3）圈闭的新认识。

在非常规储层描述过程中，不需要考虑圈闭的问题，因为石油或天然气往往分散在储层的微小孔隙中。非常规储层的流体流动性差，流体难以运移，无法捕获油气。

（4）运移动力的新认识。

在传统理论中，浮力是油气运移的一个重要因素。而在非常规储层中，孔隙和孔喉的尺寸较小，降低了浮力带来的影响，甚至使其无法影响油气运移过程。因此，生烃压力和毛细管压差成为主要影响因素，同时，达西渗流和非达西渗流也具有一定影响。

（5）成藏位置的新认识。

在非常规储层中，盆地中心、斜坡和其他负向构造单元可能汇聚油气。与常规油气成藏理论相比，非常规储层的最佳油气成藏区可能完全发生改变。

5.1.9 非常规储层描述过程中面临的困难及解决措施

如前所述，非常规储层和常规储层之间存在许多区别。在储层描述过程中，传统的储层表征方法可能不适用于非常规储层。例如，在岩性复杂、孔隙度较低、油气成藏规律不明的情况下，很难估算 Shilaif 组储层的可采油气储量，并确定最佳“甜点”区。如果不开展储层评价工作，水平井和 SRV 等增产技术将无法达到预期的设计结果（Bhatt et al.，2018）。

此外，非常规储层发育多尺度孔隙，与常规储层相比，储层描述工作量更大。从宏观到微观再到纳米尺度，每一种储层描述工作均有其独特的方法。下文将对这些方法进行简要概述。在宏观层面上，可以使用多种资料，如遥感沉积资料、数字露头资料、层序地层资料、地震储层层序和储层测井资料等。为了确定油气藏的位置，需要使用二维和三维区域演化资料，其相关数据可以通过某些技术获得。例如，在微观层面（从厘米级到微米级），需要利用细粒沉积物的沉积、成岩作用和演化资料评估岩石物性。通过显微镜、工业 CT、微 CT 和 SEM 技术，均可以收集这些数据。目前已经在分子水平上对纳米级孔隙和孔喉进行了研究和分析，应用纳米技术，同样可以研究孔喉的结构和流动模式，以及油气的生成、汇聚和运移。

从常规角度和开发能力来看，非常规储层的经济效益非常低。然而，随着石油工程技术的进步，特别是水平井的广泛应用和油藏产量的增加，潜在的非常规油气“甜点”区已经大大增加，超越了传统石油地质理论的极限。为了提高非常规油藏的勘探开发水平，需要发展相应的地质理论。通过深入了解非常规油气藏，能够提升非常规油藏的勘探效率。这就是描述和表征非常规储层的目的。

5.2 非常规致密储层表征中的宏观 / 微观 / 纳米级储层描述

5.2.1 标度定义

了解非常规致密储层的多尺度规模非常重要。例如，页岩基质中赋存大量有机质，而页岩的大多数孔隙发育于纳米级有机物中。考虑到非常规致密储层的多样性，前人已经提出了多种孔隙度分类标准，相关研究正在进行中。其中，国际纯粹与应用化学联合会（IUPAC）提出的标准和 Loucks 等提出的分类标准已被广泛接受并投入使用（Wang et al.，2019a；Loucks et al.，2012）。

在 IUPAC 标准中，将孔隙分为三种类型：微孔（小于 2nm）、中孔（2~50nm）和大孔（大于 50nm）。在页岩储层中，这一分类标准的应用效果很好，这是因为页岩储层主要以纳米级孔隙为主。然而，这一标准不适用于发育微孔的致密砂岩储层。在 Loucks 等的分类标准中，将孔隙分为纳米孔隙（小于 1μm）、微孔（1~62.5μm）和中孔（0.0625~4mm）。依据这一分类标准，能够合理地划分致密砂岩中各种尺度的孔隙，尽管由于地质特征和成岩作用，无法将这一分类标准应用于其他类型的非常规致密储层。此外，根据页岩气行业的实践，还总结了一种孔隙划分标准：（1）宏观尺度：孔隙尺度范围从米到千米，主要用于评价页岩气储层；（2）中孔尺度：孔隙尺度范围从毫米到米，主要用于页岩气裂缝描述和压裂机理研究；（3）微孔尺度：孔隙尺度范围从微米到毫米，主要用于页岩气微渗机理和渗流规律的实验模拟研究；（4）纳米级尺度：孔隙尺度范围从纳米到微米，主要用于页岩储层表征；（5）分子尺度 / 亚纳米尺度：孔隙尺度小于纳米级，主要用于页岩气流动机理的研究和分析。

为了更好地进行孔隙分类，对孔隙的分形结构和连通性进行了分析。例如，Sakhaee Pour 和 Bryant 使用 MICP，将致密砂岩的孔隙分为粒间孔隙和晶内孔隙。多位研究人员采用孔隙度分光光度法，通过孔隙分形结构展示微孔、中孔和大孔等三种尺度。

通过上述研究可知，分类标准随地质条件、储层类型、油气资源性质和许多其他因素而发生变化。没有一个通用的分类标准体系凌驾于其他分类标准体系之上，因此，所有分类和分组标准均对油田开发起到了支持和指导作用。据此可知，非常规储层发育多孔隙尺度系统，具有多样性和复杂性，因此还需要对其投入更多的研究。

此外，还需要对多尺度分类进行进一步研究。到目前为止，已引进低温氮吸附（LTNA）、核磁共振（NMR）、汞孔隙度测定等技术，应用于建立新的分类系统。通过多种研究证明了各个分类标准的优点和缺点。事实证明，没有任何一项技术能够独立满足分类工作的全部要求。在进一步研究中，需对多项技术的数据进行整合。并对非常规致密储层的多尺度孔隙进行深入分析。

5.2.2 纳米级储层的研究意义

石油地质学家和石油工程师对宏观尺度和微观尺度的储层研究工作并不陌生，在常规开发过程中，已经对其进行了充分研究。相比之下，纳米级储层是一个新的概念，相关研究人员正在对其进行进一步研究。

“纳米”是传统储层理论中的一个新术语，自发现非常规储层以来，研究人员一直致力于此。页岩油气源自超致密储层。此外，“纳米”一词并不完全表示空间比例。流体流过储层内部所需的时间变化及在常规储层尺度下观察到的多种流动机制都是储层尺度变化的结果。更重要的是，通过纳米级尺度储层进行研究，能够对原子级和分子级流体流动过程加深了解。相关技术的快速发展，特别是高速和高分辨率成像技术，如 FESEM、FIB 和纳米 CT，对纳米级孔喉的类型和分布进行了描述和讨论。基于新的认识，观察、分析并应用从石油地质理论和油田工程作业中收集的更多细节。

非常规致密储层主要发育纳米级孔喉系统，局部储层的孔隙尺寸从几毫米到几微米不等。中国的勘探策略证明了这一点。这一认识基于延长组致密砂岩和页岩油气藏、鄂尔多斯盆地上古生界致密砂岩气藏、侏罗系致密砂岩和石灰岩油气藏，以及四川盆地下古生界海相页岩气藏的发现。其中所有孔隙直径的范围均为 5~700nm。在此类油气资源和岩石类型中，孔隙大小的差异可以忽略不计。图 5.1 展示了相关信息。

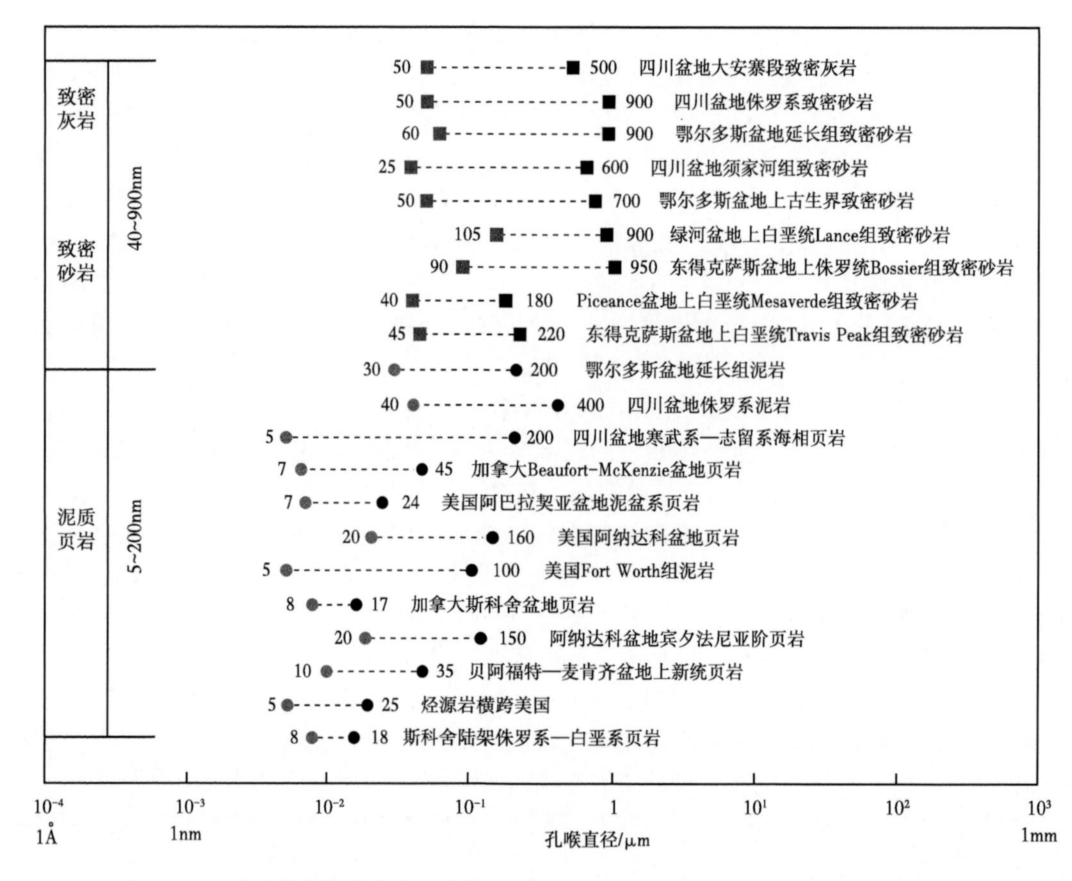

图 5.1 全球非常规储层孔喉尺寸分布（《Unconventional Petroleum Geology》，2017）

孔隙类型包括原生粒间孔、晶间孔、粒间孔、粒内孔和有机孔。颗粒之间的孔隙和原生颗粒之间的孔隙的油气经济效益较高，因为在非常规致密储层（UCR）（例如致密砂岩或致密灰岩储层）中，此类孔隙可能赋存油气。尽管有机孔与油气聚集无关，但可以作为生产和运移页岩气的通道。此外，还可据其确定页岩气的含量。因此，应当评估潜在页岩气储层的有机岩体积，以确定该储层是否具有工业开发潜力。

本节介绍并讨论了 Zou 的分类标准（《Unconventional Petroleum Geology》，2017）。该分类标准包含三方面内容：（1）根据成因，将孔隙划分为原生微孔和次生微孔；（2）根据发育位置，将孔隙划分为粒间孔隙和粒内孔隙；（3）根据有机孔隙和微裂缝的特征进行分类。之后，根据孔隙周边的基质对孔隙进行命名。Zou 在流程图中对这一分类方法的应用进行了总结（《Unconventional Petroleum Geology》，2017）。

与常规储层相比，非常规致密储层（UCR）的流动通道的尺寸明显较小，其渗透率通常为 10^{-9}~$10^{-3}m^2$。此外，在微流体通道中形成了非线性流动，因此无法将达西定律应用于非常规致密储层。由此可知，无法利用渗透率参数精准描述储层内部的流体流动情况。因此，应当结合地质理论和工程经验，对纳米级流体的流动机理进行深入研究（表 5.1）。

表 5.1 致密储层微观孔隙和喉道的成因分类（《Unconventional Petroleum Geology》，2017）

孔隙成因	孔隙类型		黏土岩			致密砂岩			致密灰岩		
			孔隙连通性	发育程度	孔径/nm	孔隙连通性	发育程度	孔径/nm	孔隙连通性	发育程度	孔径/nm
原生孔隙	粒间微孔		独立或连通	少量	8~610（230）	独立或连通	少量	20~250（170）	独立或连通	少量	30~200（80）
	晶间微孔		独立	少量	60~100（30）	独立	少量	未检测到	独立	少量	未检测到
次生孔隙	粒内微孔	有机质微孔	连通或独立	发育	15~890（200）						
		有机矿物微孔	连通或独立	较发育	10~610（270）	连通或独立	发育	20~4000（1000）	连通或独立	发育	50~400（200）
	粒间溶蚀微孔		连通	较发育	10~4080（1200）	连通	发育	50~5000（1500）	连通或独立	少量	100~400（150）
	微裂缝		较连通或较独立	少量	50~1800（600）	较连通或较独立	较发育	30~570（430）	较连通或较独立	少量	100~350（300）
示例			四川盆地须家河组与志留系；鄂尔多斯盆地延长组			四川盆地须家河组；鄂尔多斯盆地延长组			四川盆地侏罗系		

注：括号中的数字代表平均值。

常规储层和非常规储层之间最明显的区别是它们的“致密”性。通常情况下，常规油藏的孔隙度为 15%~35%，渗透率为 50~1000mD。然而，在非常规储层中，孔隙度和渗透率分别为 2%~10% 和 0.001~1mD。与常规储层相比，非常规储层主要发育微孔隙和超微孔隙，而非常规大孔隙。图 5.2 展示了世界范围内和中国地区部分具有代表性的油气田的物性特征。

在非常规储层中，纳米级孔隙和喉道至关重要，它们的存在使得相关从业人员不得不修订、调整，或者至少要重新考虑油气成藏和流动机制的相关理论。非常规储层发育多种孔隙尺度，进而形成了多种油气类型。

在毫米级或更大的孔隙尺度上（即孔隙直径超过 1mm），储层内部流体平稳流动，通常认为此时流体为管流。原油存储在相互连通的孔隙和裂缝内。在微孔中，即孔隙直径为 1mm~1m 时，毛细管阻力阻止了流体在更大尺度的孔隙中自由流动，此时流体流动遵循达西定律。当孔隙直径达到纳米级，即孔隙直径小于 1nm 时，产生了巨大的黏滞力和分子间相互作用，可能限制流体在岩体表面的流动。其中流体可能具有吸附性，也可能具有扩散性。因此，流体无法自由流经纳米级孔隙。在这种情况下，常规做法（例如增加压力或加热流体）通常是无效的。此时流体仅能以分子或胶束的形式进行扩散。

总之，通过分析纳米级孔隙，研究人员对非常规致密储层（UCR）有了进一步了解。与常规的流体流动模式和孔喉系统相比，纳米级孔隙更适用于非常规致密储层。

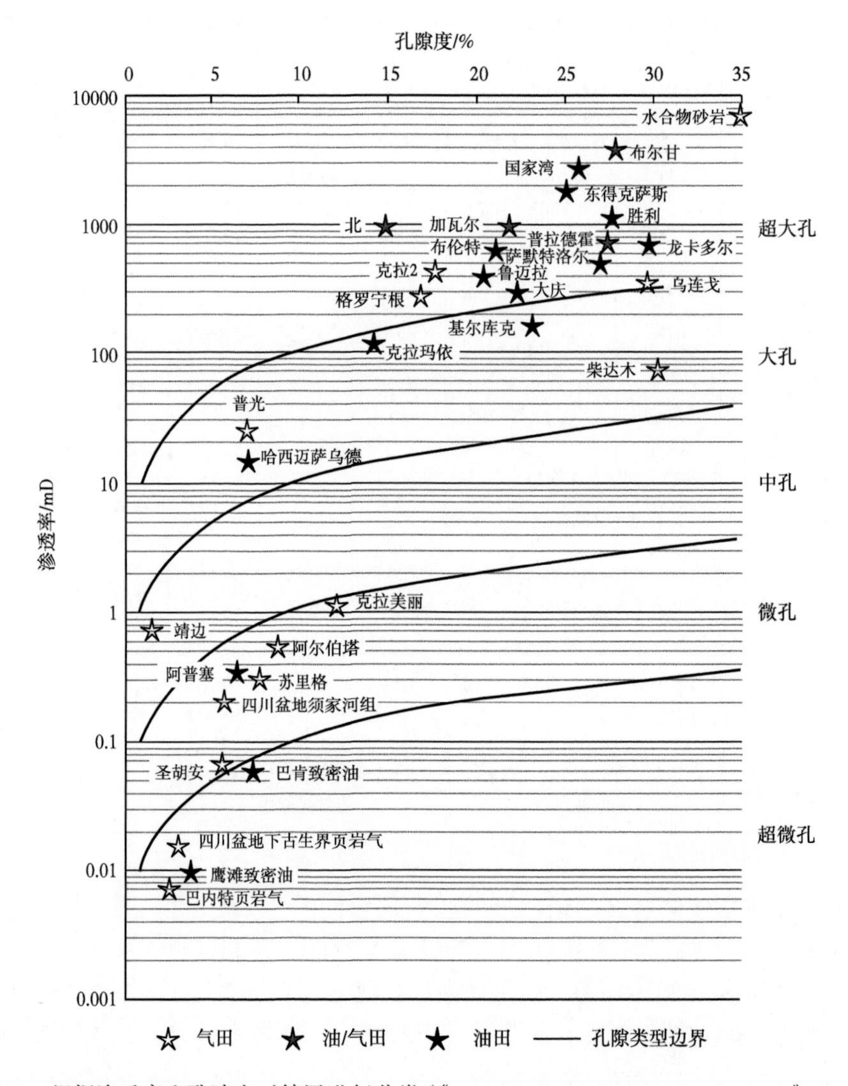

图 5.2　根据渗透率和孔隙度对储层进行分类（《Unconventional Petroleum Geology》，2017）

5.2.3　储层尺度的相互作用

在研究多孔介质中的常规流动模式时，可以观察到，流体场的大小保持相对稳定。在这种情况下，可利用尺度相近的流体流动模型模拟实际流动情况，其模拟结果与实际结果差异较小。

然而，在实际工作中，当非常规储层的尺度缩小至纳米级时，模型的尺度应当缩小至毫米—纳米级。因此，不同点位的数值变化幅度可能高达 1000 倍。这一大幅变化可能导致模型发生变形。此外，这种变化还可能发生在数值模型中。这种极端的变化几乎不可逆转，因此，有必要了解纳米级储层的岩石物性特征和流体流动机制，从而利用包含多种尺度的组合模型准确描述纳米级孔隙、微裂缝和水力裂缝的流体流动情况。

例如，致密储层由两种储层基质和渗流物质组成，即致密基质和裂缝。可以在微米或纳米尺度上表征致密储层基质，在微米—毫米尺度上表征裂缝。通常采用三种方法对多尺度储层进行分析：（1）中等尺度和空间尺度的分布特征之间的区别；（2）不同介质中流体传质速度在时间尺度上的差异；（3）不同介质的传质机制之间的区别。总之，首先应当独立分析各种介质或尺度的尺度、时间和机制特性，然后依次将其组合起来。最后，综合分析上述结果。

5.3 页岩中纳米级通道的流动机制

5.3.1 问题界定

2020 年 4 月 20 日，纽约商品交易所发生了一件历史性事件。5 月份交付的轻质原油价格跌至每桶 -37.63 美元。在交易历史上，很少出现价格为负的产品。毫无疑问，新冠肺炎疫情和经济疲软减少了市场对原油需求。然而，不可忽视的是，2008 年美国发生的页岩革命扭转了原油产量下降的趋势，并在近年间逐渐抵消了美国对进口原油和能源的依赖。原油产量大幅提高，导致产量远远超过需求量。这是原油价格出现负增长的主要原因。

然而，通过研究页岩油气资源的开采情况可以了解到，页岩油革命是现场工程实践革命，而非理论革命。换言之，通过试验，企业家和工程师找到了开发页岩油气资源的方法，而不是创建新的理论，并将其用于实践。然而，在缺少理论证明的情况下，页岩油革命仍面临巨大风险。当前有关页岩油气开采的理论仍然不够成熟。工程师和科学家仍然对页岩油气开采理论认识不清。

油气价格如此低廉，因此许多石油巨头（如英国石油公司）决定退出油气开发行业，但页岩油气勘探开发理论仍然具有现实意义。首先，石油和天然气等烃类化合物能源仍然是世界主要能源。通过计算不同类型的能源价格，可知石油和天然气在价格方面仍然保持优势。它们仍然是许多发展中国家的第一选择。因此，通过研究页岩油气资源开发理论，可以保证能源供应，保证国家的能源独立。其次，页岩油气资源开发理论包含页岩资源开发的技术及理论细节。与常规油气资源相比，页岩油气资源的最大区别之一是孔隙的尺度。在常规储层中，常发育微米级孔隙，但在页岩储层中，多发育纳米级孔隙。因此在很长一段时间内，人们认为页岩油气没有经济勘探价值。如果仅仅关注非常规储层的纳米级孔径尺度，一定程度上会限制页岩储层的研究工作。通过研究页岩油气藏，特别是纳米级吸附作用和纳米级通道类型，能够更好地了解纳米级流动机制。

5.3.2 纳米级流体流动

2007 年，前人提出了一个简单有效的模型（Javadpour et al.，2007），用于描述页岩纳米级孔隙中的气体流动。该模型将扩散传输模式用作恒定的扩散系数。此外，由于孔径极小，该模型忽略了黏度带来的影响。研究人员通过扩散系数测定了页岩表面的滑流，该系数与 Knudsen 扩散速率一致。此外，研究结果表明，应当对 N-S 方程进行细分，因为页岩中不存在滑动边界。同时，在工业应用中，分子动力学反应耗时过长，可行性较低（图 5.3）。

Zou 等（2012）在 2012 年提出了“纳米烃”的概念。纳米烃是指利用纳米技术或以纳米级孔隙为对象，研究并从储层中开采出的烃类。其中页岩油、页岩气、煤层气、致密砂岩油和天然气的生成均可归类为纳米级成岩作用。在纳米级孔隙中，原油和水的渗透率和孔隙度非常低，这是因为其中存在超高压驱动作用。在共生油气资源之间，油气可以广泛存在，以连续状态进行储存和运移。图 5.4 展示了 Zou 的常规和非常规油气藏类型分布情况。

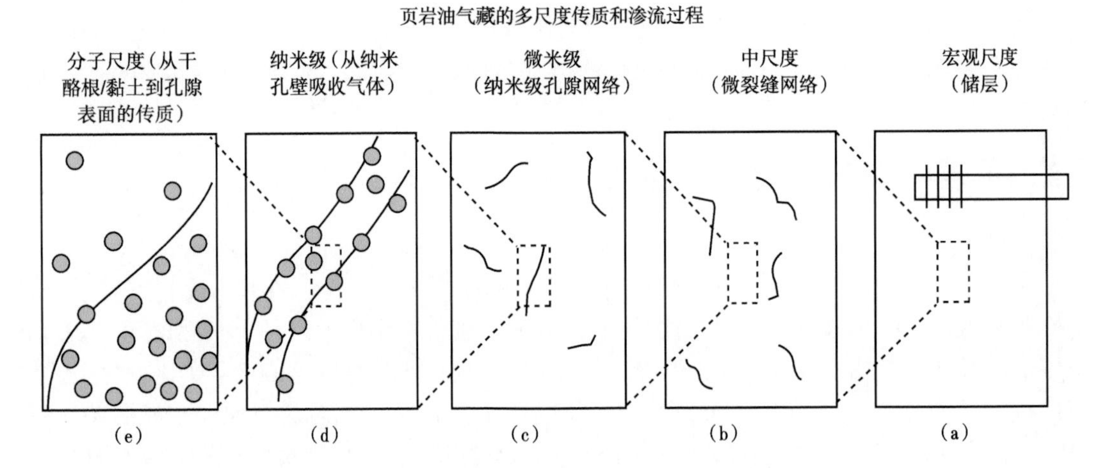

图 5.3 不同长度尺度的页岩气沉积物中气体的演化和开采（Wood et al.，2017）

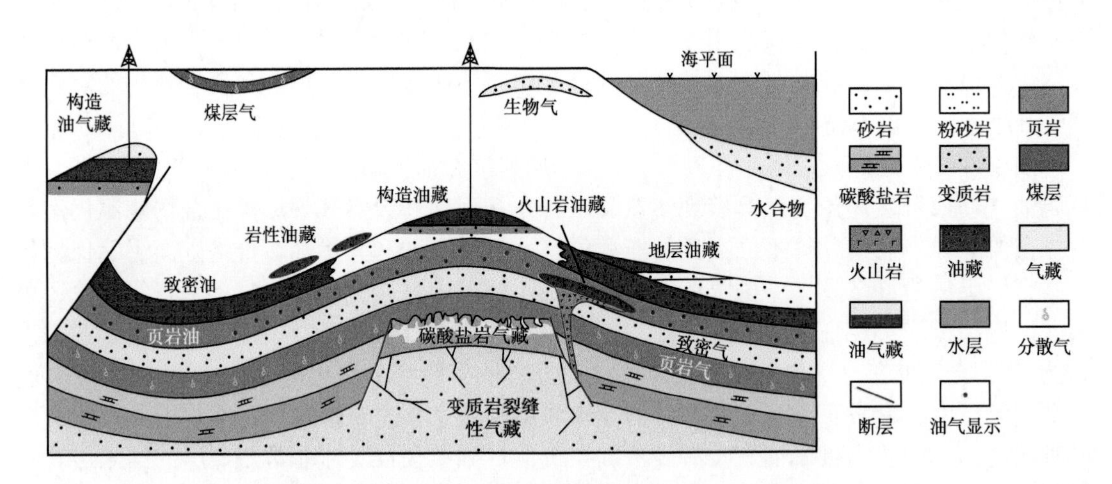

图 5.4 常规和非常规油气藏类型分布（Zou et al.，2012）

2012 年，前人对非常规储层中多相流的热力学特性进行了全面研究（Firincioglu et al.，2012）。

前人利用热力学性质，对可能影响流体流动的相态进行模拟。非常规油藏具有封闭性，使得泡点压力降低，从而导致储层难以释放石油。结果表明，抑制泡点压力会影响流体体积系数的饱和曲线，扩展流体饱和曲线的非饱和部分。2013 年，Ozkan 针对纳米流体的常规原油模型，提出了超级泡点抑制模型（Firincioglu et al.，2013）。随着非常规储层研究工作的进展，研究人员应用常规模型对稠油模型进行了修正，从而更准确地描述非常规储层。抑制力大于毛细管压力，因此由抑制作用产生的泡点压力超过毛细管压力。应用常规稠油模型无法得出泡点数据，因此，在计算泡点的过程中，应当考虑组成相的特性。此项研究提出了一个相关性，用于表示泡点、毛细管压力和气油比之间的关系。首先选取三个非常规油样进行对比分析。可利用修改后的模型分析不同相压力和总泡点抑制的 PVT 数据。前人引入了三线性渗流模型，其中包含了异常扩散（Ozcan et al.，2014），之后将该模型替换为基于双重孔隙建立的非常规裂缝性储层渗流公式。由该模型可知，新的异常扩散形式对基体和介质的特征参数没有明确要求。考虑到储层尺度的巨大变化，在预测基质和裂缝的流动特性时，包含异常扩散的流动模型可能更有效、更准确。2016 年，Albinali 和 Ozkan 提出了一个分析模型，其中包括高非均质性裂缝—纳米喉道系统（Albinali et al.，2016a）。该模型能够解决两个问题，即纳米孔隙和基质的连续性较差的问题，以及裂缝系统物性变化较大。该模型还包含了高度非均质速度场的异常扩散作用。因此，该模型能够计算裂缝之间的流体流动，从而将流动过程简化为瞬态单相流动。该模型还考虑了异常扩散作用，因此在使用过程中，对基质特性参数和其他物性特征参数的需求较小。同年（2016 年），Albinali 和 Ozkan 在鹰滩页岩区和尼奥布拉拉页岩区钻井的工程实践中，采用了异常扩散方法（Albinali et al.，2016b）。其中分别将均质和双重多孔介质的理想模型与正常和异常扩散模型一同应用（图 5.5）。之后通过正常扩散模型计算渗透率估算值。通过异常扩散模型，可以得到次扩散指数和唯象系数，其中次扩散指数能够指示流动阻塞的严重程度。唯象系数能够表征岩石的综合特征、流动带的非均质性和流动特征。

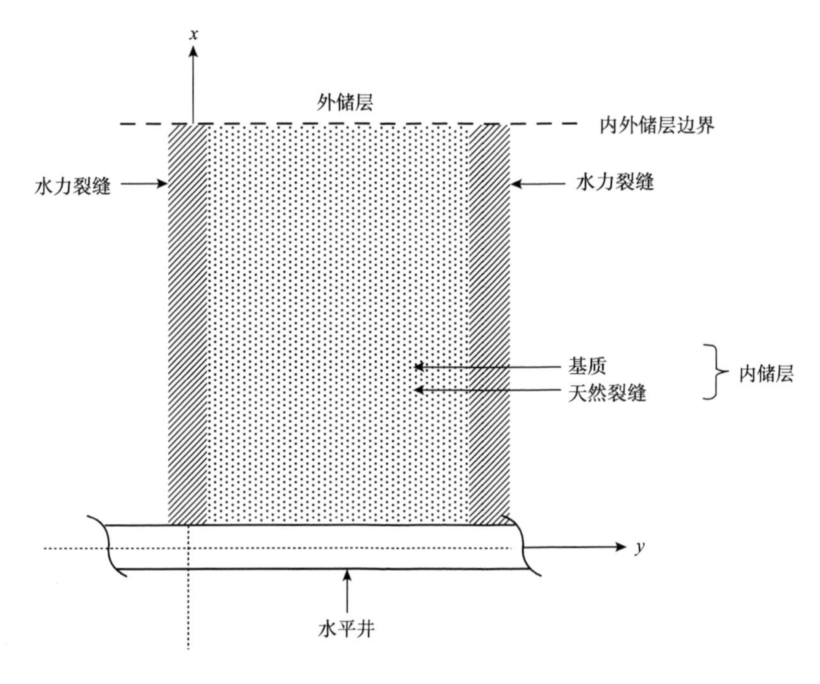

图 5.5 三线性模型和双重渗透率的理想模型（Albinali et al.，2016）

前人已经对页岩气开展广泛研究，其研究成果用于指导页岩油的开发。前人还建立了数值模型，用于表征页岩气藏的多机制流动特性（Swami et al.，2013）。研究人员总结了储层的四种储气机制，其中包括赋存于天然裂缝的气体、赋存于基质孔隙的游离气、赋存于干酪根的吸附气，以及溶解气。该模型包含了这四种机制和三个相互关联的系统，即基质和裂缝组之间、基质和吸附气之间，以及基质和干酪根之间的系统。通过实验室实验数据，对模型进行了验证。图 5.6 为页岩样品的流体流动模型。

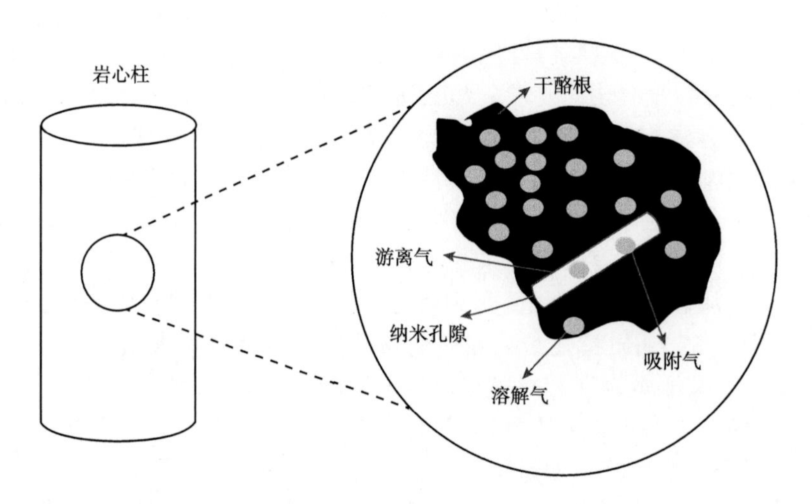

图 5.6 页岩样品中流体流动模型和四种存储机制

对于非常规储层而言，相态特征非常重要，因为相态特征与各个尺度的孔径（即纳米尺度孔径）引发的流体变化有关。Alharthy 等（2013）引入了一种相关性，可以将参数识别尺度提升至纳米级和微米级。此项研究选择了双渗透率模型。该模型能够描述裂缝和基质之间的相态特征差异。除多级流动层次（基质—裂缝—井）之外，此模型还对储层特征进行了深入表征。为保证计算精度，研究人员引入了一些改进的网格。

Nagarajan 等（2013）引入了实验室实验方法和格子玻尔兹曼方法，用于表征岩石和流体参数，如孔隙度、渗透率、流体饱和度和毛细管压力。此外，还讨论了这些参数对物性预测精度的影响。在该项研究中，利用敏感性研究分析了泡点压力的抑制作用，相关黏度、原油体积系数和气油比，并使用格子玻尔兹曼方法建立了相对渗透率模型。为了进行敏感性研究，该项研究建立了一个扇形模型，其中包含了岩石基质的裂缝网络。同时研究还讨论并分析了初始阶段和最终采出阶段的部分现场参数，如有效渗透率、非常规 PVT 特性和界面张力。

2013 年，前人建立了一种循环渗透率和孔隙度测量系统（Bertoncello and Honarpour，2013）。在该系统中，对气体渗透率、孔隙度、克林肯贝格渗透率等参数进行了测试和分析。该系统使用聚焦离子束扫描稳态、瞬态脉冲衰减技术、气体膨胀技术和汞浸图像分析电子显微镜（FIB-SEM），评估岩石样品的孔隙度和渗透率。之后还建立了包含岩心渗透率的页岩达西流动模型，因为需要对 10nm 达西流进行深入研究。

2015 年，研究人员对大量样本进行了分析，由于样本量较大，多次实验获得的岩石物性结果存在差异。因此，研究人员将高分辨率三维成像技术与图像分析和数值模拟技术相结合，估算属性值。由于样本量有限，且具有较高的非均质性，使得上述测定结果具有不确定性。该项研究使用三个样品进行 SEM 和其他测定，以研究孔洞的透射率。其中利用高分辨率显微图像研究孔隙类型、孔径、分布和连通性特征，并讨论了宏观尺度上孔隙对流体流动的影响。孔隙度、渗透率、岩石类型和组分是该项研究的主要内容，此外，还可以在此基础上分析润湿性（Saraji et al.，2015）。

页岩气的表观渗透率取决于孔隙压力流体的类型和孔隙结构。实验中观察到的表观渗透率和固有渗透率之间存在明显差异；例如，氮流过纳米薄膜。此外，参考对流和扩散模型，前人建立了一个数学模型（Guo et al.，2015），用于表征纳米孔隙中的气体流动。考虑到对流和克努森扩散作用的影响，前人对表观渗透率进行了修正。并通过实验验证了数学模型的正确性。与克努森 / 哈根—泊肃叶分析方法和文献中已有的模型相比，该项研究建立的模型精度较高。

页岩或其他非常规储层的相态特征与对应的压降特征不同。目前，很难对页岩中的流体性质进行测定。Alfi 等（2015）设计了一个纳米级流体实验平台，用于验证纳米级通道中相态特征的数值模拟结果。该研究的实验对象包括不同温度下的多种烃类流体。该项研究还讨论了温度和起泡点压力之间的相关性。

2015 年，前人利用分子动力学修正了电势参数，以模拟汞滴与石墨的接触角（Wang et al.，2016a）。模拟结果分析了孔径、几何形状和温度对有机纳米孔中汞的润湿性的影响。研究表明，汞的接触角与孔径呈负相关关系。页岩表面具有特殊性，因此研究人员对常规的 MICP 解释程序进行了修改，以适应页岩流体场。当孔径小于 5nm 时，在接触角和表面张力的影响下，能够对受 MICP 和吸附作用影响的孔径分布情况进行更好地拟合。换句话说，孔径越小，这两个参数的影响就越大。研究人员还分析了不同温度和孔径下，这两个因素的数值。2016 年，Wang 等讨论了页岩油的吸附作用及其对采收率的影响（Wang et al.，2015），如图 5.7 所示。页岩油密度分布不均匀，从孔隙表面到中心面，密度逐渐降低。研究还讨论了孔径、温度、压力、原油组分，以及其他参数。通过模拟得出以下结论：（1）解释了页岩表面的多个原油吸附层；（2）裂缝的大小和原油组分决定了吸附层的数量；（3）较重的烃类更有可能被吸附；（4）与狭缝状孔隙相比，圆形孔隙更容易吸附原油。在此基础上，前人提出了可采储量的估算模型。基于这一理论，研究人员认为，地层中仍然赋存了大量原油，被吸附在非常规储层中。2016 年初，Wang 等（2016b）模拟了无机质中的油流。其中选择辛烷作为油相，石英作为无机质。孔径为 1.7~11.2nm。根据平衡分子动力学（EMD）原理可知，石英表面形成一个辛烷层。例如，当孔径大于 3.6nm 时，密度、自扩散系数和黏度与流体的密度、自分散和黏度相似。近石英表面的辛烷分子流动更慢（图 5.8）。

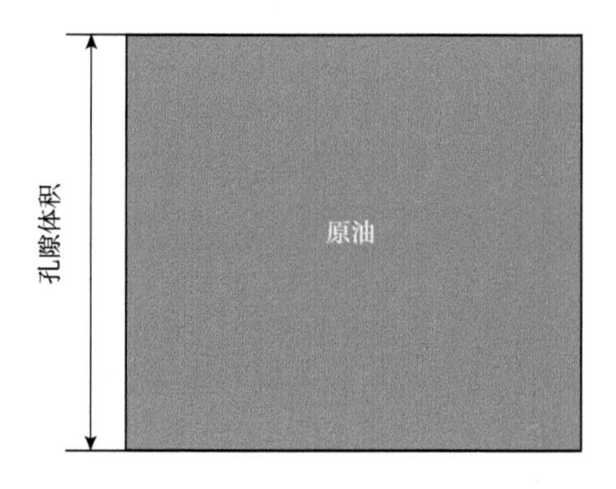

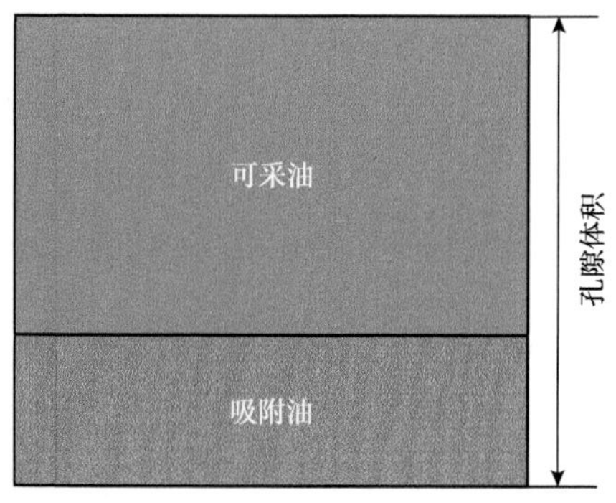

图 5.7 吸附油（Wang et al.，2015）

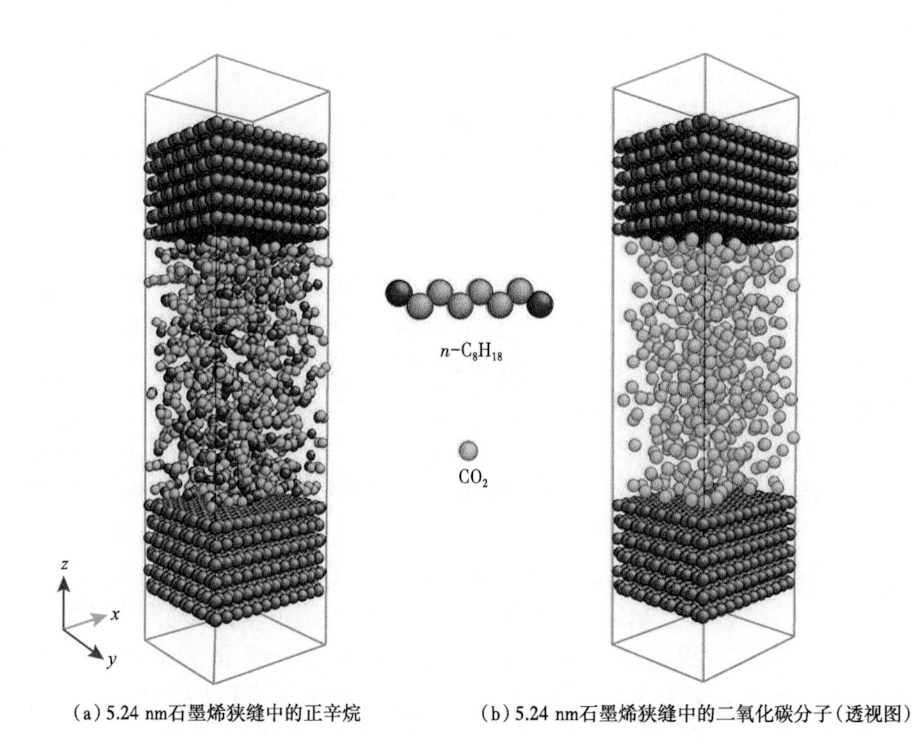

（a）5.24 nm石墨烯狭缝中的正辛烷　　（b）5.24 nm石墨烯狭缝中的二氧化碳分子（透视图）

图 5.8　MD 模拟箱示意图（Wang et al.，2016c）

毛细管压力和相对渗透率对纳米和微观尺度通道中的流体流动有很大影响。二者主要取决于孔隙的结构、界面张力和接触角。因此，前人使用 SEM、Kleindiek MM3A-EM 和 MIS 显微操纵器和显微注射系统、SONY PlayStation 控制器等设备，研究了纳米级和微观尺度样品的润湿性（Deglint et al.，2016）。研究润湿性的方法有三种：（1）使用蒸馏水进行冷凝和蒸发实验；（2）分析超低温冷冻样品对地层流体的吸收；（3）将蒸馏水直接注入样品。

2016 年，Afsharpoor 和 Javadpour（2016）研究了页岩储层的滑流和孔隙形状，分析其对纳米级流体的影响。其中通过 SEM 了解了孔隙形状。根据观察结果可知，狭缝的形状包括五种类型，即矩形、椭圆形、三角形、正方形和圆形。通常认为，圆孔中的流动为哈根—鲍威尔流动，无法有效地反映孔隙形状的变化。与传统模型相比，新模型考虑了滑动边界，而在传统模型中，通常将滑动边界设置为非滑动边界。因此，新模型与传统模型相比，存在两点区别：（1）从 SEM 图像中能够观察到多种类型的孔隙形状；（2）能够较为清晰地分辨滑流。采用该模型可能高估表观渗透率，从而简化孔隙的形状。此外，在发育非圆形孔隙的岩心中，流体滑移非常普遍，加剧了前者造成的影响。图 5.9 展示了标准孔隙形状。

在非平衡分子动力学（NEMD）压力的驱动下，可使用两种参数表征辛烷流特性：（1）滑移长度和有效黏度；（2）表观黏度。当滑移长度大于 1.7nm 时，纳维—斯托克斯方程是有效的，此时不能忽略滑移长度和黏度校正带来的影响。当滑移长度达到 0.9nm 时，指数可能发生变化。2016 年下半年，Wang 等（2016c）提出了原油和超临界二氧化碳在有机纳米孔隙中的流动机理。

图 5.9 归一化孔隙形状

流动过程的驱动力为压力，此项研究选择辛烷和超临界二氧化碳（$scCO_2$）作为模拟材料。其中，将流体场设定为狭缝形状的有机质纳米孔隙。纳米孔的孔径范围为 1.5~11.2 nm，模拟过程中，引入了多种热力学条件，用于模拟储层环境。通过平衡分子动力学模拟，可以获得储层内流体的分层结构，还可以获得密度分布图。从模拟结果来看，$scCO_2$ 的吸附优先于 C_8H_{18} 和 CH_4，随着孔径的增加，吸附相由单链转变为封闭流体的多个单分子层。除了平衡分子动力学外，此项研究还引入了非平衡分子动力学（NEMD），用于描述特定压力梯度下的速度分布和流体动力学特征。研究表明，有机孔隙中的速度分布为柱形，而无机孔隙中的速率分布为抛物线形。与忽略了滑移流效应的传统哈根—鲍威尔流动相比，NEMD 作用下的流速更快，增加了 1~3 个数量级。可以将两个模型集成到现有的框架中，用于模拟流动过程：（1）石油（原油）在有机物中的流动；（2）有机物中 $scCO_2$ 的流动。上述模型包含两个参数：滑移模具长度和表观黏度，这两个参数的大小在很大程度上取决于驱动力、孔径和温度。

Kazemi 在博士论文（Kazemi，2017）中，提出了关于干酪根物性及其二氧化碳封存潜力的研究。干酪根的物性是指吸附和输送机制，能够帮助流体存储和运移。主要研究方法是分子模拟。首先，建立一个简化的干酪根模型，用于研究天然气的存储和运移。之后，对干酪根的成熟度进行分析，结果表明，干酪根成熟度越高，其吸附能力越强。上述结论已经得到实验数据的验证。之后，对甲烷和二氧化碳的吸附进一步进行了分子模拟，结果表明，二氧化碳的吸附能力高于甲烷。这表明，注入二氧化碳能够增加页岩的烃类产量，因为在有水的环境中，能够发生解吸作用，生成甲烷分子。

2017 年，Wang 和 Sheng（2017）采用 SLD-PR 传输模型，研究了密度和黏度曲线。SLD-PR 运移模型是简化的局部密度彭—罗宾森运移模型的缩影，该模型的建立基于以下两个假设：（1）孔隙的几何形状随着间隙宽度的增加而下降；（2）孔隙的垂向位置与间隙不同，孔壁与化学势相同。在该模型中，假定气流为黏性气流。研究人员选择狭缝渗透率模型，进一步观察密度和黏度变化造成的影响，并通过分子动力学模拟验证了模型的结果。之后，讨论了密度分布、黏度分布、压力和孔径带来的影响。研究人员提出，气流主要受吸附作用和密度变化的影响，而黏度变化是影响油流的主要因素。随着孔径的增大，渗透率逐渐接近达西渗透率。通过分子模拟对该模型进行验证，其结果令人信服。

2018 年，前人应用分子动力学，对天然气和水在页岩无机基质中的流动展开研究（Liu et al.，2018b）。该研究在纳米尺度上讨论了两相流特征，其中包含甲烷和水。模拟的重点是具有亲水表面的狭缝形二氧化硅纳米孔隙的流动过程。页岩表面具有亲水性，因此很容易在水桥中形成水—甲烷—水的三明治结构，以及气泡。对于单相流（如气体）而言，纳米孔隙中存在滑移流，因此达西定律可能无效。对于单一流体而言，存在不同的压力梯度，因此在纳米孔隙中存在薄膜、水桥和水柱。同样，纳米孔隙中的流体也不遵循达西定律。这是由于数密度分布不均匀，可能是因为水和页岩表面之间的静电相互作用，以及氢键的作用。孔径尺度为纳米级，因此不能忽略这一因素带来的影响。此外，两相流特性表明，气体流速不受水柱和水桥等多种水流模式的影响。研究表明，对于纳米孔隙中的两相流而言，气相流动过程遵循达西渗流原理。造成这种现象的原因可能是由于水和气体之间的摩擦减少了气体回流带来的影响。

2018 年，前人使用纳米级流控芯片研究水—原油流动模式（Liu et al.，2018a）。储层中发育纳米级孔隙和裂缝，因此孔径仅比流体分子尺寸高一个数量级。与常规储层相比，非常规储层的润湿性及其流体流动机制可能有所不同。在此研究中，流控芯片能够对纳米通道中的流体流动实现可视化，有利于研究人员直接研究水和原油的流动特性。在泄油过程中，通道内主要形成了活塞状流动，其他流体流动模式带来的影响有限。在渗吸过程中，水或原油的产层会变薄并逐渐消失，在该项研究中，将其称为“褪色”。此外，实验还发现，异常入口压力与启动压力相近。

2018 年，前人建立了自发吸收的分析模型（Shen et al.，2018），用于描述吸附过程。该模型耦合了多个方程，包括滑动效应方程和动态接触角方程，从而精准描述滑动边界、孔隙结构和孔隙曲率分维的吸水特性。研究表明，当滑移长度增加至流通通道的等效直径时，吸水速度可能达到最高值。

毛细管压力和相对渗透率（Shi et al.，2018）也是研究碳酸盐岩储层过渡带的重要参数。此外，储层中复杂的润湿性、孔隙几何形状和非均质性影响了过渡带的流体流动。

2018 年，Sun 等针对纳米级孔隙中原油的运移过程提出了分析模型（Sun et al.，2019）。该模型包含了吸附区的黏度。结果表明，厚度临界值为 1~2nm。当厚度小于 1 nm 时，流速随着接触角的增加而缓慢增加。当厚度大于 2 nm 时，流速迅速增加。

2018 年，Le 和 Murad 提出了一个数学模型，用于描述纳米级页岩流体（Le et al.，2018）。该模型描述了发育多级孔隙的页岩中的油气两相流动特征。其中发育的孔隙包括由水力压裂造成的纳米级孔隙和微孔。此外还介绍了离散裂缝建模。将裂缝划分为（n−1）个界面（n=2，3），合并到基质模型中。储层固相可分为三类：有机物、焦磷酸盐网络和无机物。有机物由干酪根和吸附气组成。焦磷酸盐网络由有机固体和储层内部含油的微孔组成。无机相由黏土、石英、方解石和其他成分组成，组分的不同决定了各个相的不同。通常认为，焦土和网络是纳米级多相流的通道。独立分布在基质中的干酪根可以作为吸附气的储层，压力和饱和度方程中的有效系数与页岩孔隙结构、体积分数及总有机质含量密切相关。该模型的本构定律可描述气体在纳米孔隙中的吸附过程，可通过局部单元计算结果对其进行修正。所有相关的参数和理论均从最初的物理理论引入。该模型提供了一种新的思路，可用于识别纳米级孔隙中的流体流动，同时能够总结和简单使用现有的理论，建立数学模型，模拟储层的有效流体流动。

前人讨论了混合物的组成，认为其影响了页岩内有机纳米通道中含烃水的流动（Li et al.，2019）。烃类化合物与水的比值存在一个临界值。在达到临界值之前，流体流速呈指数级下降，而在达到临界值之后，流速将保持不变。这种稳定性可能与有机质表面的吸附作用有关。此外，此项研究引入了修订后的 N-S 方程，用于表示滑移边界，从而表征了滑移流的影响。通过分子动力学模拟，验证了总溶剂混合物的组分与滑移长度之间的相关性。

注二氧化碳作业能够在常规储层开发过程中发挥作用，同时还可能在非常规储层开发过程中发挥作用。实践表明，在部分页岩储层中，注二氧化碳作业的效果较好，而在另外一部分页岩储层中，则表现不佳。前人对这一现象进行了研究（Fakher et al., 2019），以确定二氧化碳在纳米级孔隙中的流动机制和沥青质的沉淀作用，其中沥青质可能堵塞孔隙，从而降低原油采收率。在所有实验中，研究人员均选择了纳米复合膜。研究参数（或控制变量）包括二氧化碳注入压力、温度、原油黏度、二氧化碳闷井时间、多孔介质厚度、纳米级孔径和孔隙非均质性。通过增加注入压力，可以提升采油率，缩短停采时间。同时还能够提升采出油中沥青质的占比。温度能够影响采油率，但同样也会增加绕流原油中沥青质的比例，从而堵塞孔隙。沥青质是影响原油黏度的主要因素。与常规储层相比，多孔介质的厚度、非均质性和孔径对非常规储层的影响很大。

2019 年，前人提出了一种原油运移模型，其中包含椭圆形纳米级孔隙（Wang et al., 2019a）。该模型包含了无机基质中的近孔壁油流和有机基质中的吸附油流。同时还考虑了纳米级孔隙度的形状（即椭圆形）带来的影响。在此模型的基础上，前人研究了表观渗透率，并应用分子动力学和格子玻尔兹曼方法对模型进行了验证。从模型的使用角度出发，分析了竖井尺寸和孔壁—原油相互作用（随尺寸变化）对流体流动的影响。同时还研究了孔隙横截面形状（恒定横截面面积）对流量波动的影响。图 5.10 展示了具有椭圆形横截面的纳米级孔隙。

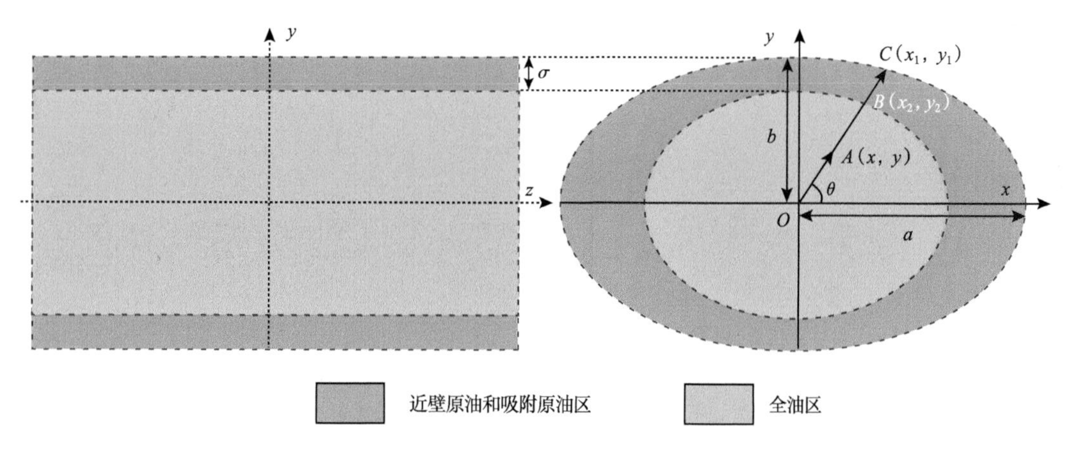

图 5.10　具有椭圆形横截面的纳米级孔隙（Wang et al., 2019a）

Cui 在 2019 年建立了油流模型，并开展了相关分析工作（Cui, 2019）。之后在该模型中进行校正，修正混合润湿性或润湿性变化趋势（即减小孔隙半径，增加黏度）。其中分析了孔隙半径、初始水湿比、相对吸附厚度和表面覆盖率等变量的敏感性。还讨论了这些变量带来的影响，其中包括：（1）流动性增加；（2）所有机制的相对重要性；（3）有机孔隙 / 无机孔隙 / 微裂缝之间的差异；（4）沥青质的总体贡献。

2019 年，前人基于分子动力学（MD）模拟数据建立了纳米级油流模型（Zhang et al., 2019）。模型中考虑了滑移流和黏度变化带来的影响。之后，将该模型与广义格子玻尔兹曼方法相结合，形成一种有效且可行的方法，用于研究纳米级流体分子动力学。基于此，可以将计算范围从单个孔隙扩展到整体介质。该模型的应用结果表明，流体的黏度能够影响其在无机质和有机质中的运移。滑流效应主要出现在有机孔隙中，而在无机孔隙中，可以忽略这一作用。此外，对于滑移流而言，表观渗透率随着总有机质含量（TOC）的变化而变化。

2019 年，前人应用分子动力学原理，研究了石油和甲烷在无机纳米级孔喉中的混合运移过程（Zhang et al.，2020a）。具体而言，MD 可以模拟具有不同甲烷含量的油流。通过分析原油在流经纳米级孔隙时所受的力，能够表征不同甲烷馏分的动态运移特性。除了界面张力、扩散系数和相互作用能等参数外，研究人员还进行了计算和分析。同时还讨论了温度对流动过程的影响。

2020 年，前人对页岩的纳米级多孔介质中的水—油流动过程进行了研究（Zhan et al.，2020）。研究以分子动力学理论为基础，认为纳米孔隙主要为石英孔，是一种亲水通道。该模型考虑了流体分布、非均质流体特性、液—壁相互作用和水—油滑移作用。基于该模型和相关研究工作，前人针对亲水性纳米通道中的层状油水两相流提出了新的观点。

除了分子动力学（MD）模拟外，前人还将格子玻尔兹曼方法（LBM）引入到纳米级流体研究工作中（Zhang et al.，2020c，2020d）。LBM 方法考虑了水和固体内壁之间的分子相互作用。同时，还可以使用格子玻尔兹曼模型研究页岩纳米级孔隙的水体流动。可基于三维随机数模型对其进行分析，该模型描述了有机质和无机质的形成条件，其中研究人员选择了亲水性黏土矿物。研究过程中还需要其他数据，如孔径、孔隙形状和分布、孔隙度和矿物学相关数据。LBM 是一种介观尺度方法，其分析尺度大于分子模拟（MS）法。在使用 LBM 的过程中，尽管遗漏了一些细节，但计算量呈指数级下降。通过此项工作，可以检测孔喉系统的收缩和膨胀效应，并减少纳米尺度的水体滑移。孔隙与表层黏土相互作用，引发了膨胀效应，其影响超过了滑移效应。更重要的是，在该项研究中，将分子间相互作用解释为滑移作用，为下文的工作打下基础。不仅如此，这一明显的滑移现象还与润湿性有关。前人已开展数十项关于纳米通道水体流动的研究，并对下文的方法进行了验证，取得了良好的成果。

2020 年，前人引入真空吸附法，研究页岩油 / 水的存储和运移。其基础实验是利用 N_2 吸附、扫描电子显微镜（SEM）、X 射线衍射和岩石热解表征岩石性质。通过上述实验，可以获得总有机碳（TOC）和干酪根热成熟度（R_o），其中选择水和正十二烷进行真空吸附实验，从而计算得出有机孔隙的含水量、有机孔隙和无机孔隙的含油量，以及溶解油量。之后，根据实验结果建立了数学模型。其中无机质中形成的水体流动为毛细管流，而有机质中流动的原油受到毛细管力和扩散作用的影响，与干酪根有关。考虑到扩散流动作用，此项研究建立了双扩散层物理模型，用于描述原油自孔隙向干酪根的运移过程。通过数学模型，研究人员得到两个系数：即毛细管压力和溶解速率常数。

2020 年，前人应用 COMSOL Multiphysics 平台模拟了页岩油流动（Wang et al.，2020a）。针对有机裂缝、无机裂缝、天然裂缝和水力压裂产生的多尺度孔隙，前人选择了三重连续模型，模拟基质和裂缝中的流体流动，以及水力压裂形成的离散裂缝模型（DFM）。此外，温度是提高页岩油采收率、提升吸附油活化量的另一个重要因素。与游离油相比，吸附油对温度更敏感。

2020年，前人采用巨正则蒙特卡罗模拟法（GCMC）（Sui et al.，2020）研究烃类在纳米级孔隙中的运移速率。基于分子动力学（MD）模拟，前人采用了多种有效的方法研究流动机理。此项研究选择的烃类物质是正辛烷（戊烷、十二烷）。岩石中发育的纳米级孔隙多为白云岩孔隙，其形状多为狭缝状。通过平衡分子动力学（EMD），可以得到吸附相密度、表面分子尺度结构和扩散参数，并对其进行进一步分析。吸附层的厚度或数量与孔径有关，与温度呈负相关关系。此外，压力对吸附层的影响有限。在表生型白云岩中，正辛烷保持与地下平行的优先排列状态。正辛烷分子多赋存在白云岩中，扩散缓慢。与这三种烃类化合物相比，白云石表面更易吸附长链烷烃。之后，前人应用非平衡分子动力学（NEMD）原理分析了由压力驱动的流动作用的特性，如黏度和滑移长度。驱动力与流动作用呈正相关，对正辛烷的有效黏度影响不大。

5.3.3 纳米级研究

页岩气勘探进程早于页岩油勘探，因此，页岩气研究工作能够指导页岩油的研究。在页岩油勘探过程中，可参考页岩气勘探相关经验。2007年，前人对纳米级孔隙中的页岩气流动特性进行了研究（Javadpour et al.，2007）。研究中涉及扩散效应和滑移流。上述滑移流在页岩油研究过程中具有重要的作用。

2012年，前人对纳米级烃类化合物的概念进行了分类和扩展（Zou et al.，2012）。从石油地质学的角度来看，可以将页岩油归类为纳米级烃类化合物。在页岩油开发过程中，可以借鉴同类型页岩油的部分经验。2012年至2016年期间，科罗拉多矿业学院的Erdal Ozkan等在纳米尺度上进行了多项研究（Firincioglu et al.，2012，2013；Ozcan et al.，2014；Albinali et al.，2016a，2016b）。在上述研究中，他们讨论了相态特征、泡点抑制和异常扩散作用，并提出了相关分析模型，其中包含高非均质性裂缝—纳米级通道系统。在纳米级尺度上，非常规储层的相态特征不同于常规储层，且存在泡点抑制作用。针对非常规裂缝性储层，前人提出了一种三线性模型，用于代替基于双重孔隙度建立的渗流公式，这一三线性模型充分考虑了尺度的多样性。这一模型可能更接近实际情况。该模型替换了高非均质性速度，进一步将异常扩散引入到连续性假设的无效性中。该模型提出一个解决方案，即，可以应用某个物性描述参数，替换由于比例问题而失效的常规描述参数。

2013年，Javadpour对2007年得出的页岩气研究成果进行了深入研究。在此项研究中，介绍了四种储气机制（Swami et al.，2013）。可以将此项研究应用到页岩油的储存和运移过程中。在页岩油储层中，有机物和无机物，以及被吸附的干酪根与页岩气储集空间相似。

2013年，前人开展了另一项研究，对相态特征进行分析，选择双重渗透率模型确定孔隙间的流动（Alharthy et al.，2013）。目前仍需对部分工作进行修正，突出孔隙、基质和裂缝在尺度上的差异，该差值可能高达数千倍。双重渗透率假说可用于常规储层的开发，但在非常规储层的研究过程中，仍需对这一假说进行深入研究。

前人在一项研究中引入了格子玻尔兹曼方法（LBM），用于模拟大范围孔隙中的流体流动（Nagarajan et al.，2013）。LBM是一种经典的介观方法，可据此在连续性假设条件下使用纳维—斯托克斯流动方程。这一方法可能适用于部分非常规储层。但在页岩储层的研究过程中，仍需对其进行一定的改进。稍后将进一步探讨这个问题。

对页岩特征的描述也非常重要。例如，前人在研究页岩的纳米级孔隙时，忽略了滑移流和吸附作用，认为其中以达西流为主（Bertoncello et al.，2013），因此通常认为页岩未赋存原油。

除了流动模型外，还需要应用岩石物性表征纳米级孔隙，因为在特殊的物性条件下，可能形成特殊的流动现象。该研究使用三维高分辨率成像和扫描电子显微镜（SEM）表征孔隙类型、孔径和孔隙组成。这些工作为页岩流动带的特性分析工作奠定了基础（Saraji et al.，2015）。

2015年，Guo提出了一个数学模型（Guo et al.，2015），用于表征纳米级孔隙的气体流动特征。在研究过程中，还获得另一个启示，即可以从工业用途或经验模型的角度对页岩油进行分析，而非仅仅将其局限于实验室分析。在该项研究中，发生了对流作用和克努森扩散作用，使得表观渗透率发生了变化。因此，在油页岩研究过程中，应进行相应修正，以充分应用现有的理论。

目前，很难在原位页岩的纳米级孔隙上进行实验，因此，应当在类似的环境中建立替代实验方法。Alfi等（2015）设计了纳米流体平台，验证了纳米通道中相态特征的数值模拟结果。在纳米流动平台上，可以进行纳米流实验，并直接观察实验结果。

Wang和Javadpour进行了多项研究，重点研究了纳米级烃类化合物的流动特征（Wang et al.，2015，2016a，2016b，2016c）。这一系列研究的主旨是多种流动面积类型或纳米通道类型、孔隙特征、温度、润湿性、压力、原油组分、吸附效应和烃类化合物类型。所有研究均基于分子动力学，其中包括两种类型：平衡分子动力学和非平衡分子动力学。与前人的研究相比，这些研究分析了分子的运动，试图在纳米尺度上总结其运动机制。该研究结果提供了合理的依据，可用于修正或建立与事实更为相符的新假设。然而，上述研究同样存在局限性。例如，研究过程依赖高性能计算机，而计算机只能解释流动机制，不能直接用于油田尺度的计算。为了放大建模结果的尺度，研究过程中使用数学方程表征纳米级孔隙流动机制，而未来仍需要投入更多研究。

在纳米级孔隙中，由于其尺寸较小，因此主要以毛细管力为主。2016年，Deglint使用先进的一体化设备进行研究和观察（Deglint et al.，2016）。该研究以蒸馏水为流体，重点研究纳米级流体的基本概念。所有研究成果应予以总结，并应用于高端的工业应用。除了一体化研究，它还能够满足纳米级流体研究的需要。

Afsharpoor和Javadpour的另一项研究主要关注滑移流和孔隙形状（Afsharpoor et al.，2016）。当尺度呈指数级下降时，达西定律可能失效，而在页岩储层的工业开发过程中，滑动流的流量较高，因此无法对其进行预测。此外，与微米孔隙相比，纳米级孔隙的孔隙形状对流体流动的影响更大。在未来的研究中，应当将滑流效应整合到扩大尺度的模型中。

干酪根的物性与二氧化碳封存密切相关。通常将干酪根与有机质和无机质一同讨论，它与常规储层的储层条件有所不同（Kazemi，2017）。储层和流动带岩石类型的变化会导致页岩中纳米级流体的流动发生差异。此外，将研究结果与现场作业相结合，结果表明，二氧化碳可以驱替页岩储层中的甲烷。究其原因，可能因为二者吸附能力不同。可以从分子层面对其进行解释，这一现象可能有助于页岩的进一步开发。此外，有关二氧化碳对重烃的影响，仍需进一步研究。

前人引入SLD-PR运移模型（简化的局部密度彭—罗宾森运移模型），对密度和黏度曲线进行研究（Liu et al.，2018b）。之后，应用分子动力学原理验证此项研究的结果，使其更有说服力。该项研究的结果还支持吸附说，这对页岩油流动分析至关重要。

Liu 等（2018b）研究了页岩有机基质中的甲烷和水体流动情况。其主要方法仍然是分子动力学法。在该项研究中，讨论了亲水性和疏水性等润湿特性。润湿性会影响接触角，从而影响毛细管力，因此，润湿性同样具有研究价值。除了研究单相流（即单一水流）外，还可以在流动通道中观察到部分水膜、水桥和水柱。这些现象也是导致异常流动的根本原因。

前人认为，可以采用分子动力学方法研究水和原油通过流控芯片的流动机制（Liu et al.，2018a）。这种方法非常直观，结果表明，应用效应实验法可以解释基本过程，验证模拟方法和数学模型。

在泄油和吸水过程中，纳米级孔隙的流动过程至关重要。在这个过程中发生了滑流效应，从而形成了流动特性（Shen et al.，2018）。前人还提出了一个解析方程，其中包含了滑移边界的吸水过程。前人已在研究中验证了这一方程的正确性。此项研究仅采用了分子动力学法，其研究结果可以作为数学分析模型或方程开发的基础。Sun 对纳米级黏度和吸附作用进行研究，提出了以下观点（Sun et al.，2019）：与上述研究相比，该项研究建立了一个更复杂的数学模型，该模型系统地展示了油气在页岩中的流动。如果能够将该模型与分子动力学建立更多的联系，那么在现场和工业应用中，该模型将会发挥更多作用。

目前，纳米级流体流动的重点研究内容是如何简化复杂的流动过程，这对揭示其基本机理具有重要意义。纳米级流体不可能仅仅包含一种或两种组分。Li 等（2019）为了解决这一问题，研究人员从一开始就改变了流体组分。研究结果表明，不同组分的流动过程不同。考虑到原油、长链烷烃、短链烷烃或含有溶解气的原油的组分，这一问题将会更加复杂，需要对其进行进一步讨论。前人提出，沥青质可以堵塞孔隙（Fakher et al.，2019），进一步证明不同流体组分对流动过程的影响有所不同。

前人（Afsharpoor et al.，2016）简要讨论了不同的孔隙类型（Wang et al.，2019a）。在此项研究中，选择了椭圆形孔隙，研究的重点是无机基质中的近孔壁油流和有机基质中的吸附油流。其中重点应用了分子动力学法和格子玻尔兹曼方法。此项研究是一次进步，将研究成果从纳米级扩展至工业应用层面。

2019 年，前人将这一研究成果与广义格子玻尔兹曼方法结合，以取代分子动力学法。这是未来的研究方向。前人已在纳米级油流方向开展了许多研究（Zhang et al.，2020a；Zhan et al.，2020；Wang et al.，2020a），从而大大丰富了研究内容，使得研究体系更加系统化。

前人通过一系列研究（Zhang et al.，2020c，2020d）将格子玻尔兹曼方法（LBM）系统地引入了这一研究领域，进而升级了实践研究方法。同时，前人还引进了一种大尺度经典蒙特卡罗模拟法（GCMC）（Sui et al.，2020）。这一方法给相关领域的研究人员带来了启发。该方法不局限于特定储层类型，同时研究人员正在对页岩油流动机理展开进一步研究。为了理解页岩油在纳米通道中的流动，需要厘清一些概念。

5.3.3.1 滑移流

从图 5.11（a）可以看出，常规的表面流流速为零，多年前，研究人员就已经应用流动机制证明了这一点。图 5.11（b）证明了纳米级流动与常规流动有所不同。

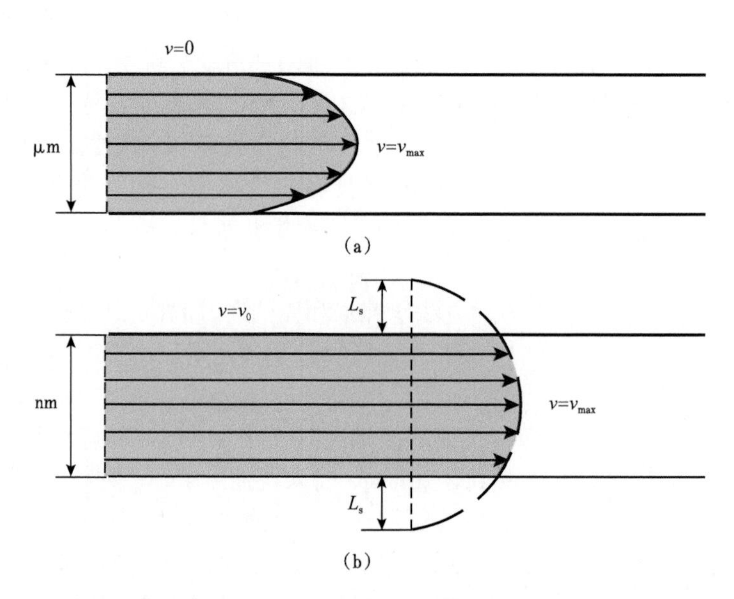

图 5.11　微米级（a）和纳米级（b）系统中滑移条件示意图（Shen et al.，2018）

5.3.3.2　吸附作用

吸附是指离子、原子或分子附着在固体材料表面的过程。在页岩储层中，不同组分的原油原子或分子均可吸附在有机质上。

5.3.3.3　无机质和有机质

有机化合物均含有碳，而无机化合物含有金属和其他元素。在不同条件下，页岩油流量有所不同（图 5.12）。

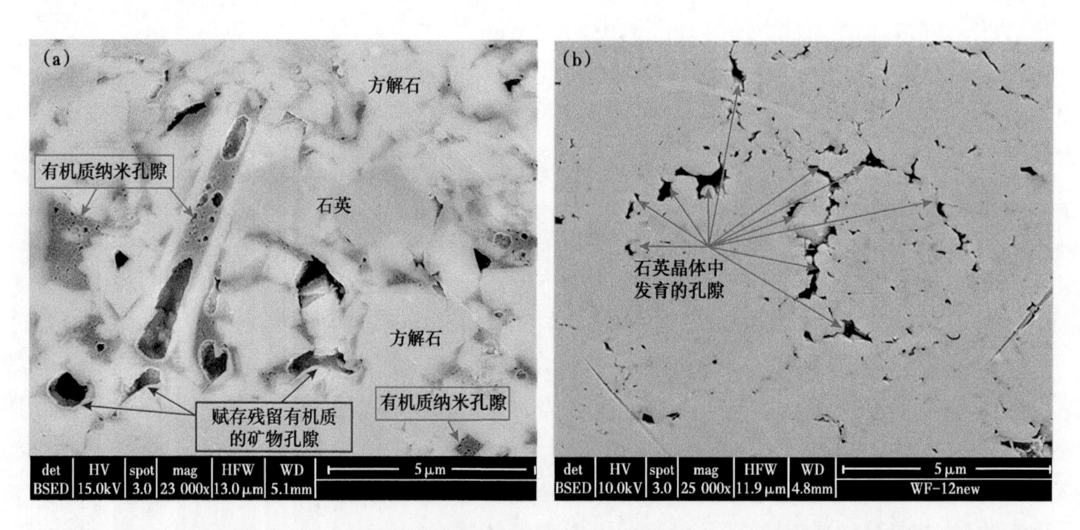

图 5.12　（a）鹰滩页岩样品的 SEM 图像，其中展示了有机物（OM）的纳米级孔隙和由石英和方解石组成的无机物（IM）中的粒间孔。黑色区域为OM，其中最暗的斑点代表孔隙（Wang et al.，2016c）。（b）离子束蚀刻伍德福德燧石样品的 SEM 图像，该样品中 90% 的组分为石英，含有少量有机物、黏土矿物和碳酸盐（Wang et al.，2016b）

5.3.4 纳米级研究小结

(1)分子动力学(MD)并非研究页岩油流动的唯一方法。目前，越来越多的研究人员开始采用格子玻尔兹曼方法(LBM)和经典蒙特卡罗方法(GCMC)。采用 MD 方法的过程中，需要进行大量的计算，因此在工业实践中，这种方法是不现实的。实际生产过程中，需要建立一个高级模型，该模型不仅能够准确模拟流速，其计算量同样也在可接受范围内。因此，未来的研究重点是整合现有数据和理论，改进传统理论，开发有效的数值模型。

(2)对于数学建模而言，研究滑流效应、吸附、物质类型、孔隙形状多样性和润湿性(如接触角)非常重要，因此应该对其投入更多的研究工作。该模型不仅能够从数学理论中推导出来，还可以通过建模结果进行验证，从而增强其说服力和真实性。

(3)前人的研究主要侧重于基本机理研究，而在材质、流体类型、流体组分等方面有所忽略。除了滑动边界效应和吸附效应之外，研究内容还应该包括其他机制，如对流、扩散和水流。

5.4 非常规致密储层过渡带

在储层中，原油和水之间不存在明显的分界面。在某个区域，原油和水可能以不同的比例混合在一起。随着饱和度的变化，油和水逐渐转为共存状态。这一区域通常被称为过渡带。过渡带通常位于储层底部，其形成与烃相损耗带来的浮力压力有关。孔喉直径和流体密度决定了过渡带的厚度。在生产测试过程中，通常能够开采烃类化合物和水。过渡带(Bera et al.，2016)是指含油带与气顶之间或含油带与边 / 底水之间的接触面积。在过渡带，由于毛细管压力的影响，原油饱和度沿垂向逐渐发生变化。

过渡带的厚度与其物性有关，且该厚度与局部渗透率成反比。对于给定的油层厚度，过渡带的面积取决于倾角。随着倾角的减小，过渡带面积将逐渐增大。

毛细管压力与毛细管半径成反比。毛细管半径越小，毛细管压力越高。在润湿阶段，毛细管的高度将有所增加。因此，过渡带中的毛细管直径有所不同，毛细管的液位分布不均匀。这就是过渡带可以保持相对厚度，并未形成尖锐的分离面的原因。毛细管压力方程可表示如下(Shi et al.，2018):

$$p_c = \Delta\rho g h = \frac{2\sigma\cos\theta}{r} \tag{5.1}$$

式中: p_c 为毛细管压力; $\Delta\rho$ 是两种流体密度之间的差值，kg/m^3; g 为重力加速度，m/s^2; h 为润湿相在毛细管中的上升高度; σ 为表面张力，mN/m; r 为毛细管半径，mm。由于油水之间的流体密度差小于油气之间的密度差，因此油水过渡带的厚度通常大于油气过渡带。

过渡带的厚度将随着含水饱和度和含油饱和度的变化而发生变化。具体表示如下:

$$h(S_w) = \frac{p_c(S_w)}{9.81(\rho_w - \rho_o)} \tag{5.2}$$

式中: $p_c(S_w)$为地下毛细管压力; ρ_w，ρ_o为水和油的地下密度; $h(S_w)$为过渡带厚度。

5.4.1　确定过渡区的工具

5.4.1.1　扫描电镜（SEM）

扫描电子显微镜是介于透射电子显微镜和光学显微镜之间的一种观察工具。利用这一工具，可以获得质量和空间分辨率均较高的图像，从而描述样品细节（Perry，2017）。

扫描电镜是最为先进的仪器之一，已经在石油勘探中得到广泛的应用。通过扫描电镜，可以描述并获得各种信息，如地形（物体的表面特征或“外观”）、形态（形状和大小）、组分（构成物质的元素和化合物）、化学性质、晶粒取向、纹理（光滑度或粗糙度）和晶体学信息（材料中原子的排列）。当暴露在高能电子束下时，可以收集并放大视觉信息，或进行二次成像。在此过程中，可以保存并描绘样品细节，因此，扫描电镜能够精准表征材料信息。

在石油地质学研究过程中，可以利用扫描电镜进行岩相分析，阐明其作用机制，如沉积相和成岩作用对孔隙度和渗透率的影响。据此，可以展示不同矿物相的成岩作用细节，描述并分析各种胶结类型和孔隙几何形状（Aala et al.，2017）。

5.4.1.2　压汞毛细管压力（MICP）

研究人员使用的工具之一是压汞毛细管压力（MICP）。通过将汞注入孔隙和喉道，可以对地质样品进行表征。其中注入压力可以增加至60000psi（413.7MPa）。压力与孔隙和喉道的大小相关。Washburn提出了一个计算孔径的方程，见式（5.3）：

$$D=\frac{4\gamma\cos\theta}{-p_{\mathrm{c}}} \tag{5.3}$$

由方程（5.3）可知，实验结果受到表面张力γ和接触角θ的影响，孔径D随着上述两个参数的变化而发生变化。通常情况下，接触角并非定值，会随着物质性质和压力的变化而产生波动。在式（5.3）中，多将汞的接触角设定为140°或130°。张力则始终设定为486 mN/m。

此外，在研究过渡带的过程中，孔隙体积和孔隙度非常重要，但仅凭这两个参数还不够。应用MICP，可以得到孔喉尺寸分布和压汞饱和度曲线，从而估算渗透率和相对渗透率。在赋存多相流体的过渡带中，相对渗透率对进一步分析研究有着重要意义。

5.4.1.3　储层岩石类型（RRT）

通过储层岩石分类，可以表征地质相的动力学特征，从而确定过渡带。可以从三个方面表征或讨论动力学特征或地质相：（1）岩石结构；（2）成岩作用（空间变化的确定等）；（3）岩石与内部流体的相互作用。此外，岩石结构主要取决于孔隙度、渗透率和孔径分布。岩石和内部流体之间的相互作用主要表现为润湿性、毛细管压力和相对渗透率。在表征过渡带的特征时，研究人员发现孔隙系统至少包含两种类型的流体。流体与岩石的相互作用非常复杂；因此，更好地了解相对渗透率、毛细管压力和润湿性对于进一步研究至关重要。

储层岩石分类标准并非研究流动或动力学特征的唯一独立工具。它是一个协同系统，其中包含了地质理论、对岩石物性的理解，以及特殊岩心分析结果（下文将对该方法进行讨论）。为了描述目标区域的流动特征，基于地质相或岩相分析结果，研究人员引入了与岩石物性和 SCAL 理论相关的参数。通过上述综合分析，可以更准确地解释流动特性。

在储层岩石类型（RRT）分析过程中，岩相经常发生变化，因此很难描述岩相。岩相可能随岩相特征、成岩作用和岩石—流体相互作用而发生变化。对于特定储层而言，在相同的沉积环境中，通常认为相近的岩相为同一岩相。然而，在成岩作用下，过渡带的岩相可能表现出完全不同的性质。因此，不能仅仅依据岩相沉积环境展开评估。对于自由水位以上的给定高度，即使在相同的地质条件和不同的成岩作用下，孔渗关系、毛细管压力、润湿性和水饱和度也能够准确表征岩相特性。通过岩相特征，可以将沉积在同一沉积环境的岩相划分为不同的组。

5.4.1.4 专项岩心分析（SCAL）

考虑到地下条件的复杂性，可以采用其他实验室技术，将地下核磁共振实验范围扩展到地表环境下。在对岩心进行等效 NMR 实验室分析后，该技术可以表征岩心样品的属性，通常称为专项岩心分析（SCAL）（Mirzaei-Paiaman et al.，2020），这一技术在收集毛细管压力、相对渗透率和其他重要储层特征等方面发挥了重要作用。应用 SCAL 技术，可对储层的岩心柱进行流动性实验。与传统岩心分析（RCA）（McPhee et al.，2015）和常规岩心分析（CCA）相比，在采用 SCAL 技术的过程中，应额外补充一些实验，用于获取两相流体的流动特性、润湿性和相对渗透率等信息。由于时间和经济方面的原因，通常在 SCAL 的辅助下开展 RCA 和 CCA 技术，以提高效率和经济效益（Mohammadmoradi and Rahimzadeh，2016）。

5.4.1.5 常规岩心分析（CCA）

常规岩心分析（CCA），有时被称为传统岩心分析（RCA），是一种常见的实验室数据测量技术，在采用该技术的过程中，通常需要补充专项岩心分析（SCAL）资料。这两种类型的数据对于储层表征和建模都至关重要。应用 CCA/RCA 技术，可在特定环境或额定应力和温度条件下，对干燥样品进行实验。实验过程中，将收集对应的流体性质和岩石物性参数。通常在岩心柱上使用 SCAL 技术，以了解岩石物性和流体性质。

通常而言，采用典型的 CCA/RCA 技术可以得到饱和度、孔隙度、空气（氮气）和克林肯贝格渗透率，以及探针（或剖面）渗透率。岩心样品的直径通常为 1in 或 1.5in。为了测量饱和度和孔隙度，最好选用直径较大的岩心柱。可以通过 CCA/RCA 测定整个岩心柱或整个岩心样品的饱和度、孔隙度和渗透率。然而，考虑到时间和经济成本，通常不会首选全岩心分析技术。只有当岩心柱或岩心样品无法代表整个井筒的特征（换言之，岩心存在非均质性）时，才进行全岩心分析，如砂砾岩或发育天然裂缝的碳酸盐岩。

5.4.2 过渡带的研究意义

根据常规石油地质学理论可知，部分在常规理论中不具备开采价值的地区同样可能成为具有一定产能规模的油藏。过渡带就是其中之一。因此，对这些区块进行开发，符合工业发展的需要。通过分析毛细管压力和相对渗透率，可以解释过渡带的许多机制。然而，这两个参数往往受到过渡带中流体饱和度的复杂分布的影响。过渡带内错综复杂的相互作用增加了建模难度，而在研究过程中，无法绕开这两个储层特征。为了进一步开发过渡带，需要进行更多的研究，深入研究过渡带，以便在静态和动态模式下进行有效的储层评价。

5.4.3 影响过渡带特征的因素

Bera 和 Belhaj（2016）提出，影响过渡带的主要因素是静态和动态岩石类型、岩相分析和成岩作用、流体饱和条件下的毛细管压力和相对渗透率特性，以及润湿岩石。

5.4.3.1 静态和动态储层岩石类型

通过准确定义过渡带储层岩石类型，能够精准计算真实的初始流体分布情况。可以将 RRT 储层的岩石类型与地质相和岩石性质相结合，确定岩石类型。此外，可应用 RRT 技术获得岩石物性数据，并将其用于饱和度分析和静态建模。

5.4.3.2 岩石物性分析与成岩作用

化学成岩作用和岩石物性结构的发育对过渡带的性质均有所影响。以上两项因素由碎屑组分、结构参数、构造背景、埋藏深度、组分和盆地流体流动模式决定。此外，沉积相与成岩作用之间的相互作用是评价储层质量的关键因素。除了这两种影响外，还可利用成岩作用确定空间变化、成岩过程所需的时间及其对孔隙系统的影响。宏观尺度、微观尺度和纳米级尺度的过渡带均广泛发育非均质性。通常认为，产生非均质性的原因可能是沉积相、成岩作用和构造特征等复杂条件。研究岩石学和成岩作用，以及成岩作用与沉积相的相关关系，对于认识储层具有重要意义。以上分析均针对岩心柱或整体岩心，可据此进一步了解非均质特征。

5.4.3.3 滞后毛细管压力和相对渗透率特性

为了了解过渡区的流体流动模式和饱和度分布情况，应当对毛细管压力和相对渗透率进行深入研究。在过渡带，毛细管压力和相对渗透率将影响油水分布和流体流动特性。然而，与常规储层不同，在非常规储层中，毛细管压力和相对渗透率会随着位置的变化而变化，且具有滞后性。这些特性是不可逆的，且取决于流动路径。通常情况下，滞后性的复杂性与饱和度特性有关，例如其运移路径或运移史。与某些岩石特性相比，饱和度特性有所不同，例如相对渗透率和毛细管压力。此外，接触角的滞后性与岩石表面的润湿性有关，润湿性会随着外部环境的变化而发生变化。这种滞后性可能与接触角滞后性、流体滞留和润湿性有关。两个因素可能会影响接触角滞后性：吸水时的前进接触角和排水时的后退接触角。孔隙系统中的流体存在滞留性，因此流体界面可能处于不稳定状态。从机理上讲，当界面的曲率在排水过程中增大时，界面会产生不稳定性。可以观察到，从润湿阶段到多孔系统阶段，不稳定的构型发生了快速变化。通常用海恩斯跳跃定义这种过渡或突然跃变，这一现象体现了吸水和排水之间的滞后性。

滞后作用改变了相对渗透率对流体流动的影响。相对渗透率的特征证明，润湿性和含水饱和度的变化性较大，因此预测较为困难。在水和原油的排出和吸收过程中，水的相对饱和度和相对渗透率是影响流体流动特性的决定性因素。相对渗透率特性同样适用于油—盐水系统，该系统的性质与油—水接触系统不同。

5.4.3.4 润湿性包络线

初始含油饱和度与岩石的润湿性有较强的相关性。应用初始含油饱和度数值，可以将岩石的润湿性分为油润湿性、水润湿性或介质润湿性。在研究过程中，前人建立了多种方法用于评估岩石润湿性，如 Amott 润湿性实验和 Amott-Hervey 润湿性实验。尽管毛细管压力在过渡带占主导地位，但注水过程中形成的润湿性仍具有重要意义，不可忽视。润湿性同样也会影响采收过程，因为采收过程中的含油饱和度取决于润湿性。此外，电阻率指数与饱和度之间的相关性也与润湿性有关。因此，在开发过渡带的动态建模过程中，考虑了这两个参数。综上所述，在过渡带采油过程中，应当考虑润湿性带来的影响。

5.4.3.5 电阻率和饱和度指数

过渡带的润湿性呈指数变化，与储层非均质性有关。可通过分析流体流动特性，对润湿性分布进行描述。基于这一认识，可以更准确地计算或估算初始含油饱和度等参数。在储层整体层面，通过分析流体动力学和现场地质知识，可以更准确地确定饱和地层的润湿性状态。

为了更有效、更准确地进行测井分析，在测井过程中，研究人员多应用电阻率参数。基于电阻率，可计算阿尔奇参数，从而评估测井井段的孔隙度和饱和度。阿尔奇参数（也称为阿尔奇胶结因子 m）是一个岩石参数，可用于估算岩石系统中的孔隙度和渗透率。过渡带赋存大量亟待开发的原油，但在技术和理论限制及分析工作缺失的情况下，不得不推迟开发进程。电阻率、含水饱和度等特征参数可以更好地促进过渡带油气资源的产业化开发。

5.5 CT/XRD/NMR/SEM 的作用

在前人的储层表征、石油开发、裂缝分析等研究成果中，很少采用单一的研究方法。因此，本次研究将逐一研究和介绍前人应用的技术，以更好地了解这些技术。

5.5.1 CT

X 射线计算机断层成像技术，通常简称为 CT，在储层表征中有多种用途。

2017 年，前人使用 X 射线成像技术，定量模拟富黏土泥岩渗流通道中的各向异性和曲率（Backeberg et al.，2017）。在页岩中，渗透率至关重要，因为它对油气资源的运移影响很大。地层发育沉积叠置，因此不同方向上的磁导率互不相同。平行于层系的各向异性定向渗透率相对较高，垂直于层系的渗透率最低。本次研究使用 CT 技术对三维渗流通道进行量化，用于描述页岩的各向异性。通过实验，可以得到数量级为 1~2 的渗透率各向异性，应用 CT 技术，可以解释页岩中的二维或三维成像。除了 CT 技术之外，还可以利用迂曲因子解释扩散传输作用的明显降低。这可能源于流动通道的迂曲。

2018 年，前人采用改进的 CT 技术，分析孔隙空间的分形维数。前人引入了分形理论，用于定量描述孔隙结构多样性的非均质性及其对油气的影响（Schmitt-Rahner et al.，2018）。研究过程中，采用高分辨率 CT 对巴西的页岩和致密气砂岩样品进行了分析。非常规储层岩石具有多尺度特征，因此很难准确描述其孔隙结构的分布情况。因此，此项研究选择了两种体素 / 分辨率（0.064μm，从 0.46μm 到 1.20μm），进行观察和测试。研究观察了极小的孔隙（神经节）、主要的孔隙网络和有机颗粒，目的是将它们作为样本集的分段结构，用于量化分形维数。在这个过程中，使用了盒维数法（BC）和孔分布法（PSD）。其中页岩的平均分形维数为 1.78~2.59，致密气砂岩的平均分形维数为 2.36~2.46。考虑到与流体运移相关的因素，如比表面积、孔隙度和渗透率，在分形维数分析过程中，引入了多种相关性。

5.5.2 XRD

1989 年初，研究人员将 XRD 投入使用，使其成为研究和讨论页岩成岩作用的工具之一。此项研究使用 XRD 分析了伊利石 / 蒙皂石中伊利石含量的增加。

2016 年，前人对致密 UCR 的有机质孔隙进行了检测和定量评估（Ge et al.，2016），见表 5.2。在此研究中，使用 XRD 量化矿物组分及其含量。图 5.13 展示了样品矿物组成。

表 5.2 利用 XRD 测量得出样品的矿物组分（Ge et al.，2016）

矿物含量 /%（质量分数）							
样品编号	黏土	硬石膏	石英	钾长石	斜长石	方解石	白云石
1	0.90	1.00	16.30	0	30.10	0	51.70
2	0.85	0	10.25	0	8.10	0	80.80
3	0.87	0	8.33	2.40	11.00	0	77.40
4	0.70	1.10	24.50	0	24.10	0	49.60
5	1.20	0	19.70	0	14.00	0	65.10
6	0.90	0	26.20	0	17.00	0	55.90
7	1.30	0	41.80	0	9.10	0	47.80
8	0.88	0	16.62	0	17.40	1.70	63.40
9	0.90	0	25.90	5.30	5.80	0	62.10
10	0.60	0	25.30	4.10	0	0	70.00
11	0.70	0	23.90	7.10	0	4.10	64.20
12	0.50	0	54.50	3.50	5.40	8.70	27.40
13	0.60	0	15.20	0.90	2.00	0	81.30
14	0.65	0	23.05	2.60	7.00	4.60	62.10
15	0.80	0	65.30	3.20	6.30	13.90	10.50
16	0.90	0	45.00	3.80	22.20	13.50	14.60
17	0.70	0	23.50	0	15.50	23.10	37.20
18	0.80	0	38.00	6.00	13.80	16.80	24.60
19	0.70	0	30.90	8.10	24.10	17.70	18.50
20	0.80	1.30	24.90	0	31.10	11.50	30.40
21	0.60	0	32.50	0	22.20	2.10	42.60
22	0.90	0	21.20	0	26.00	8.20	43.70
23	0.50	0	45.20	7.70	8.00	22.90	15.70
24	1.20	0	56.20	0	12.80	12.80	17.00
25	0.60	0	16.60	2.30	7.30	5.50	67.70
26	1.20	0	53.30	4.70	18.90	17.30	4.60

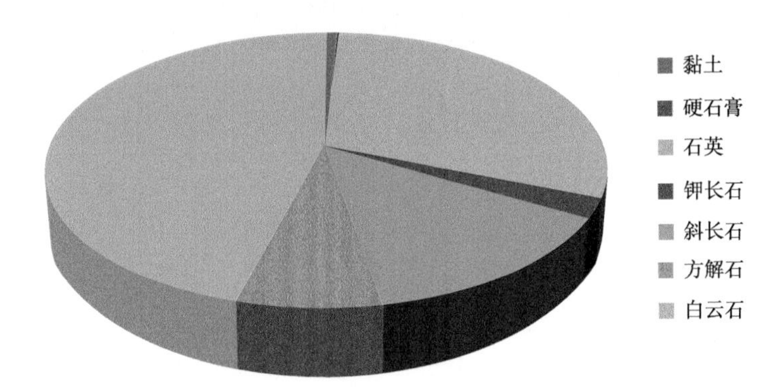

图 5.13 给定样品的矿物组分饼状图（Ge et al.，2016）

从表 5.2 中可以观察到各个样品的矿物组分。其中使用饼状图对样本数据进行了合并，以表明岩石中可能发育的矿物组分。

也可以通过 XRD 对干酪根的微晶结构和化学结构进行表征（Wang et al.，2019b）。在龙马溪组页岩的干酪根中，可以根据 XRD 数据计算微晶结构相关参数，例如层间距。XRD 数据还可用于评估地层叠置的周期性。

前人发现，还可以利用 XRD 分析地层伤害（Zhang et al.，2020b）。此外，XRD 可以区分岩心的非黏土矿物组分和黏土矿物组分。应在进行地层敏感伤害测试之前采用 XRD 技术。还可采用 XRD 技术研究干酪根和富有机质泥岩润湿性等地球化学性质。在此项研究中，使用 X 射线衍射，量化成熟度不同的泥岩中的矿物百分比。此外，在 2020 年，前人使用 XRD 评估脆性指数，并通过 XRD 导出 BI（脆性指数），验证了这一方法的可行性（Gogoi et al.，2020）。可以将 XRD 与 XRF 结合，以确定断裂面上不同矿物的类型和位置（Jin et al.，2020）。利用 XRF，可以建立定量方法，从而分析泥岩的矿物学特征（Hupp et al.，2018）。

XRD 还可以表征页岩中石英和低黏土含量。前人已经于 2012 年进行了相关研究（Bai et al.，2013）。XRD 可以清楚地展示黏土矿物（绿泥石和伊利石）与非黏土矿物（方解石、白云石和石英）的比例。

为了更好地评价储层的形成和特征，前人整合了 XRD 和电缆地球化学数据，以解决其他井岩心数据不足的问题（Quirein et al.，2010）。为了实现这一目标，可以将 XRD 数据转换为合成的地球化学元素数据。这一转换过程可视为矿物数据和合成电缆数据之间的相关性。在上述工作的基础上，即使没有进行岩心测试，也可以从电缆数据中获得或预测所需的岩心数据。此外，可采用 XRD 技术建立约束条件，预测矿物学特征。

5.5.3 NMR

在石油工业的实际作业中，可以将 NMR 直接用于测井作业，或用其分析岩石样品。通过上述两种方法，均能了解地下岩石的性质。

在石油工业中，核磁共振（NMR）是评估孔隙度、孔径和流体类型的有效工具之一。与其他方法相比，NMR 的不同之处在于其非侵入性（Washburn et al.，2013）。利用 NMR，可以在不对岩心造成额外损坏或破坏的情况下，对其进行评估。然而，提取（清洁）和再饱和操作可能导致样品的原始状态发生改变，从而导致结果产生误差。然而，与其他方法相比，核磁共振仍具有明显的优势。如图 5.14 所示，NMR 能够准确表征测试组分的类型、工作磁共振频率和相对应的磁场强度。通过实验室核磁共振，可以检测油、水、沥青和干酪根。

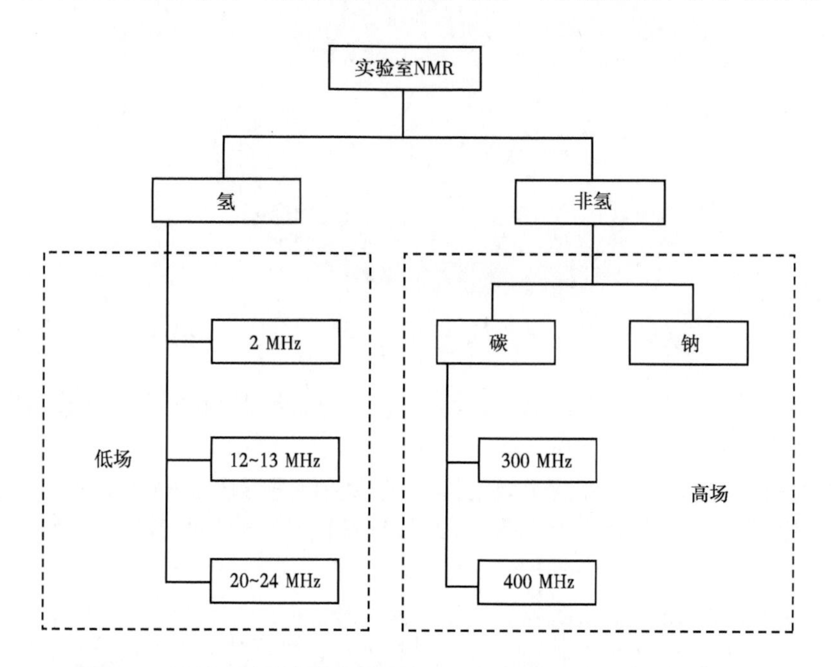

图 5.14　适用于油页岩的实验室 NMR 方法（Washburn et al.，2013）

可使用 ^{1}H（氢）NMR 弛豫法表征储层特性，近期，研究人员提出，可使用 ^{23}Na（钠）进行表征。低场 NMR 可用于表征流体性质；高场 NMR 则能够表征干酪根包裹体、破碎岩样和小型样品。^{13}C（碳）高场 NMR 主要用于干酪根的结构分析，不常用于确定流体饱和度。在市场上，低场 NMR 分析仪主要由 Oxford Instruments 和 Magritek 提供，而 Bruker 则负责提供高场设备。

可以根据磁场强度的数值对术语“低场”和“高场”进行分类。磁场强度是分析仪的参数。通常情况下，在低磁场中，2 MHz 的 ^{1}H 的磁场强度为 0.05 T（Habina et al.，2017）；在高磁场中，400MHz 的 ^{1}H 的磁场强度为 9.4T（Yang et al.，2016）。具体数值因设备而异。通常情况下，这些工具的运行频率为 2 MHz。该数值取自现场测井工具，因此可以直接将现场测井数据与实验室测量数据进行比较。当无法在 2 MHz 下检测重质有机组分（如沥青或干酪根）时，该研究将使用更高频的低场 NMR 分析仪，以完成测试。业界普遍认为，当频率为 2 MHz 时，无法检测干酪根和部分沥青，但使用频率为 2 MHz 的岩心分析仪（针对页岩进行了优化），则能够进行相应检测（Cao et al.，2013）。

2019 年，Song 和 Kausik（2019）讨论了 NMR 在非常规页岩储层中的应用。他们认为，非常规页岩储层往往发育低孔隙度、低渗透率、复杂岩性和较少的流体组分，因此常规方法不太适用。这是因为非常规储层的岩石和流体具有复杂性。利用 NMR 能够测定非常规储层的岩石和流体特性，如岩石物性参数、流体性质和储层生产力。T_1/T_2 比值是一个重要参数，可用其测定地层中干酪根、沥青、轻质/重质油、天然气和盐水的流体组分。文中还介绍了弛豫理论、测量方法和数据反演技术。

2019年，在另一项研究中，将NMR作为评估富有机物非常规储层流体饱和度的方法之一。其中使用多频核磁共振（NMR）和NMR岩石分析仪对页岩进行分析（Nikolaev and Kazak，2019），从而测定了页岩孔隙中有关流体类型和体积的全部信息。

以东平基岩储层为例，前人采用综合方法评价水、碱敏感性对地层的伤害（Zhang et al.，2020b）。NMR就是其中一种方法。在综合方法中，利用NMR测定弛豫时间，从而确定孔径分布。弛豫包括两种类型：纵向弛豫（T_1）和横向弛豫（T_2）。应用这两个参数，可以量化流体量。

近期，研究人员采用基于核磁共振（NMR）的暴露试验，分析含有CO_2的油流，通常认为，注水和注CO_2能够有效提高页岩油采收率（Wang et al.，2020b）。在此项研究中，T_2谱可反映原油组分。通过NMR T_2谱，可以计算低渗透率页岩的含油量。

2020年，研究人员提出了一种方法，用于测定常规和非常规储层表面弛豫率。表面弛豫率（ρ）是一种固有岩石属性，通过低场NMR，可以精准描述地层中的孔径分布。表面弛豫值随岩石矿物类型及其分布、岩石表面润湿性和其他岩石物性发生变化。因此，应根据具体情况确定表面弛豫率。然而，现有的NMR方法花费昂贵，且需要非NMR方法进行辅助。实验条件为高压环境，因此要求岩石样品应该为固结的圆柱形。这一要求限制了NMR法在疏松和薄层非常规岩样中的应用。因此，此项研究建立一种新的方法，对包含多种粒级的岩样进行测试，得到对应的孔径。在这个模型中，将几何常数和晶粒的比表面转换为孔洞表面积，只有通过NMR，才能修改NMR控制方程，从而计算ρ。此项研究使用了三种非常规岩样（古赛巴页岩、贾夫拉碳酸盐泥岩和鹰滩页岩）和两种常规岩样（贝雷砂岩和印第安纳州石灰岩），用于验证该方法的有效性。

2020年，研究人员针对润湿性和含水饱和度估算，开展了另一项研究（Newgord et al.，2020）。在此项研究中，将电阻率和核磁共振（NMR）相结合。一般而言，需要额外输入参数，才能应用润湿性模型获得估计值。而电阻率和核磁共振（NMR）的整合可以减少输入参数的数量。具体而言，此项工作的流程整合了非线性电阻率和基于NMR的岩石物性模型。电阻率模型的输入参数包括岩石流体系统的电阻率和盐水、孔隙度，以及与孔隙几何形状相关的参数。NMR模型所需的参数包括岩石—流体系统、饱和流体、水湿—水饱和烃和烃湿—烃饱和岩石的横向响应（T_2）。与此同时，Tandon、Newgod和Heidari也引入了新的NMR润湿性参数，并进行了相关研究（Tandon et al.，2020）。新指数是混合润湿岩石的横向磁化强度（T_2）、每种流体的总体弛豫和饱和度，以及同一类型岩石的完整水湿和烃类化合物润湿样品的T_2分布的相关函数。利用新的润湿性指数，可以更加高效精准地表征基于NMR的润湿性。此外，还可利用核磁共振测井对孔隙相进行分类。可将该方法与其他方法进行整合，并引入机器学习法，处理测井数据（Xu et al.，2020）。在此研究中，核磁共振测井数据可以表征实际的孔隙空间。然后，将原始数据分解为盒状分布孔隙度，即T_2分布。

5.5.4　SEM

2018年，研究人员结合场发射扫描电子显微镜（FE SEM）的能量色散谱仪（EDS），对UCR的矿物学异质性进行表征（Du et al.，2018）。研究表明，可以使用二维表征方法和技术分析岩石参数，之后，研究者提出了一个同时包含分辨率（10nm）和代表性特征（20mm）的模型，用于分析矿物组分。由观测结果可知，储层的微观非均质性与以下两个参数成正相关关系：（1）最大值与最小值之比；（2）八个方向的切片中各矿物参数的均方误差。

2019 年，研究人员使用一系列 SEM 方法，研究了水和碱敏感性对地层的伤害（Zhang et al.，2020b）。该研究采用扫描电镜实验和定点扫描电镜实验描述孔隙结构。其中使用扫描电镜（SEM）表征地层伤害前的孔隙结构，使用定点扫描电镜描述伤害前后比表面积的变化。也可使用 SEM 观察有机质中的孔隙，如图 5.15 所示。研究结果表明，大多数孔隙为亚微米级孔隙（5~100nm）（Bai et al.，2013）。

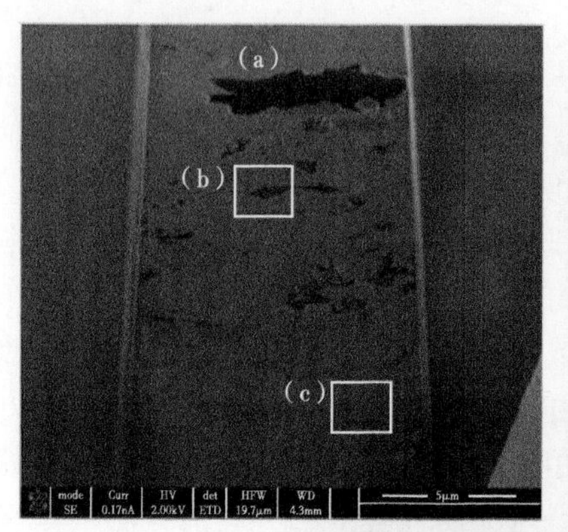

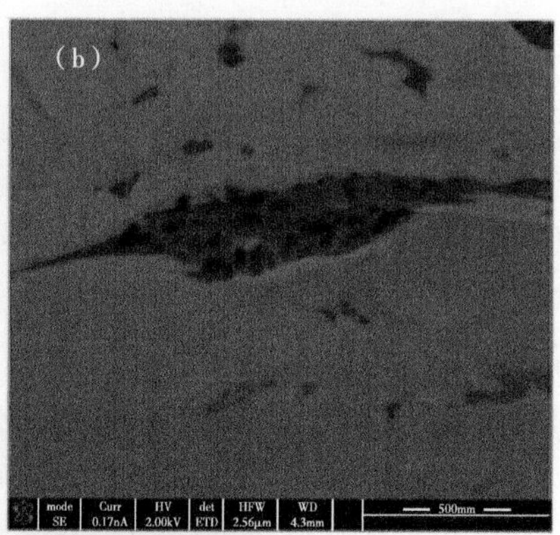

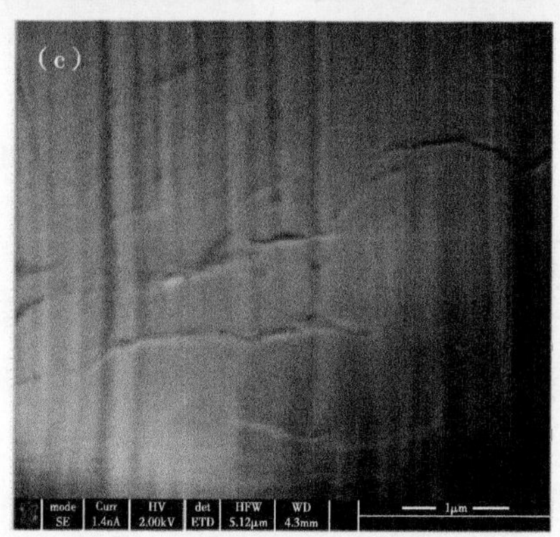

图 5.15　费耶特维尔页岩的 SEM 图像（Bai et al.，2013）

（a）洞穴状微孔，（b）有机质的干酪根中纳米级孔隙度占 40%~50%；（c）纳米级天然裂缝

5.6　非常规致密储层数据集成

在非常规储层的静态建模过程中，可以通过多种方法进一步了解储层。测井数据、CCA 数据、SCAL 数据和试井数据等多种技术均发挥了作用。

5.6.1　测井数据

测井技术是一项成熟的技术，可以记录钻遇层系的地质结构信息。通常情况下，在测井（稍后讨论）过程中，测量钻孔内的物性信息，从而收集地层信息，然后将其传输至地表。常见的测井记录包括声波测井（DT）、伽马射线测井（GR）、电阻率测井（IND）、密度测井等。

2004 年，研究人员同时使用三种孔隙度测井数据，估算页岩体积（Kamel et al.，2003）。在研究过程中，建立了中子、密度和声波测井参数的方程。该方程考虑了基质、流体和页岩参数带来的影响。

此外，测井数据还可分析热成熟度带来的影响。在此项研究中，利用测井数据得到成熟度指数（MI）。研究过程中使用了三种数据：中子孔隙度、深电阻率和密度孔隙度。该指标有两个假设：（1）烃类化合物未发生远距离运移；（2）含水饱和度和流体密度随着热成熟度的增加而降低。该指标与汽油的定量比有关，可据此建立一个经验关系。

2011 年，前人对部分测井数据进行了分析，得出了相关岩石物性参数，并将其用于估算页岩体积（Szabo，2011）。应用测井参数，可以计算页岩含量。为了在长井段中使用这一参数，研究人员引入了一种非线性关系。

2012 年，Quirein 等进行了一项研究，表明测井数据可以评估页岩储层的孔隙度、TOC 和烃类化合物含量（Quirein et al.，2012）。该研究以鹰滩页岩为例。在该页岩储层中，不同流体（即天然气、凝析气和原油）的性质随着岩石的成熟度而发生变化。应用增量 R 的对数（$\log\Delta R$）、密度和铀含量的对数，可以估算总有机碳（TOC）。此外，应用核磁共振测井可以测定有机页岩层系的表观总孔隙度。这种方法仅考虑了流体，忽略了干酪根。通过矿物学测井数据，可以采用复折射率法计算准确的介电孔隙度，而孔隙度和烃类化合物不受此影响。还可结合测井等工具计算干酪根含量、油气含量等。

2012 年，研究人员引入了页岩气储层表征工作流程（Chopra et al.，2012）。在此工作流程中，有效应用了电阻率测井曲线，因为处于成熟阶段的岩石的电阻率更高。声波、密度、电阻率和孔隙度等其他测井曲线也能够估算 TOC。

前人将测井技术与三维地震技术相结合，对油页岩进行定量评价（Jia et al.，2012）。在该研究中，测井数据表明，利用有机质和岩石基质的测井响应，可以推断油页岩的特性。当油页岩有机质含量较高时：（1）与岩石基质相比，放射性更强，伽马值更高；（2）电阻率更高；（3）声波传播时间更长；（4）密度更低；（5）中子孔隙度更大。2012 年，Maity 使用了相近的三维地震和测井数据（Maity et al.，2012），如图 5.16 所示，前人还在印度（Yerramili et al.，2013）和尼日利亚（Adeoti et al.，2014）的储层中使用了类似数据。

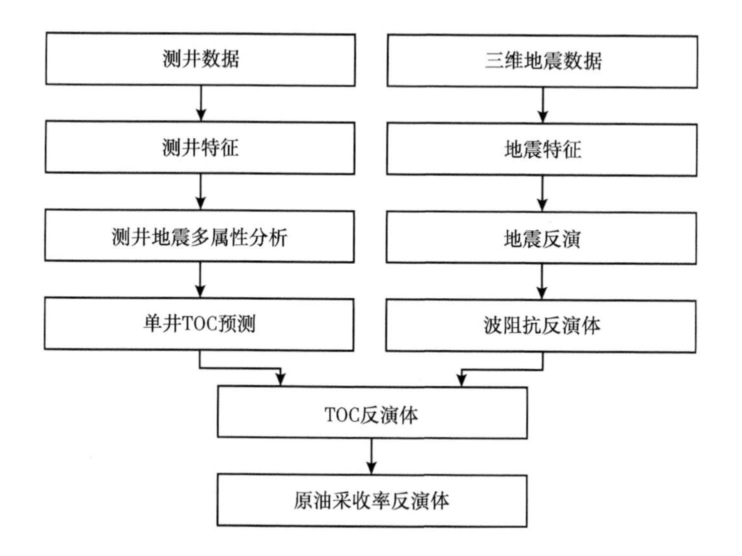

图 5.16　油页岩地球物理技术评价流程图

2010 年，Euzen 等（2010）引入了测井聚类分析。2014 年，前人通过聚类分析，应用测井数据对电相进行了案例研究（Torghabeh et al.，2014）。在上述研究中，将声波测井（DT）、伽马测井（GR）、电阻率测井（IND）和自然电位（SP）数据作为输入数据，用于推导函数。

2016 年，前人使用测井数据建立交会图，用于研究页岩碳酸盐岩气藏（Moradi et al.，2016）。在该项研究中，估算了页岩的体积和分布模式。结果表明，页岩的分布以层状分布为主。有效孔隙度与深度呈负相关关系。

2019 年，前人应用二维地震和测井数据建立了 El Wastani 组静态储层模型（Abd El-Gawad et al.，2019）。该项研究使用了 4 口井共计 20 条二维地震线和测井数据。在工作流程中，应用测井数据获取岩石物性参数，然后进行岩相建模和岩石物性建模。图 5.17 展示了静态储层建模的工作流程。

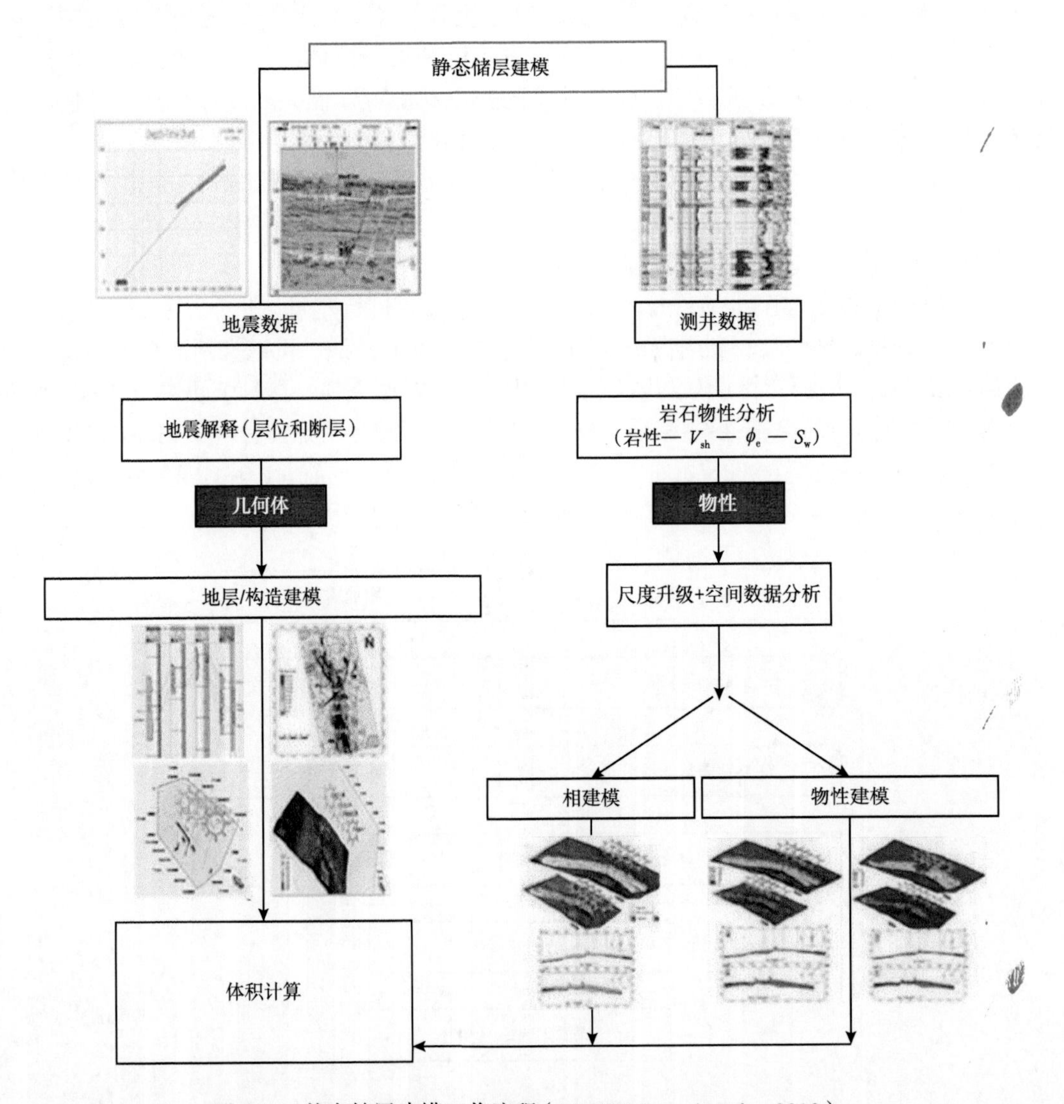

图 5.17　静态储层建模工作流程（Abd El-Gawad et al.，2019）

5.6.2 岩心分析数据

岩心分析过程代表在实验室中研究储层岩石样品。样品可以来自钻孔过程或由钻孔后提取得到。通过岩心分析，可以确定储层的关键特征，如孔隙度、渗透率和润湿性。这些参数对石油和天然气开采有着很大影响。与上文介绍的测井数据类似，岩心分析是确定这些关键属性的另一种有效方法。对于页岩等非常规储层而言，岩心分析有其独特优势，因为它可以揭示纵向和横向非均质性。此外，通过岩心分析，可以获得各向异性、有机质含量、成熟度、流体含量、流体敏感性和其他地质力学参数。这些参数可以辅助测井和地震方法。

在实际作业过程中，传统（常规）岩心分析（CCA）和专项岩心分析（SCAL）是岩心分析工作的一部分。在常规岩心分析过程中（这是经常使用的分析方法之一），是描述储层特征最简单、最直接的方法。应用CCA技术时，通常采用小样本表示岩心段。假设孔隙系统为均质系统。如果孔隙变化较大，则需要增加采样频率。测试内容通常包括孔隙度、颗粒密度、水平渗透率、流体饱和度和岩性描述。

此外，还进行了岩心伽马测井和垂向渗透率测试。上述测试通常在室温条件下进行，压力可以是大气压、地层压力或两者兼有。在专项岩心分析（SCAL）过程中，可以测试两相流特性、相对渗透率、毛细管压力、润湿性和电学特性，这一点有别于CCA或RCA技术。根据时间和成本要求，可以在油井内使用CCA技术，在特定的时间间隔使用SCAL技术。

在本节中，将常规岩心分析和专项岩心分析相结合，介绍岩心分析数据及其对非常规储层静态建模的影响。

2011年，前人讨论了非常规气藏储层工程的要点（Clarkson，2011）。其中对非常规气藏（UGR）开发的工作流程进行了优化。并采用一种新的方法确定孔径分布的非均质性和核污染。

前人提出了一种低渗透油藏的岩心分析方法（Clarkson，2019）。该方法基于速率瞬态分析理论。在商业实验室中，通常使用两种方法进行岩心柱分析，即非稳态脉冲衰减渗透率（PDP）和稳态方法（SS）。使用SS时，纳米级通道可能导致实时检测时间过长。PDP和SS均无法描述流体在过渡带的流动情况，或者流体从孔隙到裂缝再次流入井筒的整个流动过程。因此，研究人员基于速率瞬态分析（RAT），提出了一种研究方法。

2013年，前人引入了一系列多尺度成像方法，用于表征非常规储层特征（Alberts et al.，2013）。在该项研究中，可通过岩心/感官尺度的地质岩石分类和非均质性表征，进行三维成像和常规描述。同时使用CT和微CT表征矿物学特征、颗粒结构和孔隙度。使用SEM、FIBSEM描述纳米级孔隙结构、次生孔隙、成岩矿物等。此外，还可以通过SEM和微CT分析润湿性。

2015年，Simpson等研究了非常规致密储层中建立标准化岩心分析工作流程的必要性（Simpson et al.，2015）。在研究过程中，提到了岩心数据与测井数据不匹配的问题，并进行了进一步分析。

5.6.3 试井数据

应用试井数据，可以评估井网和现场性能，诊断储层特征。通过试井，可以获得地层透过率、储层发育程度、平均储层压力等信息。

2013 年，Bahrami and Siavoshi（2013）描述了未压裂和水力压裂的非常规储层的储层流体状态。此外，他们还提出了测试和解释方法，以及相关实例分析。对于试井解释而言，储层流体状态的诊断对于储层表征至关重要。对于特殊的非常规储层而言，目前尚不清楚其流动状态。因此，无法使用瞬时压力及其导数的诊断图解释试井结果。这与广泛存在的井筒存储效应、裂缝特征和非均质性有关。因此，有必要对试井分析的常规解释结果进行修正。为了解决这一问题，研究人员开发了一种基于高阶压力导数和速率瞬态分析（RTA）的瞬态分析技术。2016 年，研究人员进行了类似的研究，并进行了储层模拟，其结果支持 2013 年的研究结论（Bahrami et al.，2016）。

正如 Bahram 所述，需要对流动状态进行进一步讨论。2013 年，Zhao 等提出了三孔隙度模型（Zhao et al.，2013）。在他们的研究过程中，使用三孔隙度模型描述气体从地层流向多裂缝水平井的过程（自由条件或吸附条件下）。该模型同样可以解释瞬态压力和速率下降的特性。

Azari 讨论了常规储层的试井工作面临的挑战（Azari et al.，2019）。研究内容主要集中在致密气藏领域。通过研究了解到：（1）通过 CT 氮气抽提法，可在试井过程中促进井下流体的流动；（2）井下封闭能够缩短试井时间；（3）与常规储层相比，非常规储层需要更长的压力恢复（PBU）时间。

5.7 案例研究——中国中北部鄂尔多斯盆地

5.7.1 静态建模和动态建模

储层模型包括两种类型：静态模型和动态模型。地质学家创建了静态模型，从而对储层进行静态描述。通常在开采之前建立静态模型。应用静态模型，可以估算和绘制多种储层信息，例如流体流动路径和隔层的结构、孔隙空间结构的特征、颗粒质量（尺寸、分布和胶结），以及流体的组分及分布。动态模型反映了开采作业开始后宏观 / 微观尺度的储层状态。动态模型能够对整体生产时间内储层内流体流动和饱和度分布变化进行预测。因此，应当对所有开发方案和实际作业过程进行记录和分析，这些开发方案和实际作业过程分别适用于油藏衰竭、流体条件变化和储层压力变化的环境。

5.7.2 中国中北部鄂尔多斯盆地案例研究

本次研究以静态储层模型为例，阐述了静态储层的表征过程及其工作内容。其中以中国中北部鄂尔多斯盆地为例，介绍了 UCR 表征过程中建立的静态模型。

本次研究通过岩心分析、SP 等测井技术，以及低温低压二氧化碳吸附法、低温氮气吸附法、低压注汞法等方法，对储层的空间分布、岩石物性参数、生烃条件、储层条件、残留烃等进行了探讨。研究表明，鄂尔多斯盆地富县地区长 7 段湖相页岩厚度大，连续分布，具备良好的生烃条件。此外，页岩中广泛发育粒间孔隙、溶蚀孔隙、有机孔隙和微裂缝，具备良好的含油性，为页岩油的形成提供了基本的地质条件。长 7 段页岩夹杂大段粉砂层，其孔隙尺度为微米级，物性好，脆性高，含油性好，裂缝规模较小。发育良好的页岩油存储条件。

本节对鄂尔多斯盆地南缘三叠系延长组长 9 段进行了研究。其油气含量主要与浊积岩的特征及其对有机质堆积的影响有关。研究方法包括岩心观察、粒度分析、TOC 测定和热解。研究结果表明：(1)延长组长 9 段主要沉积半深湖、深湖、浅湖和湖底扇；(2)有机质主要发育于半深湖油页岩和泥岩。长 9 段深湖区发育 $Ⅱ_1$ 型干酪根，上下层系为浊积泥岩、页岩、粉砂质泥岩，发育Ⅲ型和 $Ⅱ_2$ 型干酪根。

油气藏可分为两种类型，即源储整合型和邻储型。研究选择了鄂尔多斯盆地中生界—三叠系页岩油和上古生界—石炭系—二叠系页岩气。石油和天然气主要分布在烃源灶或大面积源—汇区附近。与常规储层相比，页岩储层体积较大，渗透率低。储层结构环境稳定，烃源岩分布广泛，发育大型叠置致密储层。

本次研究同样以鄂尔多斯盆地延长组 7 段(长 7 段)富气页岩储层为研究对象，其中应用了露头、岩心和测井数据，并结合了薄层观测、扫描电子显微镜观测、X 射线衍射分析等方法和技术。首先，确定并研究了沉积相及其沉积特征和分布特征。其次，研究了岩性组合的区带分布特征、矿物组成和地球化学特征(如干酪根类型、有机质丰度和成熟度)。最后，讨论了页岩储层的孔隙和裂缝。此外，还研究了影响孔隙度等岩石物性参数的因素。利用测井资料和气体特性，对气体吸附和解吸实验进行了进一步分析。对鄂尔多斯盆地长 7 段页岩的研究结果表明：(1)地层深度由东向西逐渐增加。长 7 段 3 亚段、2 亚段厚度基本保持稳定，分布于西南部。(2)有机碳含量为 4.59%(质量分数)，干酪根类型为 $Ⅱ_1$ 型和 $Ⅱ_2$ 型，有机质处于成熟阶段。(3)孔隙类型主要有粒间孔隙、溶蚀孔隙和有机形变孔隙。(4)有机质的丰度和成熟度、矿物成分、层间流体发育和构造运动是裂缝发育的主要因素。(5)从西到东，从南到北，天然气逐渐汇聚。(6)基于以上结果，将长 7 页岩段划分为三个开发区。上述工作系统地描述了鄂尔多斯盆地长 7 段页岩储层的特征。

2019 年，Cui 等针对页岩中烃类化合物成藏顺序开展了一项研究(Cui et al.，2019)。此项工作将长 7 段页岩分为五类：露头油页岩、中深层裂缝性页岩油、中深层 ICP 页岩油、深层页岩气和致密油区。这一分类方案考虑了“有序共生”的概念。

另一项研究讨论了沉积物充填结构与低品位原油系统之间的关系。研究对象为鄂尔多斯盆地中—上三叠统延长组及其油气系统。研究从构造—沉积耦合关系入手。研究对鄂尔多斯内陆坳陷盆地晚三叠世中期沉积充填特征进行分析，建立了块状构造充填沉积模式。其中重点研究了低品位原油资源的类型、分布特征，以及沉积作用对低品位原油分布的控制作用。研究还对低品位油藏的成藏组合、资源类型、成藏动态、油气丰度和规模等方面进行分析，明确了低品位油藏的成藏特征。研究表明，盆地低品位油气资源是多种资源的共生复合体，储层在三维空间叠置发育。

在垂直方向和水平方向，随着距油气系统中心的距离增加，原油丰度将逐渐降低。除了低品位油气资源类型外，非常规油气藏、超低渗透油藏、中低渗透油藏也具有此项特征。

2019 年，Jinhua 等(2020a)重点研究了鄂尔多斯盆地中生界延长组。研究探讨了长 7 段页岩油的地质特征，阐明了勘探开发的进展。根据目前的研究情况，鄂尔多斯盆地延长组长 7 段页岩油是指长 7 段烃源岩中未发生长距离运移的致密砂岩和页岩油气藏。

页岩油可分为三类：多相覆盖型(Ⅰ型)、薄层间砂岩型(Ⅱ型)和纯页岩型(Ⅲ型)。通常依照岩性特征和其他因素对其进行分类。根据 Fu 的研究可知，长 7 段页岩油具备以下特点：发育大面积泥质储层、致密流体—致密储层、高含油饱和度、轻质油、高含气量、高油含量、埋藏浅、资源量丰富。2020 年，对鄂尔多斯盆地三叠纪延长组长 7_3 亚段进行了研究。其中对叠层组合和页岩油富集规律进行了探讨。该项研究采用了岩心观察、薄片分析、XRF 元素测定、XRD 分析、AMICS 矿物分析、SEM、高分辨率激光拉曼光谱分析、显微 FTIR 光谱分析等方法。通过研究可知，薄片可分为四种类型：富含凝灰岩的薄片、富含有机物的薄片、长石石英粉状薄片和黏土薄片。可将含油层系划分为两种类型：“富有机质层状 + 粉砂质长石石英层状”含油层系和“富有机质层状 + 含凝灰层状”含油层系。

第一种含油层系富含有机质，其油气通常充注在粉砂质颗粒长石石英晶片中的钾长石溶解孔隙中。在有机页岩中，此类含油层系能够形成油气运移和聚集圈闭。第二类含油层系的原油处于未成熟阶段，主要聚集在层间薄层砂岩的粒间孔隙中。此种油气圈闭的分布范围从富有机质页岩到薄互层砂岩。

前人对鄂尔多斯盆地三叠纪延长组长 7 段进行了深入研究。在 Jinhua 等（2020a）的研究中，讨论了页岩油的地质特征和勘探实践，并得出以下结论：（1）黑色页岩和深色泥岩的平均有机质丰度分别为 13.81% 和 3.74%。（2）油气丰度最高的层系是夹杂在页岩地层中的砂岩。砂岩的平均厚度为 3.5m。（3）砂岩和粉砂岩发育尺度为 2~8μm 的小孔隙和 20~150nm 的喉道。尽管存在大量微米级和纳米级孔隙，但压裂作用仍然使得电导率呈指数级增加。（4）在油气发育史上，曾经形成了高丰度烃类化合物。高丰度烃类化合物的生成使得烃源岩和薄层砂岩之间产生了压力差。该数值可能高达 8~16MPa，使得含油饱和度达到 70% 之上。

Li 等（2019）讨论了三叠系长 7 段第三亚段（长 7_3 亚段）。在研究过程中，对 B-1 井的岩心进行了系统观测，其中采用了有机岩石学性质分析等技术进行评估。通过研究，对这两种岩石类型的勘探潜力进行分析。研究表明，黑色层状页岩和层状泥岩的含油量较高，但以固定油为主，不具备开采潜力。而在灰褐色层状、薄层状—块状凝灰岩和层状凝灰质（页岩）粉砂岩中，以游离油为主，因此页岩油具有良好的勘探潜力。Jinhua 等（2020）还针对长 7 段Ⅱ型页岩油展开了研究。该项研究选取了两口水平井（Chengye 1 井和 Chengye 2 井），以及先导井 Chengye1 井的岩心、薄片、测井和地球化学数据进行分析。研究表明，两口井的储层类型主要为厚层页岩，中间夹杂多层薄层粉砂岩和细砂岩。砂岩层的厚度为 1~5m。单个砂体非常小，厚度为 20~25m，水平方向延伸距离为 100~300m。孔隙类型为粒间孔隙、溶蚀孔隙、粒内孔隙、晶间孔隙、有机孔隙和裂缝。晶间孔隙的最大尺寸为 0.1~3μm，最大尺寸为 21μm。水平方向上，裂缝沿东西方向发展。砂岩的孔隙度为 6%~12%，渗透率小于 0.5mD。页岩的孔隙度小于 2%，渗透率小于 0.01mD。

另一项研究则描述了鄂尔多斯盆地延长组长 7 段页岩油气藏。在此项研究中，首先提到了关于页岩油概念和分类的争议。研究人员认为，这些争议可以归因于对有效储层岩性的不同理解。争论的焦点在于，储层究竟是夹杂在页岩层系中的纯页岩还是砂岩—粉砂岩。究其原因，产生争论的根源是对页岩储层的储存能力和流动性的不确定。为了进一步了解其机理，研究采用了低温吸附、高压压汞、CT 扫描和核磁共振（NMR）技术。通过上述方法，对岩石样品的岩性、物性、孔隙结构、形态和流体流动性进行了研究。结果表明，该储层属于页岩层系，含少量砂岩和粉砂岩。在发育低孔隙度和低孔径的页岩中，储层的存储和运移能力是有限的。孔隙结构对流体流动性的影响超过孔径。

Huang 等（2022）对鄂尔多斯盆地三叠系延长组长 7 段的岩性特征和成因类型进行了分析。研究表明，目标层段岩性以泥质矿物为主，含少量有机组分和陆相粉砂。沉积类型主要为深湖—半深湖相、三角洲相和沼泽相。储层空间类型为粒间微孔和基质微孔。随着热演化程度加深，烃组分不断变化。当热演化接近生油窗末期时，大量烃类化合物运移至相邻的非烃源岩互层中。在岩石物性的影响下，砂岩夹层的含油量高于页岩。烃组分主要为饱和烃和芳烃。根据长 7 段 H317 井岩心样品，研究分析了砂岩层和部分泥岩或页岩的特征。在这些地区，目标层系具有高含油量、良好的地层物性、高脆性矿物含量，以及适宜的内部流体黏度和密度。换言之，该层系具备原油勘探潜力。

最后，Huang 等（2022）也进行了相关研究，以明确潜在油气资源和流体流动性。其数据也来自 H317 井。Huang 等认为，页岩系统的可动门限（排烃门限）为 70mg/g TOC。基于这些认识，研究建立了长 7 段页岩系统的页岩评价模板，该模板考虑了潜在资源和流动性的影响。在这个模板中，将目标层系或储层划分为三类，即有效资源、潜在资源和无效资源。之后，使用该模板对 H317 井的岩性进行评估。该井砂岩层、粉砂质泥岩层，以及部分块状泥岩层系为有效资源。黑色页岩油含有大量组分，流动性差。研究表明，即使含油气系统发育良好，仍应当采用其他技术（如原位加热技术）辅助油气勘探。

参考文献

Aala, A.I.M., Hadi, B., Jorge, S.G., Achinta, B., 2017. Petrographic and diagenetic studies of thick transition zone of a middle-east carbonate reservoir. J. Pet. Gas Eng. 8, 1–10. https://doi.org/10.5897/JPGE2016.0244.

Abd El-Gawad, E.A., Abdelwahhab, M.A., Bekiet, M.H., Noah, A.Z., ElSayed, N.A., Fouda, A.E.E., 2019. Static reservoir modeling of El Wastani formation, for justifying development plans, using 2D seismic and well log data in scarab field, offshore Nile Delta, Egypt. J. Afr. Earth Sci. 158, 103546. https://doi.org/10.1016/j.jafrearsci.2019.103546.

Adeoti, L., Onyekachi, N., Olatinsu, O., Fatoba, J., Bello, M., 2014. Static reservoir model- ing using well log and 3-D seismic data in a KN field, offshore Niger Delta, Nigeria. Int. J. Geosci. 05, 93–106. https://doi.org/10.4236/ijg.2014.51011.

Afsharpoor, A., Javadpour, F., 2016. Liquid slip flow in a network of shale noncircular nano- pores. Fuel 180, 580–590. https://doi.org/10.1016/j.fuel.2016.04.078.

Alberts, L., Bakke, S., Bhattad, P., Carnerup, A., Knackstedt, M., Øren, P.-E., Sok, R., Varslot, T., Young, B., 2013. Characterization of unconventional reservoir core at mul-tiple scales. In: Unconventional Resources Technology Conference, Denver, Colorado, 12–14 August 2013. Presented at the Unconventional Resources Technology Confer- ence. Society of Exploration Geophysicists, American Association of Petroleum Geol- ogists, Society of Petroleum Engineers, Denver, Colorado, USA, pp. 1577–1586, https://doi.org/10.1190/urtec2013-160.

Albinali, A., Ozkan, E., 2016a. Analytical modeling of flow in highly disordered, fractured nano-porous reservoirs. In: SPE Western Regional Meeting. Presented at the SPE West- ern Regional Meeting. Society of Petroleum Engineers, Anchorage, Alaska, USA, https://doi.org/10.2118/180440-MS.

Albinali, A., Ozkan, E., 2016b. Anomalous diffusion approach and field application for frac- tured nano-porous reservoirs. In: SPE Annual Technical Conference and Exhibition. Presented at the SPE Annual Technical Conference and Exhibition. Society of Petro- leum Engineers, Dubai, UAE, https://doi.org/10.2118/181255-MS.

Albinali, A., Holy, R., Sarak, H., Ozkan, E., 2016. Modeling of 1D anomalous diffusion in fractured nanoporous media. Oil Gas Sci. Technol. 71 (4), 56.

Alfi, M., Nasrabadi, H., Banerjee, D., 2015. Confinement effects on phase behavior of hydrocarbon in nanochannels. In: Volume 7B: Fluids Engineering Systems and Technol- ogies. Presented at the ASME 2015 International Mechanical Engineering Congress and Exposition. American Society of Mechanical Engineers, Houston, Texas, USA, V07BT09A010.

Alharthy, N.S., Nguyen, T., Teklu, T., Kazemi, H., Graves, R., 2013. Multiphase compo- sitional modeling in small-scale pores of unconventional shale reservoirs. In: SPE Annual Technical Conference and Exhibition. Presented at the SPE Annual Technical Confer- ence and Exhibition. Society of Petroleum Engineers, New Orleans, Louisiana, USA, https: //doi.org/10.2118/166306-MS.

Azari, M., Hamza, F., Hadibeik, H., Ramakrishna, S., 2019. Well-testing challenges in unconventional and tight-gas-formation reservoirs. SPE Reserv. Eval. Eng. 22, 1371–1384. https: //doi.org/10.2118/190025-PA.

Backeberg, N.R., Iacoviello, F., Rittner, M., Mitchell, T.M., Jones, A.P., Day, R., Wheeler, J., Shearing, P.R., Vermeesch, P., Striolo, A., 2017. Quantifying the anisot- ropy and tortuosity of permeable pathways in clay-rich mudstones using models based on X-ray tomography. Sci. Rep. 7, 14838. https: //doi.org/10.1038/s41598-017-14810-1.

Bahrami, H., Siavoshi, J., 2013. Interpretation of reservoir flow regimes and analysis of Wellt- est data in hydraulically fractured unconventional oil and gas reservoirs. In: SPE Uncon- ventional Gas Conference and Exhibition. Presented at the SPE Unconventional Gas Conference and Exhibition. Society of Petroleum Engineers, Muscat, Oman, https: // doi.org/10.2118/164033-MS.

Bahrami, N., Pena, D., Lusted, I., 2016. Well test, rate transient analysis and reservoir sim- ulation for characterizing multi-fractured unconventional oil and gas reservoirs. J. Pet. Explor. Prod. Technol. 6, 675–689. https: //doi.org/10.1007/s13202-015-0219-1.

Bai, B., Elgmati, M., Zhang, H., Wei, M., 2013. Rock characterization of Fayetteville shale gas plays. Fuel 105, 645–652. https: //doi.org/10.1016/j.fuel.2012.09.043.

Bera, A., Belhaj, H., 2016. A comprehensive review on characterization and modeling of thick capillary transition zones in carbonate reservoirs. J. Unconv. Oil Gas Resour. 16, 76–89. https: //doi.org/10.1016/j.juogr.2016.10.001.

Bertoncello, A., Honarpour, M.M., 2013. Standards for characterization of rock properties in unconventional reservoirs: fluid flow mechanism, quality control, and uncertainties. In: SPE Annual Technical Conference and Exhibition. Presented at the SPE Annual Tech- nical Conference and Exhibition. Society of Petroleum Engineers, New Orleans, Lou- isiana, USA, https: //doi.org/10.2118/166470-MS.

Bhatt, P., Zhunussova, G., Uluyuz, S., Baig, M., Makarychev, G., Mendez, A., Povstyanova, M., 2018. Integrated reservoir characterization for successful hydraulic fracturing in organic rich unconventional plays—a case study from UAE. In: Abu Dhabi International Petroleum Exhibition & Conference. Presented at the Abu Dhabi Interna- tional Petroleum Exhibition & Conference. Society of Petroleum Engineers, Abu Dhabi, UAE, https: //doi.org/10.2118/192845-MS.

Cao, X., Yang, J., Mao, J., 2013. Characterization of kerogen using solid-state nuclear mag- netic resonance spectroscopy: a review. Int. J. Coal Geol. 8.

Chopra, S., Sharma, R.K., Keay, J., Marfurt, K.J., 2012. Shale gas reservoir characterization workflows. In: SEG Technical Program Expanded Abstracts 2012. Presented at the SEG Technical Program Expanded Abstracts 2012. Society of Exploration Geophysicists, pp. 1–5, https: //doi.org/10.1190/segam2012-1344.1.

Clarkson, C.R., 2011. Reservoir Engineering for Unconventional Gas Reservoirs: What Do We Have to Consider?, p. 45.

Clarkson, C.R., Vahedian, A., Ghanizadeh, A., Song, C., 2019. A new low-permeability reservoir core analysis method based on rate-transient analysis theory. Fuel 235, 1530–1543. https: //doi.org/10.1016/j.fuel.2018.07.115.

Cui, J., 2019. Oil transport in shale nanopores and micro-fractures: modeling and analysis. J. Pet. Sci. Eng. 178, 640–648. https: //doi.org/10.1016/j.petrol.2019.03.088.

Cui, J.W., Zhu, R.K., Luo, Z., Li, S., 2019. Sedimentary and geochemical characteristics of the Triassic Chang 7 member shale in the southeastern Ordos Basin, Central China. Pet- rol. Sci. 16(2), 285–297.

Deglint, H.J., DeBuhr, C., Clarkson, C.R., Krause, F.F., Aquino, S., Vahedian, A., Ghanizadeh, A., 2016. Understanding wettability heterogeneity at the micro and nano scale in unconventional light oil reservoirs. In: Proceedings of the 4th Unconventional Resources Technology Conference. Presented at the Unconventional Resources Tech- nology Conference. American Association of Petroleum Geologists, San Antonio, Texas, USA, https: //doi.org/10.15530/urtec-2016-2461328.

Du, S., Pang, S., Shi, Y., 2018. A new and more precise experiment method for character- izing the mineralogical heterogeneity of unconventional hydrocarbon reservoirs. Fuel 232, 666–671. https: //doi.org/10.1016/j.fuel.2018.06.012.

Euzen, T., Delamaide, E., Feuchtwanger, T., Kingsmith, K.D., 2010. Well log cluster anal- ysis: an innovative tool for unconventional exploration. In: Canadian Unconventional Resources and International Petroleum Conference. Presented at the Canadian Uncon- ventional Resources and International Petroleum Conference. Society of Petroleum Engineers, Calgary, Alberta, Canada, https: //doi.org/10.2118/137822-MS.

Fakher, S., Imqam, A., 2019. Asphaltene precipitation and deposition during CO_2 injection in nano shale pore structure and its impact on oil recovery. Fuel 237, 1029–1039. https: // doi.org/10.1016/j.fuel.2018.10.039.

Firincioglu, T., Ozkan, E., Ozgen, C., 2012. Thermodynamics of multiphase flow in uncon- ventional liquids-rich reservoirs. In: SPE Annual Technical Conference and Exhibition. Presented at the SPE Annual Technical Conference and Exhibition. Society of Petro- leum Engineers, San Antonio, Texas, USA, https: //doi.org/10.2118/159869-MS.

Firincioglu, T., Ozgen, C., Ozkan, E., 2013. An excess-bubble-point-suppression correla- tion for black oil simulation of nano-porous unconventional oil reservoirs. In: SPE Annual Technical Conference and Exhibition. Presented at the SPE Annual Technical Conference and Exhibition. Society of Petroleum Engineers, New Orleans, Louisiana, USA, https: //doi.org/10.2118/166459-MS.

Ge, X., Fan, Y., Cao, Y., Li, J., Cai, J., Liu, J., Wei, S., 2016. Investigation of organic related pores in unconventional reservoir and its quantitative evaluation. Energy Fuel 30, 4699–4709. https: //doi.org/10.1021/acs.energyfuels.6b00590.

Gogoi, T., Chatterjee, R., 2020. Multimineral modeling and estimation of brittleness index of Shaly sandstone in upper Assam and Mizoram areas, India. SPE Reserv. Eval. Eng. 23, 708–721. https: //doi.org/10.2118/200498-PA.

Guo, C., Xu, J., Wu, K., Wei, M., Liu, S., 2015. Study on gas flow through nano pores of shale gas reservoirs. Fuel 143, 107–117. https: //doi.org/10.1016/j.fuel.2014.11.032.

Habina, I., Radzik, N., Topo′r, T., Krzyz· ak, A.T., 2017. Insight into oil and gas-shales com- pounds signatures in low field 1H NMR and its application in porosity evaluation. Microporous Mesoporous Mater. 252, 37–49. https: //doi.org/10.1016/j.micromeso. 2017.05.054.

Huang, H., Li, R., Lyu, Z., Cheng, Y., Zhao, B., Jiang, Z., Zhang, Y., Xiong, F., 2022. Comparative study of methane adsorption of Middle-Upper Ordovician marine shales in the Western Ordos Basin, NW China: Insights into impacts of moisture on thermo- dynamics and kinetics of adsorption. Chem. Eng. J., 137411.

Hupp, B.N., Donovan, J.J., 2018. Quantitative mineralogy for facies definition in the Mar- cellus shale (Appalachian Basin, USA) using XRD-XRF integration. Sediment. Geol. 371, 16–31. https://doi.org/10.1016/j.sedgeo.2018.04.007.

Javadpour, F., Fisher, D., Unsworth, M., 2007. Nanoscale gas flow in shale gas sediments. J. Can. Pet. Technol. 46. https://doi.org/10.2118/07-10-06.

Jia, J., Liu, Z., Meng, Q., Liu, R., Sun, P., Chen, Y., 2012. Quantitative evaluation of oil shale based on well log and 3-D seismic technique in the Songliao basin, Northeast China. Oil Shale 29, 128. https://doi.org/10.3176/oil.2012.2.04.

Jin, X., Zhu, D., Hill, A.D., McDuff, D.R., 2020. Effects of heterogeneity in mineralogy distribution on acid-fracturing efficiency. SPE Prod. Oper. 35, 147–160. https://doi. org/10.2118/194377-PA.

Jinhua, F.U., Shixiang, L.I., Xiaobing, N.I.U., Xiuqin, D.E.N.G., Xinping, Z.H.O.U., 2020a. Geological characteristics and exploration of shale oil in Chang 7 member of Tri- assic Yanchang Formation, Ordos Basin, NW China. Pet. Explor. Dev. 47(5), 931–945.

Jinhua, F., Shixiang, L., Yuting, H., Xinping, Z., Jiangyan, L., Shutong, L., 2020b. Break- through of risk exploration for Class II shale oil in Chang 7 member of the Yanchang Formation and its significance in the Ordos Basin. China Petrol. Expl. 25(1), 78.

Kamel, M.H., Mabrouk, W.M., 2003. Estimation of shale volume using a combination of the three porosity logs. J. Pet. Sci. Eng. 40, 145–157. https://doi.org/10.1016/S0920-4105(03)00120-7.

Kazemi, M., 2017. Molecular Simulation of Transport and Storage in Shale (PhD). West Vir- ginia University Libraries, https://doi.org/10.33915/etd.5950.

Le, T.D., Murad, M.A., 2018. A new multiscale model for flow and transport in unconven- tional shale oil reservoirs. Appl. Math. Model. 64, 453–479. https://doi.org/10.1016/j. apm.2018.07.027.

Li, Z., Yao, J., Kou, J., 2019. Mixture composition effect on hydrocarbon–water transport in shale organic nanochannels. J. Phys. Chem. Lett. 10, 4291–4296. https://doi.org/ 10.1021/acs.jpclett.9b01576.

Liu, S., Ma, Y., Bai, B., 2018a. Flow patterns of oil–water two-phase flow during pressure- driven process in nanoscale fluidic chips. Microfluid. Nanofluid. 22, 39. https://doi.org/ 10.1007/s10404-018-2057-1.

Liu, B., Qi, C., Zhao, X., Teng, G., Zhao, L., Zheng, H., Zhan, K., Shi, J., 2018b. Nano- scale two-phase flow of methane and water in shale inorganic matrix. J. Phys. Chem. C 122, 26671–26679. https://doi.org/10.1021/acs.jpcc.8b06780.

Loucks, R.G., Reed, R.M., Ruppel, S.C., Hammes, U., 2012. Spectrum of pore types and networks in mudrocks and a descriptive classification for matrix-related mudrock pores. AAPG Bull. 96(6), 1071–1098.

Maity, D., Aminzadeh, F., 2012. Reservoir characterization of an unconventional reservoir by integrating microseismic, seismic, and well log data. In: SPE Western Regional Meet- ing. Presented at the SPE Western Regional Meeting. Society of Petroleum Engineers, Bakersfield, California, USA, https://doi.org/10.2118/154339-MS.

McPhee, C., Reed, J., Zubizarreta, I., 2015. Routine core analysis. In: Developments in Petroleum Science. Elsevier, pp. 181–268, https://doi.org/10.1016/B978-0-444- 63533-4.00005-6.

Mirzaei-Paiaman, A., Asadolahpour, S.R., Saboorian-Jooybari, H., Chen, Z., Ostadhassan, M., 2020. A new framework for selection of representative samples for spe- cial core analysis. Pet. Res. 5, 210–226. https://doi.

org/10.1016/j.ptlrs.2020.06.003.

Mohammadmoradi, P., Rahimzadeh, A., 2016. Characterization of Flow Units in a Carbon- ate Reservoir: A Case Study., p. 4.

Moradi, S., Moeini, M., Ghassem al-Askari, M.K., Mahvelati, E.H., 2016. Determination of shale volume and distribution patterns and effective porosity from well log data based on cross-plot approach for a Shaly carbonate gas reservoir. IOP Conf. Ser. Earth Environ. Sci. 44, 042002. https://doi.org/10.1088/1755-1315/44/4/042002.

Nagarajan, N.R., Honarpour, M.M., Arasteh, F., 2013. The critical role of rock and fluid in unconventional shale reservoir performance. In: Unconventional Resources Technol- ogy Conference, Denver, Colorado, 12–14 August 2013. Presented at the Unconven- tional Resources Technology Conference, Society of Exploration Geophysicists, American Association of Petroleum Geologists. Society of Petroleum Engineers, Den- ver, Colorado, USA, pp. 1230–1247, https://doi.org/10.1190/urtec2013-125.

Newgord, C., Posenato Garcia, A., Heidari, Z., 2020. Joint interpretation of electrical resis- tivity and NMR measurements to estimate wettability and water saturation. SPE Reserv. Eval. Eng. 23, 772–782. https://doi.org/10.2118/200499-PA.

Nikolaev, M.Y., Kazak, A.V., 2019. Liquid saturation evaluation in organic-rich unconven- tional reservoirs: a comprehensive review. Earth-Sci. Rev. 194, 327–349. https://doi. org/10.1016/j.earscirev.2019.05.012.

Ozcan, O., Sarak, H., Ozkan, E., Raghavan, R.S., 2014. A trilinear flow model for a frac- tured horizontal well in a fractal unconventional reservoir. In: SPE Annual Technical Conference and Exhibition. Presented at the SPE Annual Technical Conference and Exhibition. Society of Petroleum Engineers, Amsterdam, The Netherlands, https:// doi.org/10.2118/170971-MS.

Perry, S.E., 2017. Comparing and Contrasting Analytically Quantified Porosity and Pore Size Distributions in the Wolfcamp Formation From SEM Imaging, Nuclear Magnetic Resonance (NMR), and Crushed Rock Core Analysis. #42123, AAPG, p. 12.

Quirein, J., Witkowsky, J., Truax, J.A., Galford, J.E., Spain, D.R., Odumosu, T., 2010. Integrating core data and wireline geochemical data for formation evaluation and char- acterization of shale-gas reservoirs. In: SPE Annual Technical Conference and Exhibi- tion. Presented at the SPE Annual Technical Conference and Exhibition. Society of Petroleum Engineers, Florence, Italy, https://doi.org/10.2118/134559-MS.

Quirein, J.A., Murphy, E., Praznik, G., Witkowsky, J.M., Shannon, S., Buller, D., 2012. A comparison of core and well log data to evaluate porosity, TOC, and hydrocarbon volume in the eagle ford shale. In: SPE Annual Technical Conference and Exhibition. Presented at the SPE Annual Technical Conference and Exhibition. Society of Petro- leum Engineers, San Antonio, Texas, USA, https://doi.org/10.2118/159904-MS.

Saraji, S., Piri, M., 2015. The representative sample size in shale oil rocks and nano-scale characterization of transport properties. Int. J. Coal Geol. 146, 42–54. https://doi. org/10.1016/j.coal.2015.04.005.

Schmitt Rahner, M., Halisch, M., Peres Fernandes, C., Weller, A., Sampaio Santiago dos Santos, V., 2018. Fractal dimensions of pore spaces in unconventional reservoir rocks using X-ray nano- and micro-computed tomography. J. Nat. Gas Sci. Eng. 55, 298–311. https://doi.org/10.1016/j.jngse.2018.05.011.

Shen, Y., Li, C., Ge, H., Guo, X., Wang, S., 2018. Spontaneous imbibition process in micro–nano fractal capillaries considering slip flow. Fractals 26, 1840002. https://doi. org/10.1142/S0218348X18400029.

Shi, S., Belhaj, H., Bera, A., 2018. Capillary pressure and relative permeability correlations for transition zones of carbonate reservoirs. J. Pet. Explor. Prod. Technol. 8, 767–784. https://doi.org/10.1007/s13202-017-0384-5.

Simpson, G.A., Fishman, N.S., 2015. Unconventional Tight Oil Reservoirs: A Call for New Standardized Core Analysis Workflows and Research. International Symposium of the Society of Core Analysts, p. 12.

Song, Y.-Q., Kausik, R., 2019. NMR application in unconventional shale reservoirs—a new porous media research frontier. Prog. Nucl. Magn. Reson. Spectrosc. 112–113, 17–33. https://doi.org/10.1016/j.pnmrs.2019.03.002.

Sui, H., Zhang, F., Wang, Z., Wang, D., Wang, Y., 2020. Molecular simulations of oil adsorption and transport behavior in inorganic shale. J. Mol. Liq. 305, 112745. https://doi.org/10.1016/j.molliq.2020.112745.

Sun, F., Yao, Y., Li, X., Li, G., 2019. An analytical equation for oil transport in nanopores of oil shale considering viscosity distribution. J. Pet. Explor. Prod. Technol. 9, 517–524. https://doi.org/10.1007/s13202-018-0486-8.

Swami, V., Settari, A. (.T.)., Javadpour, F., 2013. A numerical model for multi-mechanism flow in shale gas reservoirs with application to laboratory scale testing. In: EAGE Annual Conference & Exhibition Incorporating SPE Europec. Presented at the EAGE Annual Conference & Exhibition incorporating SPE Europec. Society of Petroleum Engineers, London, UK, https://doi.org/10.2118/164840-MS.

Szabo', N.P., 2011. Shale volume estimation based on the factor analysis of well-logging data. Acta Geophys. 59, 935–953. https://doi.org/10.2478/s11600-011-0034-0.

Tandon, S., Newgord, C., Heidari, Z., 2020. Wettability quantification in mixed-wet rocks using a new NMR-based method. SPE Reserv. Eval. Eng. 23, 0896–0916. https://doi. org/10.2118/191509-PA.

Torghabeh, A., Rezaee, R., Moussavi-Harami, R., Pradhan, B., Kamali, M., Kadkhodaie- Ilkhchi, A., 2014. Electrofacies in gas shale from well log data via cluster analysis: a case study of the Perth Basin, Western Australia. Open Geosci. 6. https://doi.org/10.2478/ s13533-012-0177-9.

Unconventional Petroleum Geology, 2017. Unconventional Petroleum Geology. Elsevier, p. ii, https://doi.org/10.1016/B978-0-12-812234-1.09001-4.

Wang, X., Sheng, J.J., 2017. Understanding oil and gas flow mechanisms in shale reservoirs using SLD–PR transport model. Transp. Porous Media 119, 337–350. https://doi.org/ 10.1007/s11242-017-0884-2.

Wang, S., Feng, Q., Javadpour, F., Xia, T., Li, Z., 2015. Oil adsorption in shale nanopores and its effect on recoverable oil-in-place. Int. J. Coal Geol. 147–148, 9–24. https://doi. org/10.1016/j.coal.2015.06.002.

Wang, S., Javadpour, F., Feng, Q., 2016a. Confinement correction to mercury intrusion cap- illary pressure of shale nanopores. Sci. Rep. 6, 20160. https://doi.org/10.1038/ srep20160.

Wang, S., Javadpour, F., Feng, Q., 2016b. Molecular dynamics simulations of oil transport through inorganic nanopores in shale. Fuel 171, 74–86. https://doi.org/10.1016/j. fuel.2015.12.071.

Wang, S., Javadpour, F., Feng, Q., 2016c. Fast mass transport of oil and supercritical carbon dioxide through organic nanopores in shale. Fuel 181, 741–758. https://doi.org/ 10.1016/j.fuel.2016.05.057.

Wang, H., Su, Y., Zhao, Z., Wang, W., Sheng, G., Zhan, S., 2019a. Apparent permeability model for shale oil transport through elliptic nanopores considering wall-oil interaction. J. Pet. Sci. Eng. 176, 1041–1052. https://doi.org/10.1016/j.petrol.2019.02.027.

Wang, X., Zhu, Y., Liu, Y., Li, W., 2019b. Molecular structure of kerogen in the Longmaxi shale: insights from solid state NMR, FT-IR, XRD and HRTEM. Acta Geol. Sin. 93, 1015–1024. https://doi.org/10.1111/1755-6724.13870.

Wang, Z., Fan, W., Sun, H., Yao, J., Zhu, G., Zhang, L., Yang, Y., 2020a. Multiscale flow simulation of shale oil considering hydro-thermal process. Appl. Therm. Eng. 177, 115428. https://doi.org/10.1016/j.applthermaleng.2020.115428.

Wang, H., Lun, Z., Lv, C., Lang, D., Luo, M., Zhao, Q., Zhao, C., 2020b. Nuclear- magnetic-resonance study on oil mobilization in shale exposed to CO_2. SPE J. 25, 432–439. https://doi.org/10.2118/190185-PA.

Washburn, K.E., Birdwell, J.E., Seymour, J.D., Kirkland, C., Vogt, S.J., 2013. Low-Field Nuclear Magnetic Resonance Characterization of Organic Content in Shales., p. 12.

Wood, D.A., Hazra, B., 2017. Characterization of organic-rich shales for petroleum explo- ration & exploitation: a review-part 3: applied geomechanics, petrophysics and reservoir modeling. J. Earth Sci. 28(5), 779–803. https: //doi.org/10.1007/s12583-017-0734-8.

Xu, R., Deng, T., Jiang, J., Jobe, D., Xu, C., 2020. Integration of NMR and conventional logs for vuggy facies classification in the Arbuckle formation: a machine learning approach. SPE Reserv. Eval. Eng. 23, 0917–0929. https: //doi.org/10.2118/201102-PA.

Yang, D., Kausik, R., 2016. 23Na and 1H NMR relaxometry of shale at high magnetic field. Energy Fuel 30, 4509–4519. https: //doi.org/10.1021/acs.energyfuels.6b00130.

Yerramilli, S.S., Yerramilli, R.C., Vedanti, N., Sen, M.K., Srivastava, R.P., 2013. Integrated reservoir characterization of an unconventional reservoir using 3D seismic and well log data: a case study of Balol field, India. In: SEG Technical Program Expanded Abstracts 2013. Presented at the SEG Technical Program Expanded Abstracts 2013. Society of Exploration Geophysicists, pp. 2279–2284, https: //doi.org/10.1190/segam2013-0548.1.

Zhan, S., Su, Y., Jin, Z., Zhang, M., Wang, W., Hao, Y., Li, L., 2020. Study of liquid-liquid two-phase flow in hydrophilic nanochannels by molecular simulations and theoretical modeling. Chem. Eng. J. 395, 125053. https: //doi.org/10.1016/j.cej.2020.125053.

Zhang, T., Li, X., Yin, Y., He, M., Liu, Q., Huang, L., Shi, J., 2019. The transport behaviors of oil in nanopores and nanoporous media of shale. Fuel 242, 305–315. https: //doi.org/ 10.1016/j.fuel.2019.01.042.

Zhang, Y., Fang, T., Ding, B., Wang, W., Yan, Y., Li, Z., Guo, W., Zhang, J., 2020a. Migration of oil/ methane mixture in shale inorganic nano-pore throat: a molecular dynamics simulation study. J. Pet. Sci. Eng. 187, 106784. https: //doi.org/10.1016/j. petrol.2019.106784.

Zhang, L., Zhou, F., Pournik, M., Liang, T., Wang, J., Wang, Y., 2020b. An integrated method to evaluate formation damage resulting from water and alkali sensitivity in Dongping bedrock reservoir. SPE Reserv. Eval. Eng. 23, 187–199. https: //doi.org/ 10.2118/197058-PA.

Zhang, T., Javadpour, F., Li, X., Wu, K., Li, J., Yin, Y., 2020c. Mesoscopic method to study water flow in nanochannels with different wettability. Phys. Rev. E 102, 013306. https: //doi.org/10.1103/ PhysRevE.102.013306.

Zhang, T., Javadpour, F., Yin, Y., Li, X., 2020d. Upscaling water flow in composite nano- porous shale matrix using lattice Boltzmann method. Water Resour. Res. 56. https: // doi.org/10.1029/2019WR026007.

Zhao, Y., Zhang, L., Zhao, J., Luo, J., Zhang, B., 2013. "Triple porosity" modeling of tran- sient well test and rate decline analysis for multi-fractured horizontal well in shale gas reservoirs. J. Pet. Sci. Eng. 110, 253–262. https: //doi.org/10.1016/j. petrol.2013.09.006.

Zou, C., Yang, Z., Tao, S., Li, W., Wu, S., Hou, L., Zhu, R., Yuan, X., Wang, L., Gao, X., Jia, J., Guo, Q., 2012. Nano-hydrocarbon and the accumulation in coexisting source and reservoir. Pet. Explor. Dev. 39, 15–32. https: //doi.org/10.1016/S1876-3804(12)60011-1.

第6章 非常规致密储层动态建模

废弃后的储层仍然赋存大量残余油，因此有必要进一步研究非常规致密储层（UCR）。

关键词：动态建模；致密UCR流动机理；非达西渗流；扩散；黏性作用；吸附作用；黏弹性

缩略语

α	Biot系数
α_r	Besko-Karniadakis模型的稀疏系数
β	非达西流系数，由孔隙度和渗透率决定
$\beta\rho\|v\|v$	流固相互作用，kg/（$m\cdot s^2$）
γ	界面张力，mN/m
δ	气体分子直径与孔径之比
Δp	样品上的压力，Pa
ε_{Lm}	膨胀应变
ε_s	与吸附过程引发的体积变化有关的应变
ε_V	体积应变
η	约化密度，归一化
η_m	物质黏度，Pa·s
$\theta_{surface}$	分子占据总表面位的百分比
θ	天然气汇聚，由p和p_L定义
θ	气体覆盖面积比
$\theta_{wetting}$	毛细管表面流体的润湿角
λ	平均自由程，m
λ_p	相流度，$(Pa\cdot s)^{-1}$
μ_g	样品中的气体黏度，mPa·s
$\frac{\mu}{K}v$	压力需要克服的黏性组分，Pa/m
μ_g	气相黏度，Pa·s
μ_o	油相黏度，Pa·s
μ_w	水相黏度，Pa·s
μ	流体黏度，Pa·s
$\boldsymbol{v}'_{gm}$	基质中的视速度矢量，m/s
v	流体速度，m/s
v_1	碰撞后速度，m/s

v	碰撞后速度，m/s
v^*	碰撞前速度，m/s
v_r	原子碰撞的相对速度，m/s
v_o	油相速度，m/s
v_w	水相速度，m/s
v_1^*	碰撞前速度，m/s
v_g	气相速度，m/s
v_p	单相的体积流量
v_x	达西流在某个方向（x 方向）上的速度，m/s
v_y	达西流在某个方向（y 方向）上的速度，m/s
v_z	达西流在某个方向（z 方向）上的速度，m/s
ξ_{1o}	油相非达西流系数 ξ_1，MPa/m
ξ_{2o}	油相非达西流系数 ξ_2，MPa/m
ξ_{1w}	水相非达西流系数 ξ_1，MPa/m
ξ_{2w}	水相非达西流系数 ξ_2，MPa/m
ξ_1，ξ_2	郭氏模型的非达西流系数，MPa/m
ξ_h	裂缝粗糙峰值，mm
ρ_o	油相密度，kg/m^3
ρ	特定物质的密度，kg/m^3
ρ	样品中的气体密度，kg/m^3
ρ_p	气体密度，kg/m^3
ρ_p	特定相的密度，kg/m^3
ρ_a	吸附气密度，g/cm^3
ρ_a^0	高压下吸附气体的最大密度，g/cm^3
ρ_d^0	干酪根的溶解气密度，g/cm^3
ρ_f	游离气密度，g/cm^3
ρ_g	气相密度，kg/m^3
ρ_{ga}	标准条件下的气体密度，g/cm^3
ρ_r	岩石体积密度，kg/m^3
ρ_s	含气储层密度，g/cm^3
ρ_w	水相密度，kg/m^3
σ	单位截面积的裂缝长度，m
σ_{md}	分子直径，Å
σ_{stress}	压力，Pa
σ_t	切向动量交换系数
σ_{TMAC}	壁面切向动量交换系数（TMAC）
τ	流体屈服应力，Pa
$\tau_{diffusion}$	气体运动的扩散时间，s

τ_t　迂曲度
ϕ_0　原生孔隙度
ϕ　孔隙度
ϕ_f　裂缝孔隙度
ϕ_m　基质孔隙度
ϕ_{m0}　初始孔隙度
χ　无量纲渗透率校正系数
ω　自扩散与表面扩散的差值
$\frac{\partial C}{\partial x}$　浓度对 x 的导数，mol/（kg·m）
$\frac{\partial p}{\partial x}$　x 方向的压力梯度，Pa/m
$\frac{\partial p}{\partial y}$　y 方向的压力梯度，Pa/m
$\frac{\partial p}{\partial z}$　z 方向的压力梯度，Pa/m
$\left(\frac{\partial u}{\partial n}\right)_s$　沿表面法线分布或垂直于流动方向的速度梯度，m^{-1}
∇p　压力梯度，Pa^{-1}
a_{ws}　Wang 和 Sheng 的模型中非线性部分的系数
a　也可表示为 β 和 ρ_g 的乘积
A　样品横截面积，m^2
a_1，a_2　致密储层实验参数
A_h　垂直于流动方向的裂缝横截面积，m^2
a_s　基质分块的形状系数，m^{-2}
b_k　克林肯贝格系数
b_s　Besko-Karniadakis 模型的滑移系数
b_{slip}　当流体为滑移流时，滑移系数为 -1
b_{ws}　Wang 和 Sheng 的门限压力模型的系数
C　单位转换参数
C_1　与滑移边界条件有关的模型的 Kn 常数或函数
C_2　与滑移边界条件有关的模型的 Kn 常数或函数
D　相深度，m
D_{diff}　扩散常数，m^2
D_{12}^*　针对多孔介质，调整材料 2 中材料 1 的有效扩散率
D_{21}^*　针对多孔介质，调整材料 1 中材料 2 的有效扩散率
D_{ij}^e　材料 i 在材料 j 中的有效气体扩散率
D_k　克努森扩散系数

$D_{i,\mathrm{k}}$	材料 i 的克努森扩散率
$D_{1,\mathrm{k}}$	针对多孔介质，调整材料 1 的克努森扩散率
$D_{2,\mathrm{k}}$	针对多孔介质，调整材料 2 的克努森扩散率
$\frac{\mathrm{d}\varepsilon}{\mathrm{d}t}$	随时间变化的应变，s^{-1}
D_{app}	表观扩散系数，用于评估基质和裂缝之间的气体交换，m^2/s
d	孔径，m
d	x 方向的深度，m
$\frac{\mathrm{d}C}{\mathrm{d}x}$	浓度梯度，$\mathrm{mol \cdot s/m^2}$
D_d	互相连通的孔隙区域的非均质分布
D_{f}	孔隙分形数
d_{m}	气体分子直径
D_{s}	表面扩散系数，m^2/s
E	为反映非达西效应而引入的参数
E_{modulus}	材料的弹性模量，$\mathrm{N/m^2}$
E	非达西效应参数，由 β、ρ、v、Δp 计算得出
e_{h}	水力裂缝缝宽，mm
f	用于计算 C_1 和 C_2 的系数，$f=\max[1/Kn, 1]$
$f(r, t)$	取决于时间的物质浓度，mol/kg
$f(Kn)$	与克努森数有关的渗透率乘数
Fo	决定流体流动是否或何时遵循非达西流态的关键参数
J_{ads}	单位时间内单位面积上气体的吸附通量，$\mathrm{kg/(m \cdot s^2)}$
J_{des}	单位时间内单位面积上气体的解吸通量，$\mathrm{kg/(m \cdot s^2)}$
J_{diff}	干酪根中由扩散作用造成的质量通量，$\mathrm{kg/(m \cdot s^2)}$
J	质量通量，$\mathrm{kg/(m \cdot s^2)}$
J_{surf}	吸附气体的质量传递，$\mathrm{kg/(m \cdot s^2)}$
K_{∞}	绝对渗透率，D
K_{mapp}	基质的表观渗透率，D
K_{des}	解吸渗透率
K_{∞}	固有渗透率
K_{ro}	油相的相对渗透率
$\hat{\boldsymbol{k}}$	单位矢量，与撞击发生时的相对位置有关
K_{rw}	水相的相对渗透率
K	介质的绝对渗透率，m^2
K_{a}	表观渗透率，*D*
k_{a}	吸附气密度与基质中气体密度的导数
k_{B}	玻尔兹曼常数 $k_{\mathrm{B}}=1.3805\times10^{-23}\mathrm{J/K}$
K_{D}	达西渗透率，即固有渗透率，mD

$K_{f\text{-}eff}$	有效渗透率，mD
K_{Kn}	克努森流体表观渗透率，mD
Kn	克努森数
K_p	亨利定律系数
K_{rg}	气相相对渗透率
K_s	体积模量，GPa
K_{slip}	滑流状态下的表观渗透率，mD
l	样本长度，m
L	样本长度，m
$\boldsymbol{L}_m$	对角矩阵中的相流度
m	气体质量，mg
M	气体分子量，kg/mol
M	页岩气的分子质量，$M = m/n$，kg/mol
$m_e(p_f)$	平衡状态下的吸附气含量
M_{mm}	摩尔质量，kg/mol
N	被吸附物质的浓度，mol/kg
n	横截面毛细管数量
$n_{a,abs}$	绝对吸附气的摩尔数
$n_{a,ex}$	过量吸附气的摩尔数
$N_{Avogadro}$	阿伏加德罗常数，取 $6.02 \times 10^{23}mol^{-1}$
n_c	系统中的组分数量
$n_{d,abs}$	绝对溶解气的摩尔数
$n_{d,ex}$	过量溶解气的摩尔数
n_{ex}	总过量吸附气的摩尔数
n_L	朗格缪尔摩尔数，mmol/g
N_t	多孔介质输送的气体的质量通量，kg/（$m \cdot s^2$）
p	气体压力，Pa
p_{m0}	初始孔隙压力
p_1	入口压力
p_2	出口压力，Pa
p_c	毛细管压力，dyne/cm[1]
p_f	裂缝网络中的孔隙压力，Pa
p_g	气相压力，Pa
P_L	朗格缪尔压力常数
p_L	朗格缪尔压力，MPa
P_{Lm}	朗格缪尔压力常数，MPa

[1] 1dyne/cm=1mN/m。

p_m	基于朗格缪尔等温线定律计算得出的孔隙压力
p_o	油相压力，Pa
p_w	水相压力，Pa
q	基质内单位固体体积的吸附气质量
Q	样品中的体积流量，m^3/s
Q	通过长度为 L、横截面积为 A 的多孔介质的体积通量，m^3/s
Q_m	由基质向裂缝扩散的气体流量
Q_p	泵中的流量值，m^3/s
Q_s	由外部注入或提取作用形成的气体，kg/min
r	毛细管半径，m
r	解吸速率常数
$r_{effective}$	界面有效半径，cm
r_{nano}	纳米管半径，nm
r_0	边界层厚度，m
r_n	平均孔隙空间半径，m
R	解吸率
R	通用气体常数，取 8.314×10^{-6}MPa·m^3/（mol·K）
Re_c	雷诺数
S_0	可吸附气体的表面位点总数，m^{-2}
T	样品温度，K
TOC	总有机碳含量
$u(r, t)$	流体速度，m/s
V_L	朗格缪尔体积常数
V_{Lm}	朗格缪尔体积常数，m^3/kg
w	裂缝宽度
x	解吸动力学顺序
Y_1	流动气体中组分 1 的摩尔分数
z	气体压缩系数

6.1 常规储层流体建模和非常规致密储层流体建模的主要区别

达西定律是一个方程，可用于描述流体在多孔介质中的流动情况。19 世纪，亨利·达西通过实验分析，提出了这一方法。基于这一方法，可以利用达西定律，将多孔介质中的流体流动状态简化为单相流体的流动。在水平系统中，体积通量为 Q 的流体流经长度为 L、横截面积为 A 的多孔介质。

$$Q=\frac{KA}{\mu}\frac{\Delta p}{L} \tag{6.1}$$

如果仅存在一个流动方向，例如 x 方向，则微分形式的达西流流速表示如下：

$$v = \frac{Q}{A} = -\frac{K}{\mu}\frac{\partial p}{\partial x} \tag{6.2}$$

式中：$v=\frac{Q}{A}$为表面流速，$\frac{\partial p}{\partial x}$为 x 方向上的压力梯度。式（6.2）中，负号表示流动方向上的压力呈现下降。

可以将式（6.2）扩展到三维形式，见式（6.3）至式（6.5）。

$$v_x = -\frac{K}{\mu}\frac{\partial p}{\partial x} \tag{6.3}$$

$$v_y = -\frac{K}{\mu}\frac{\partial p}{\partial y} \tag{6.4}$$

$$v_z = -\frac{K}{\mu}\frac{\partial p}{\partial z} \tag{6.5}$$

上述方程式构成了达西定律的基本内容。

在储层建模过程中，通常利用上述方程将达西定律与物质平衡的概念及性质相结合，例如相对渗透率、黏度，以及流体和岩石的压缩性（Mattax et al.，1990）。

前人曾广泛应用稠油模型，利用达西定律计算体积流量（Trangenstein et al.，1989）。体积流量具体计算过程如下：

$$v_{\mathrm{p}} = -\lambda_{\mathrm{p}}\left(\frac{\partial p}{\partial x} - \rho_{\mathrm{p}}\frac{\partial d}{\partial x}\right)K \tag{6.6}$$

为了进一步计算，将式（6.6）变形为矩阵—向量形式，如下所示：

$$\boldsymbol{v} = -\boldsymbol{L}_{\mathrm{m}}\left(\boldsymbol{e}\frac{\partial p}{\partial x} - \boldsymbol{\rho}\frac{\partial d}{\partial x}\right)\boldsymbol{K} \tag{6.7}$$

此处 $\boldsymbol{L}_{\mathrm{m}}$ 代表对角矩阵中的相流度，如下所示：

$$\boldsymbol{L}_{\mathrm{m}} \equiv \mathrm{diag}\left(\frac{K_l}{\mu_l},\frac{K_v}{\mu_v},\frac{K_a}{\mu_a}\right) \tag{6.8}$$

如式（6.8）所示，可利用渗透率和黏度的比值得到相流度。

$\boldsymbol{\rho}$ 代表矢量密度，如下所示：

$$\boldsymbol{\rho} \equiv \begin{pmatrix} \rho_l \\ \rho_v \\ \rho_a \end{pmatrix} \tag{6.9}$$

单位相流速是单位时间内流经单位流动面积的相体积。根据式（6.7）可知，相流速可由相流度 $\boldsymbol{L}_{\mathrm{m}}$ 和相密度 $\boldsymbol{\rho}$ 确定。

由相关研究可知，裂缝和裂隙中大量存在非达西流。进行高流速注入或开采作业时，这一现象更为明显。Zhang 和 Xing（2012）发现，在地热储层中，同样存在非达西流效应。研究过程中引入了 Forchheimer 方程来描述非达西流动过程，同时采用非线性有限元法模拟近壁流动。研究结果表明，在达西流模型和非达西流模型中，井筒压力和流体速度均存在差异。非达西流系数能够对生产井的压力值造成很大影响。流体密度与黏度的比值$\left(\frac{\rho}{\mu}\right)$同样会影响非达西流特性。

Forchheimer 方程如下：

$$-\frac{\partial p}{\partial x}=\frac{\mu}{K}v+\beta\rho|v|v \tag{6.10}$$

在式（6.10）中，β 代表非达西流系数。β 可通过实验获得，由渗透率和孔隙度决定。

水力压裂作业后，裂缝渗透率高于地层渗透率。这意味着地层流体首先进入裂缝，然后流入井筒。此时流体汇聚在裂缝和裂缝的小型横截面中。当流体到达井筒附近区域时，流速增加。由于流体流速较高，达西流动方程不再适用。此处，Forchheimer 方程显现出优势。

非达西流较为复杂，其中不存在分类临界值；目前尚未建立通用的全尺度非达西流方程。Fo 是一个关键参数，可用于确定流体流动是否符合非达西流特性，或何时符合非达西流特性（Zeng et al.，2005）。Fo 可近似表示如下：

$$Fo=\frac{K\beta\rho|v|}{\mu} \tag{6.11}$$

之后，可以根据 Forchheimer 方程对达西定律进行如下修改：

$$\frac{\partial p}{\partial x}=-\frac{\mu}{K}\left(1+\frac{K}{\mu}\beta\rho|v|\right)v \tag{6.12}$$

如果使用 Fo 代替式（6.12）中的项，可以得到：

$$\frac{\partial p}{\partial x}=-\frac{\mu}{K}(1+Fo)v \tag{6.13}$$

之后，将式（6.13）代入式（6.14），如下所示：

$$\phi C\frac{\partial p}{\partial x}+\nabla\cdot(\rho v)=0 \tag{6.14}$$

式（6.14）代表连续型的质量守恒。之后可得到：

$$\phi C\frac{\partial p}{\partial x}-\nabla\cdot\left(\rho\frac{K}{\mu}\frac{1}{1+Fo}\frac{\partial p}{\partial x}\right)=0 \tag{6.15}$$

在 Forchheimer 方程中，Fo 数很重要，因为它不仅能够确定达西流或非达西流的临界值，还是控制方程的一个项。当流体速度大幅增加时，与达西定律相比，Fo 数更为适用。

此外，在 Zeng 和 Grigg 的工作中（Zeng and Grigg，2005），利用雷诺数和 Forchheimer 数识别达西流和非达西流，并建立了对应的标准。研究认为，在多孔介质中，Forchheimer 数较为适用。他们还在达科他砂岩、印第安纳石灰岩和贝雷砂岩中测定了 Forchheimer 数。在上述岩体中，氮的流速为 4 个数量级。这一现象表明，流速对非线性流动效应有很大影响。

在式（6.10）中，引入了部分物性信息，左侧的项 $-\frac{\partial p}{\partial x}$ 代表总压力梯度，右侧的第一项 $\frac{\mu}{K}v$ 代表压力需要克服的黏性组分，第二项 $\beta\rho|v|v$ 代表流固相互作用。这同样也是阻碍流体流动的阻力。通过计算流固相互作用和黏性组分的比值，可以得出 Forchheimer 数，从而理解 Forchheimer 数的物理意义，即流固相互作用力和黏性阻力的比值。

可以将 E 定义为非达西效应参数，如下所示：

$$E=\frac{\beta\rho|v|v}{-\nabla p} \tag{6.16}$$

式（6.16）表示流固相互作用与压力梯度的比值。

进而得到 E 和 Fo 之间的关系，见式（6.17）：

$$E=\frac{Fo}{1+Fo} \tag{6.17}$$

为建立式（6.10），需确定 K、μ、ρ 和 β 的值。在达科他砂岩、印第安纳石灰岩和贝雷砂岩中使用了上文提及的方法（Zeng et al.，2003）。其中使用高温高压气驱装置进行气体流动实验，以确定 K 和 β。其中圆柱形样品的直径为 1in，长度为 2in。将其放置在三轴岩心夹持器中。静水压力为 4000psi，实验温度为 100°F。将氮气作为测试气体，泵入样品中。利用泵控制流体流量和注入速率。流速范围为 25~10000cm^3/h，温度为 80°F，压力为 2000psi。记录不同流速下入口和出口之间的压差，利用上式计算压力梯度。将入口和出口压力分别表示为 p_1 和 p_2。之后，利用上述所有参数及其实验值，获得 K 和 β 值。

根据实验数据，采用以下方程进行计算：

$$\frac{MA\left(p_1^2-p_2^2\right)}{2zRT\mu_g l\rho_p Q_p}=\frac{1}{K}+\beta\left(\frac{\rho_p Q_p}{\mu A}\right) \tag{6.18}$$

通过设置和 $y=\frac{MA\left(p_1^2-p_2^2\right)}{2zRT\mu_g l\rho_p Q_p}$ 和 $x=\left(\frac{\rho_p Q_p}{\mu_g A}\right)$，式（6.18）可转换为：

$$y=\frac{1}{K}+\beta x \tag{6.19}$$

利用式（6.19）绘制 x 和 y，如图 6.1 所示，进而估算 K 和 β。

表 6.1 为在不同类型岩石中计算得到的 K、β 和 ϕ。

本章详细介绍了 K 和 β 的测定。利用这两个数值，能够深入了解非达西流效应和 Forchheimer 数。

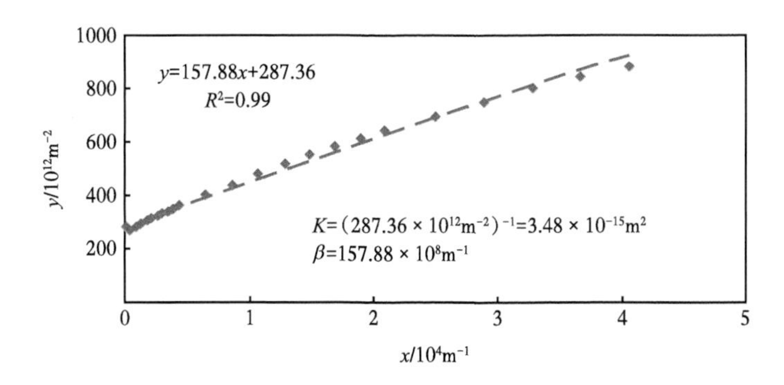

图 6.1 在 311K（100°F）、34 atm（500psi）孔隙压力和 272atm（4000psi）静水围压条件下，利用达科他砂岩的气流实验，确定渗透率和非达西流系数（Zeng and Grigg，2005）

表 6.1 实测渗透率和非达西流系数（Zeng and Grigg，2005）

参数	达科他砂岩	印第安纳石灰岩	贝雷砂岩
$K/10^{-15}\ m^2$	3.48	21.6	196
$\beta/10^8\ m^{-1}$	157.88	36.00	2.88
ϕ	0.14	0.15	0.18

此外，在研究过程中，还需评价另一个重要参数，即表观速度。

其中假设进出样品的质量流相等。因此，在样品中，没有发生流动质量的损失、反应或消耗。因此，

$$\rho Q = \rho_p Q_p \tag{6.20}$$

在式（6.20）中，可以通过相态特征法计算样品的密度。将 Q 定义如下：

$$Q = vA \tag{6.21}$$

流速表示如下：

$$v = \frac{\rho_p Q_p}{\rho A} \tag{6.22}$$

之后，可以利用已知参数计算 Forchheimer 数，Fo 的结果列于表 6.2 中。

三种岩石的 Fo 和表观速度如图 6.2 所示。

通过图 6.2，可以理解 Forchheimer 数对非线性流或非达西流的影响。

三种岩石的渗透率有所不同。图 6.2 表明，在渗透率较高的岩石中，需要提升流体流速，才能表现出非线性流动效应。这也证明了非达西效应在低渗透地层中更为明显。

如上文所述，Forchheimer 数与非达西效应有关。

$$E = \frac{Fo}{1+Fo} \tag{6.23}$$

根据式（6.23）可知：

$$Fo = \frac{E}{1-E} \tag{6.24}$$

表 6.2 311K（100°F）、34atm（500psi）孔隙压力和 272atm（4000psi）静水围压条件下，三种岩石中的 Forchheimer 数和表观速度（Zeng et al.，2005）

泵流速 Q_p/（cm^3/h）	达科他砂岩		印第安纳石灰岩		贝雷砂岩	
	v/（cm/s）	Fo	v/（cm/s）	Fo	v/（cm/s）	Fo
25	0.006	0.006				
50	0.011	0.012				
100	0.022	0.024				
200	0.044	0.048	0.041	0.069		
300	0.066	0.071	0.062	0.104		
400	0.087	0.095	0.082	0.139		
600	0.127	0.143	0.123	0.208	0.107	0.125
800	0.166	0.190	0.163	0.277	0.170	0.200
1000	0.203	0.237	0.203	0.347	0.192	0.225
1500	0.286	0.355	0.301	0.520	0.320	0.376
2000	0.363	0.471	0.396	0.693	0.426	0.502
3000	0.489	0.701	0.576	1.037	0.637	0.753
4000	0.592	0.928	0.742	1.380	0.846	1.004
6000	0.755	1.373	1.035	2.060	1.256	1.505
8000	0.876	1.804	1.280	2.732	1.658	2.008
10000	0.975	2.227	1.489	3.395	2.046	2.509

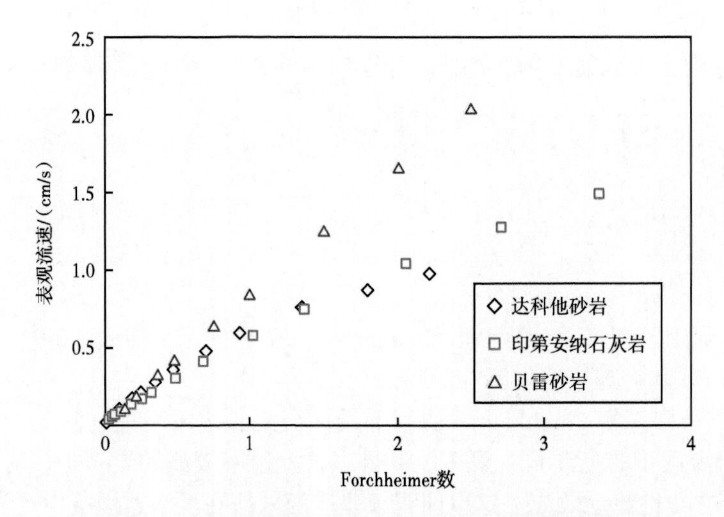

图 6.2 达科他砂岩、印第安纳石灰岩和贝雷砂岩的表观流速随 Forchheimer 数的变化（Zeng et al.，2005）

如果 E 是 10%，那么 Fo 数为 0.11。

2010 年，Rubin（Rubin，2010）对页岩储层的非达西流动进行了模拟，并将其用于 SRV，并与精细网格化单井的参考流体进行比较。本研究分析了有 / 无初始水力裂缝等条件下的达西渗流或非达西渗流。

Hailong（Hailong，2017）建立了新的低渗透储层非线性渗流模型，并提出了水平井水力压裂模型。研究讨论了压敏效应和启动压力梯度，并将其添加到模型中。使用准线性、达西和非达西数值模型，并对其结果进行比较。结果表明，加入非线性因素时，开采能耗较高、压力水平较低、产液量较小、含水率较低。

对低速非线性渗流现象的数学描述可归纳为三类，即准启动压力梯度模型（准线性流）、截面模型和连续模型。表 6.3 展示了模型的详细信息。

此处介绍非线性渗流模型（Hailong，2017）。

使用该模型的过程中，需要一些假设因素，具体总结如下：

（1）流体存在屈服应力。

（2）毛细管中的流动为层流。

表 6.3　致密储层非线性数学模型（Hailong，2017）

模型	方程	模式规范
准启动压力梯度模型	$v=\begin{cases}-\dfrac{K}{\mu}(\nabla p-G) & \nabla p\geq G\\ 0 & \nabla p<G\end{cases}$	当 $\nabla p<G$ 时，无法计算流速
截面模型的指数形式	$v^n=-\dfrac{K}{\mu}\nabla p,\ n\geqslant 1$	直线部分的模拟误差较大
形式化数学方程	$v=-\dfrac{K}{\mu}\nabla p^{1+n_d},\ n_d=1+\dfrac{2}{1+\dfrac{\Delta p/L}{G}}$	识别线性区域和非线性区域之间的连接点比较困难
三参数连续模型	$v\left(a_1+\dfrac{a_2}{1+bv}\right)=-\nabla p$	无法反映实际渗流中存在的最小启动压力梯度
双参数连续模型	$v=-\dfrac{K}{\mu}\nabla p\left(1-\dfrac{1}{a+b\lvert\nabla p\rvert}\right)$	无法显示渗流曲线的突变信息

（3）毛细管中的流体流动可视为毛细管半径发生变化时产生的稳定渗流。

（4）多孔介质是一种理想介质，与真实岩体相比，多孔介质的几何形状、流体性质和压力不存在变化。

之后，使用 Hagen-Poiseuille 公式：

$$Q=-C\frac{nA\pi r^4}{8\mu\sigma}\frac{\partial p}{\partial x} \tag{6.25}$$

由于流动通道的半径足够小，因此无法忽略屈服应力和吸附力。通道表面可以吸附流体，吸附作用会减小流体通道半径，使得流速分布不均匀。当流体分子接近固体表面时，固体表面和流体之间的相互作用将会增加。驱替压力越高，吸附边界层越薄，通过流体占比就越高。流动流体的黏度越高，边界层的厚度越大。考虑到上述事实，Hailong（2017）构建了以下模型：

$$Q=-C\frac{nA\pi\left(r-r_0\right)^4}{8\mu\sigma}\left(\frac{\partial p}{\partial x}-\frac{\tau}{r-r_0}\right) \tag{6.26}$$

通过该方程设置孔隙度（ϕ）：

$$\phi=\frac{n\pi r^2 A}{A}=n\pi r^2 \tag{6.27}$$

渗透率（K）可以表示为：

$$K=\frac{\phi r^2}{8} \tag{6.28}$$

将上述方程的ϕ和K代入式（6.26），可以得到：

$$Q=-C\frac{KA}{\mu\sigma}\left(1-\frac{r_0}{r}\right)^4\left[1-\frac{\tau}{r}\frac{1}{\left(1-\frac{r_0}{r}\right)\frac{\partial p}{\partial x}}\right]\frac{\partial p}{\partial x} \tag{6.29}$$

然后基于实验对其进行简化：

$$\frac{r_0}{r}=\frac{a_1}{\frac{\partial p}{\partial x}}<1,\quad \frac{\tau}{r}=a_2,\quad \frac{a_2}{\frac{\partial p}{\partial x}-a_1}<\frac{a_1+a_2}{\frac{\partial p}{\partial x}}<1 \tag{6.30}$$

因为高阶量无限小，可以通过忽略高阶量将式（6.29）进一步修正为：

$$Q=-C\frac{KA}{\mu\sigma}\left[1-\frac{4a_1}{\frac{\partial p}{\partial x}}-\frac{a_2}{\left(\frac{\partial p}{\partial x}-a_1\right)}-\frac{4a_1a_2}{\frac{\partial p}{\partial x}\left(\frac{\partial p}{\partial x}-a_1\right)}\right] \tag{6.31}$$

Guo 等（2015）提出了一种数值模拟方法，模拟了水力压裂后致密砂岩储层中流体的流动情况。研究介绍并讨论了一种低速非达西渗流模型。在岩石实验中证明了低速非达西渗流的存在。

非达西流模型见式（6.32）：

$$v=\frac{K}{\mu}\left(1-\frac{\xi_1}{\frac{\partial p}{\partial x}-\xi_2}\right)\frac{\partial p}{\partial x} \tag{6.32}$$

在式（6.32）中，ξ_1和ξ_2代表非达西流动系数，可用于描述流体的屈服应力，以及流体与岩石表面之间的边界层特征。当ξ_1为0时，该模型为达西模型。当ξ_2为0时，表示流体没有受到门限压力梯度的影响。式（6.32）中包含了无量纲渗透率校正系数，如下所示：

$$\chi = 1 - \frac{\xi_1}{\frac{\partial p}{\partial x} - \xi_2} \tag{6.33}$$

式中：χ 为无量纲渗透率校正系数。

图 6.3 展示了压力梯度和速度之间的关系。

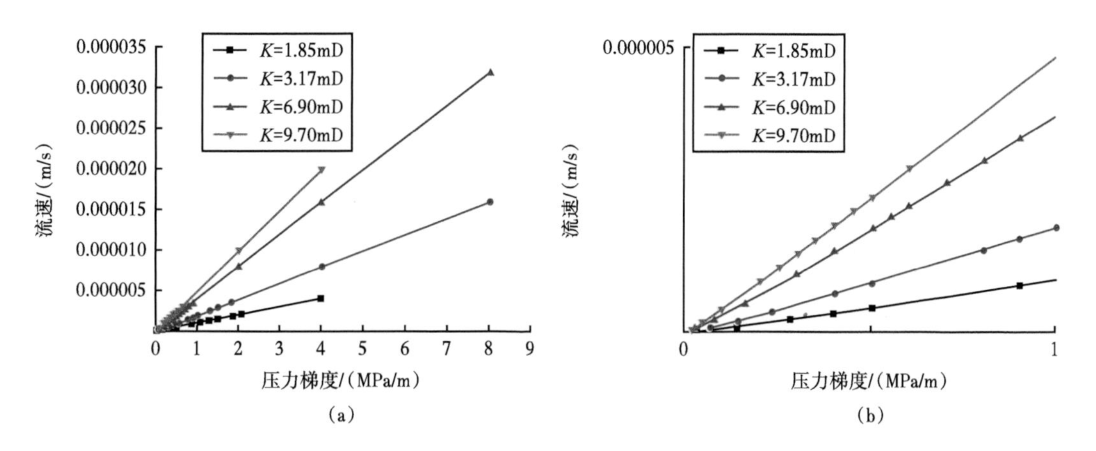

图 6.3 实验岩心的流动曲线：（a）压力梯度为 0~9 MPa/m；（b）压力梯度为 0~1 MPa/m（Guo et al.，2015）

从图 6.4 可以看出，随着压力梯度增加，非达西效应逐渐减弱。压力梯度越低，无量纲渗透率校正系数越低，非达西效应越明显。利用图 6.4 的多个数据点，可以计算 ξ_1 和 ξ_2，结果见表 6.4。

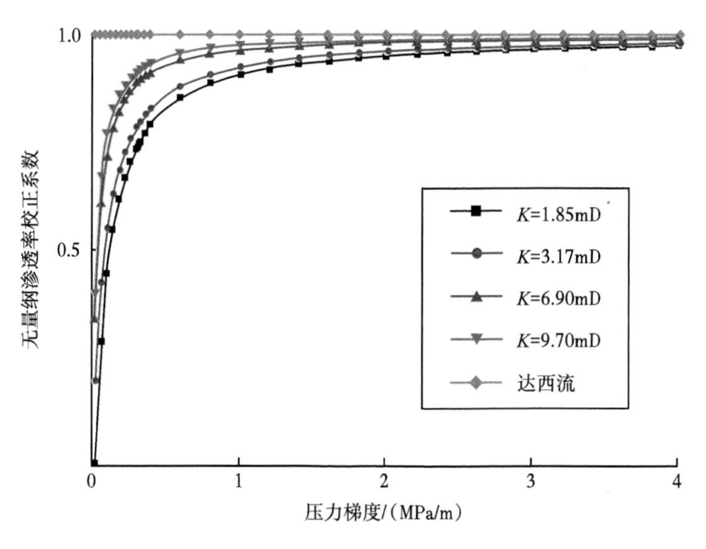

图 6.4 不同压力梯度下的无量纲渗透率校正系数（Guo et al.，2015）

之后，将非达西模型并入数值模拟模型。如前所述，裂缝中的渗透率较高，基质中的渗透率较低。因此，可以假设基质中可能存在达西流和非达西流，进而对裂缝的流体流动特性进行描述。

裂缝中石油、水和天然气的运动方程如下：

$$v_o = -\frac{KK_{ro}}{\mu_o}\left[\nabla\left(p_o - \rho_o gD\right)\right] \tag{6.34}$$

表 6.4 非达西流体系数拟合结果（Guo et al.，2015）

样本序号	渗透率 /mD	ξ_1 /（MPa/m）	ξ_2/（MPa/m）
1	0.85	0.100	−0.080
2	3.17	0.083	−0.081
3	6.90	0.040	−0.040
4	9.70	0.029	−0.029

$$v_w = -\frac{KK_{rw}}{\mu_w}\left[\nabla\left(p_w - \rho_w gD\right)\right] \tag{6.35}$$

$$v_g = -\frac{KK_{rg}}{\mu_g}\left[\nabla\left(p_g - \rho_g gD\right)\right] \tag{6.36}$$

基质中存在非达西效应情况下，其运动方程如下：

$$v_o = -\frac{KK_{ro}}{\mu_o}\left(1 - \frac{\xi_{1o}}{\frac{\partial p_o}{\partial x} - \xi_{2o}}\right)\left[\nabla\left(p_o - \rho_o gD\right)\right] \tag{6.37}$$

$$v_w = -\frac{KK_{rw}}{\mu_w}\left(1 - \frac{\xi_{1w}}{\frac{\partial p_w}{\partial x} - \xi_{2w}}\right)\left[\nabla\left(p_w - \rho_w gD\right)\right] \tag{6.38}$$

$$v_g = -\frac{KK_{rg}}{\mu_g}\left[\nabla\left(p_g - \rho_g gD\right)\right] \tag{6.39}$$

如此，将非达西流纳入模型中。

6.2 动态 / 静态模型模拟

页岩油气藏与常规油气藏之间存在一些差异（Jiao，2019）。页岩储层可表示为非常规储层。通过对比，能够了解导致常规和非常规储层产生差异的原因。

在典型的常规油气藏中，烃源岩和储层（圈闭）往往发育在不同层系中，且通常相距较远。油气成藏理论往往建立在流体运移的基础上，圈闭过程主要受浮力和毛细管力的影响。在地质环境中，非常规油气藏的烃源岩和储层往往位于同一层系，表现为源储一体及近源成藏。常规油气资源和非常规油气资源之间的另一个区别是岩性和矿物组分的类型。非常规油气主要形成于低能无氧环境，包括半深海—深海陆架相和半深水—深水湖相。岩性条件为富含有机质和黏土矿物。与常规油气资源相比，非常规油气资源主要赋存于粗粒沉积岩中，形成于岩性复杂的高能水体环境。非常规油气资源的孔隙结构和固体含量类型也有所不同，其特征包括有机构造孔隙和纳米孔隙。常规油气资源的边界较为明确，非常规油气资源中不存在或极少发育边界和圈闭，通常油气饱和度相对较高，油气分布均匀。非常规油气藏中，极少存在清晰的水体边界或油气水接触面。在常规储层中，相界面处通常发育流体接触面和过渡带，且通常不发育有机固体接触面。但在非常规储层中，发育明显的流体存储和驱替作用。通常情况下，具有经济效益的页岩油非常规储层往往有机物含量或TOC（总有机物）含量较高。TOC是判断非常规油气藏开发过程的参数。渗透率、孔隙度和天然裂缝也是评价非常规储层的重要参数。

一项研究深入讨论了页岩储层中的非达西渗流（Wang et al.，2017a）。其中主要讨论了两个问题：页岩气藏的气体吸附作用和非达西渗流。通常认为吸附理论是溶解和吸附作用的结合。此外，溶解气体和吸附气体并不相似。溶解气体来自页岩基质，吸附气体主要位于孔隙表面附近。因此，在该项研究中，利用亨利定律描述溶解作用，利用朗格缪尔方程描述吸附作用。通过实验得到亨利定律的 K_p 系数。溶解气体的量与压力成正比。在该系统中，表观渗透率模型的计算对象包括滑移流和克努森流。表面扩散效应也是吸附气体分析的一部分。在纳米孔隙中，吸附效果明显；在低压环境中，吸附作用使表观渗透率增加，而在高压环境中，吸附作用使表观渗透率降低。

非达西流的复杂性与页岩储层中存储的气体类型有关。页岩储层中存储的气体包括游离气、吸附气和溶解气。游离气与常规储层中存储的气体相似。吸附气来源于页岩储层壁面的解吸作用。溶解气可能来自页岩中的有机物。三种气体采用了不同的处理机制。

溶解在有机物中的气体无法移动。只有当压力降低时，溶解气才会从基质中释放出来，因为溶解气已经充填了岩石的固体基质。随着气体的释放，岩石会发生收缩，孔隙度和渗透率也会相应增加。由此假设，溶解在孔隙中的气体量和岩石的体积膨胀应变与压力成近似线性关系。可以利用亨利方程描述这种相关性。此外，气体溶解作用可能会限制孔壁的气体解吸作用（Yang et al.，2016）。

对于吸附气，需要进行进一步分析。朗格缪尔吸附模型同时包含吸附气体和溶解气体，而非对这两种效应进行分类。在吸附效果的影响下，吸附层能够提高或降低页岩中的流体流速（Riewchotisakul et al.，2015；Wang et al.，2016a，b；Wu et al.，2016）。流体流速的变化代表渗透率的变化。该现象产生的原因是因为被吸附的气体会影响流速。

与常规储层相比，页岩储层的游离气流体面积较小，即孔径较小。因此，应当考虑分子碰撞作用。随着孔径的减小，气体和固体分子可能会更频繁地发生碰撞。可以引入克努森数来表征分子碰撞频率。

$$Kn = \frac{\lambda}{d} \tag{6.40}$$

在式（6.40）中，将克努森数定义为平均自由程 λ 与孔径 d 之比。

通过 Javadpour 等（2007）的方法计算平均自由程，如下所示：

$$\lambda = \frac{k_B T}{\sqrt{2}\pi d_m^2 p} \tag{6.41}$$

流态与克努森数的关系见表 6.5。

表 6.5 根据克努森数推断流体流态

克努森数	流态
$Kn < 0.001$	黏性流（达西流）
$0.001 \leqslant Kn < 0.1$	滑移流
$0.1 \leqslant Kn < 10$	过渡流
$Kn \geqslant 10$	克努森流（自由分子流）

可利用两种类型的表观渗透率模型描述气体流动：含尘气体模型和基于克努森数的模型。

Wang 和 Sheng（2017a）将吸附作用和溶解作用结合在一起，合并为吸附作用。朗格缪尔吸附方程适用于吸附气，亨利方程则适用于溶解气。此外，还考虑了气体溶解引起的岩石体积变化。在上述构建的模型中，同样包含了滑移流、克努森流和表面扩散作用。

下文将详细介绍吸附作用和非达西流动。

通过朗格缪尔吸附方程对吸附作用进行建模：

$$n_{a,abs} = n_L \frac{p}{p + p_L} \tag{6.42}$$

实际过程中，很难获得绝对吸附气，因此实验室通常利用过量吸附气进行计算分析。

$$n_{a,ex} = \left(1 - \frac{\rho_f}{\rho_a^0}\right) n_L \frac{p}{p + p_L} \tag{6.43}$$

假设溶解气体与压力成比例，通过计算可知，不同样品的归一化气体体积（除以 TOC）的斜率相同。由此应用亨利定律。

$$n_{d,abs} = K_p \times \text{TOC} \tag{6.44}$$

此外，实际分析过程中很难获得绝对值，需要引入过量值。

$$n_{d,ex} = \left(1 - \frac{\rho_f}{\rho_d^0}\right) K_p \times \text{TOC} \tag{6.45}$$

将吸附和扩散作用合并为吸附作用，总过量吸附气的摩尔数如下所示：

$$n_{\mathrm{ex}} = n_{\mathrm{a,ex}} + n_{\mathrm{d,ex}} = \left(1-\frac{\rho_{\mathrm{f}}}{\rho_{\mathrm{a}}^{0}}\right) n_{\mathrm{L}} \frac{p}{p+p_{\mathrm{L}}} + \left(1-\frac{\rho_{\mathrm{f}}}{\rho_{\mathrm{d}}^{0}}\right) K_{\mathrm{p}} \times \mathrm{TOC} \tag{6.46}$$

岩石体积会随着溶解作用而发生变化。同时，渗透率和孔隙度会相应地发生变化。参考其溶解性，孔隙度可以表示为：

$$\phi = \phi_0 - \frac{n_{\mathrm{d,abs}} M}{\rho_{\mathrm{d}}^{0}} \rho_{\mathrm{r}} = \phi_0 - \frac{KM}{\rho_{\mathrm{d}}^{0}} \rho_{\mathrm{r}} p \times \mathrm{TOC} \tag{6.47}$$

渗透率会随着孔隙度的变化而发生变化：

$$\frac{K}{K_0} = \left(\frac{\phi}{\phi_0}\right)^3 \tag{6.48}$$

在孔径的影响下，滑移流和过渡流是页岩储层的主要流体流态。

当 $0.001 < Kn \leqslant 0.1$ 时，根据表 6.5 可知，流体为滑移流。Beskok 和 Karniadakis（1999）计算出表观渗透率，如下：

$$\frac{K_{\mathrm{slip}}}{K_{\mathrm{D}}} = 1 + 4\left(\frac{2}{\sigma_{\mathrm{t}}} - 1\right) \frac{Kn}{1+Kn} \tag{6.49}$$

当 $10 \leqslant Kn$ 时，流体主要为克努森流。此时表观渗透率可以表示为（Wu et al.，2016；Wu et al.，2016）：

$$\frac{K_{Kn}}{K_{\mathrm{D}}} = \frac{128}{3\pi} Kn \delta^{D_{\mathrm{f}}-2} \tag{6.50}$$

当 $0.1 \leqslant Kn < 10$ 时，由表 6.5 可知，主要为过渡流。通常认为，过渡流是滑移流和克努森流的结合。如果建立一个包含滑移流和克努森流加权因子的模型，可在通用模型中表示滑移流、过渡流和克努森流。该项研究选择的模型为：

$$\begin{aligned} \frac{K_{\mathrm{app,free}}}{K_{\mathrm{D}}} &= \frac{1}{Kn+1} \frac{K_{\mathrm{slip}}}{K_{\mathrm{D}}} + \frac{Kn}{Kn+1} \frac{K_{Kn}}{K_{\mathrm{D}}} \\ &= \frac{1}{Kn+1}\left[1 + 4\left(\frac{2}{\sigma} - 1\right)\frac{Kn}{1+Kn}\right] + \frac{Kn}{Kn+1}\left(\frac{128}{3\pi} Kn \delta^{D_{\mathrm{f}}-2}\right) \end{aligned} \tag{6.51}$$

式（6.51）描述了页岩中的游离气流，其中仅考虑了滑移流和克努森流。由此可以推断，其他环境下发育的流体类型是多个流体类型的加权和。

对于吸附气，其传质为：

$$J_{\mathrm{surf}} = D_{\mathrm{s}} \frac{\partial p_{\mathrm{a}}}{\partial x} \tag{6.52}$$

在式（6.52）中，D_s 是表面扩散系数；ρ_a 是吸附气密度，随压力发生变化，即 $\rho_a=\theta\rho_a^0$。θ 代表气体汇聚程度，定义为 $\theta=\dfrac{p}{p+p_L}$。

表面扩散系数可以表示为：

$$D_s=\omega\frac{1}{3}\lambda\sqrt{\frac{8RT}{\pi M}}=\omega\frac{2\mu_a}{3\rho_a}\tag{6.53}$$

将吸附层的渗透率定义为 $J_{surf}=\dfrac{\rho_a K_{surf}}{\mu_a}\nabla p$，则表面扩散渗透率可表示为：

$$K_{surf}=\omega\frac{2\mu_a^2}{3\rho_a^2}\frac{p_L\rho_a^0}{(p+p_L)^2}\tag{6.54}$$

总表观渗透率可以表示为：

$$K_{app}=\frac{(r-\theta d_m)^2}{r^2}K_{app,free}+\frac{r^2-(r-\theta d_m)^2}{r^2}K_{surf}\tag{6.55}$$

如果将游离气的表观渗透率、表面扩散渗透率和式（6.55）结合在一起，页岩气的渗透率可表示为：

$$\begin{aligned}K_{app}=&\frac{(r-\theta d_m)^2}{r^2}K_D\left\{\frac{1}{Kn+1}\left[1+4\left(\frac{2}{\sigma}-1\right)\frac{Kn}{1+Kn}\right]\right.\\&\left.+\frac{Kn}{Kn+1}\left(\frac{128}{3\pi}Kn\delta^{D_f-2}\right)\right\}+\frac{r^2-(r-\theta d_m)^2}{r^2}\left[\omega\frac{2\mu_a^2}{3\rho_a{}^2}\frac{p_L\rho_a^0}{(p+p_L)^2}\right]\end{aligned}\tag{6.56}$$

达西渗透率可表示为：

$$K_D=\frac{r^2\phi}{8\tau_t}\tag{6.57}$$

在宏观层面上，可以用流体通道中的高速 Forchheimer 方程描述非达西流动（Zhang et al.，2012）。在微观层面上，非达西流可能与滑移流或屈服应力有关，而在纳米级尺度上（Wang et al.，2017a），非达西流可能是克努森扩散流。纳米级尺度上的吸附作用不能忽略。

6.3　非常规致密储层（UCR）流体流动机制

6.3.1　非达西渗流机制

Chen（2019）通过实验表明，Forchheimer 方程能够很好地描述粗糙裂缝中的非达西流动。实验包含 4 个砂岩样本。实验结果表明，在不同的水力梯度和流速下，Forchheimer 方程能够很好地描述粗糙裂缝中的非达西流动。Forchheimer 方程中的 A 和 B 对裂缝的地质特征很敏感，且随着围压的增加而增加。这种变化可能与水力缝宽的减小和互相连通的空隙空间的非均质分布有关。二者与围压呈负相关。之后，可以用裂缝粗糙度高值 ξ_h 和互相连通的孔隙区域的非均质分布的盒维数法分形维数 D_d，定量测定几何因子 d。基于实验，考虑了 D_d 和裂缝孔径的实证关系。之后，在定量模型中将 β 与裂缝的地质特征联系起来。定量模型也将 Forchheimer 方程的 B 和雷诺数 Re_c 联系起来。通过实验进行验证。

该项研究中，讨论了裂缝中非达西流动的理论背景。也可使用 Navier–Stokes 方程表征裂缝中的流体流动。NS 方程的简要介绍如下：

$$\rho\left[\frac{\partial \boldsymbol{u}}{\partial t}+(\boldsymbol{u}\cdot\nabla)\boldsymbol{u}\right]+\nabla p=\mu\nabla^2\boldsymbol{u}+\boldsymbol{F} \tag{6.58}$$

在式(6.58)中，$\boldsymbol{u}$，ρ，∇p 和 μ 分别代表速度矢量、流体密度、压力梯度和黏度。右侧的第一项,$\mu\nabla^2\boldsymbol{u}$，表示黏性力，$\frac{\partial \boldsymbol{u}}{\partial t}+(\boldsymbol{u}\cdot\nabla)\boldsymbol{u}$ 表示惯性力。在小孔隙中，流体流速有限，因此与黏性效应相比，惯性力可以忽略。将流动方程简化为 $\mu\nabla^2\boldsymbol{u}-\nabla p=0$。该方程适用于多孔介质的流体流动，粗糙岩石裂缝中的流体通常表现出非线性效应或非达西流动。在传统的 NS 方程中，项 $(\boldsymbol{u}\cdot\nabla)\boldsymbol{u}$ 可表示非线性效应。而在数值模拟实践中，很难解决这一问题。因此，在多孔介质的研究过程中，应当选择 Forchheimer 方程描述非线性流动。

$$-\frac{\partial p}{\partial x}=AQ+BQ^2 \tag{6.59}$$

Q、$\frac{\partial p}{\partial x}$、$A$ 和 B 的量纲分别为 L^3T^{-1}、$ML^{-2}T^{-2}$、$ML^{-5}T^{-1}$ 和 ML^{-8}。

A 和 B 可以表示为：

$$A=\frac{\mu}{KA_h}=\frac{12\mu}{we_h^3} \tag{6.60}$$

$$B=\frac{\beta\rho}{A_h^2}=\frac{\beta\rho}{w^2e_h^2} \tag{6.61}$$

K、A_h、μ、e_h、w、ρ 和 β 的量纲分别为 L^2、L^2、$ML^{-1}T^{-1}$、L、L、ML^{-3} 和 L^{-1}。

引入雷诺数来评价非达西流动。

$$Re=\frac{\rho Q}{\mu w} \tag{6.62}$$

随着雷诺数 Re 的增加，惯性力的影响高于黏性力，非达西流动特性逐渐表现出来。该项研究的理论中，非达西效应与相对较高的流速有关。这也是形成非达西效应的原因之一。

因子 E 可反映非达西效应：

$$E=\frac{BQ}{A+BQ} \tag{6.63}$$

E 代表非线性效应耗散的压力梯度与总压力梯度的比值。也可以将其看作非线性流量与总流量的比值。

然后，可以将 Re 改写为：

$$Re=\frac{A\rho E}{B\mu w(1-E)}=\frac{12E}{Be_{h}(1-E)} \tag{6.64}$$

在该系统中，E 代表非达西效应因子，β 为非达西系数，e_h 为水力缝宽，从而确定非达西效应。

Hernandez 等（2004）介绍了包含有效渗透率的非达西流动效应。该研究利用达西定律，将多孔介质的层流描述为：

$$\frac{\Delta p}{\Delta L}=\frac{\mu_{g}v}{K_{f}} \tag{6.65}$$

运动流体颗粒的频繁加速和减速会产生额外的压降。方程由 Forchheimer 改写为：

$$\frac{\Delta p}{\Delta L}=\frac{\mu_{g}v}{K_{f}}+av^{2} \tag{6.66}$$

a 也可以表示为 β 和 ρ_g 的乘积。

$$\frac{\Delta p}{\Delta L}=\frac{\mu_{g}v}{K_{f}}+\beta\rho_{g}v^{2} \tag{6.67}$$

用 $\mu_g v$ 除以式（6.65）和式（6.67），能够得到：

$$\frac{\Delta p}{\Delta L\mu_{g}v}=\frac{1}{K_{f}} \tag{6.68}$$

$$\frac{\Delta p}{\Delta L\mu_{g}v}=\frac{1}{K_{f}}+\frac{\beta\rho_{g}v}{\mu_{g}} \tag{6.69}$$

式（6.68）适用于达西流体，式（6.69）适用于非达西流体。有效渗透率可以定义为：

$$K_{f-eff}=\frac{K_{f}}{1+\dfrac{\beta K_{f}\rho_{g}v}{\mu_{g}}} \tag{6.70}$$

多孔介质中的雷诺数为：

$$N_{Re}=\frac{\beta K_{f}\rho_{g}v}{\mu_{g}} \tag{6.71}$$

有效渗透率为：

$$K_{f-eff}=\frac{K_{f}}{1+N_{Re}} \tag{6.72}$$

Liu 等（2016）研究了裂缝网络中的非达西渗流。

研究裂缝网络中宏观流体与基质中微观流体或气体扩散之间的流动一致性。此项研究构建了裂缝性气藏模型，由两个域组成，即裂缝网络域和基质域（图 6.5）。裂缝域中的流体为非达西流体，基质域中的流体由包含表观渗透率的非线性扩散模型表示。裂缝域和基质域之间的流动交换主要由扩散机制控制。

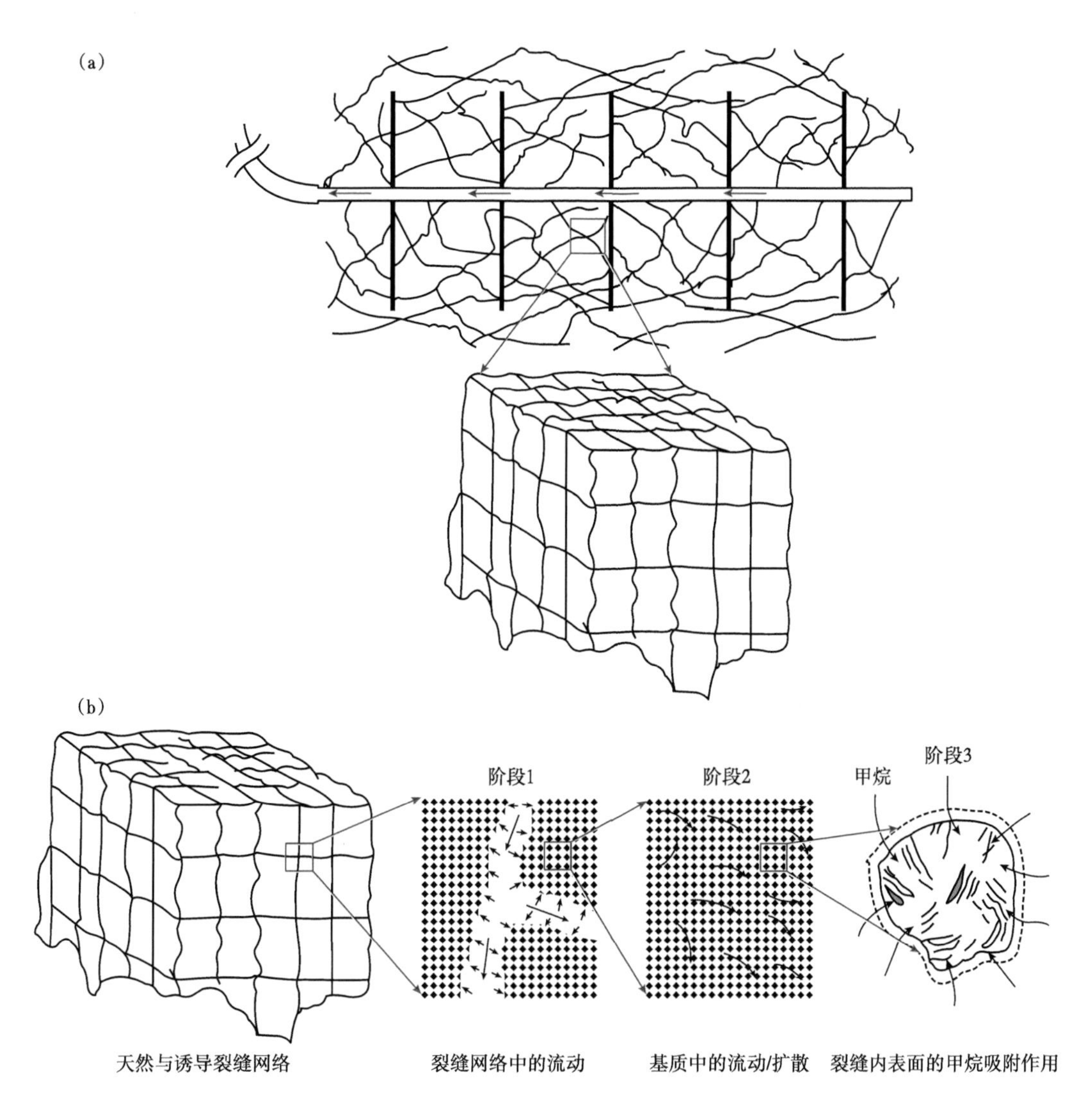

图 6.5　裂缝性储层中甲烷运移的概念模型：（a）分段水力压裂后的裂缝性储层；（b）裂缝性储层中的气体流动（Liu et al.，2016）

下文列出裂缝中的流动、裂缝和基质之间的交换流动，以及基质中的流动。

质量守恒定律可表示为：

$$\frac{\partial m}{\partial t}+\nabla\cdot\left(\rho_{\mathrm{g}}\boldsymbol{v}_{\mathrm{g}}\right)=Q_{\mathrm{s}}+Q_{\mathrm{m}} \tag{6.73}$$

气体质量由游离气和吸附气组成：

$$m=\rho_{\mathrm{g}}\phi_{\mathrm{f}}+\rho_{\mathrm{ga}}\rho_{\mathrm{s}}\frac{V_{\mathrm{L}}p_{\mathrm{f}}}{p_{\mathrm{f}}+P_{\mathrm{L}}} \tag{6.74}$$

用 Forchheimer 方程描述非达西流动。达西流的校正系数与式（6.72）类似。

气体流量的方程可以表示为：

$$\frac{\rho_{\mathrm{ga}}}{\rho_{\mathrm{a}}}\frac{\partial(\phi_{\mathrm{f}}p_{\mathrm{f}})}{\partial t}+\frac{\partial}{\partial t}\left(\rho_{\mathrm{ga}}\rho_{\mathrm{s}}\frac{V_{\mathrm{L}}p_{\mathrm{f}}}{p_{\mathrm{f}}+P_{\mathrm{L}}}\right)+\nabla\cdot\left(-\frac{K_{\mathrm{f-eff}}}{\mu}\rho_{\mathrm{g}}\frac{\partial p_{\mathrm{f}}}{\partial x}\right)=Q_{\mathrm{s}}+Q_{\mathrm{m}} \tag{6.75}$$

随着进一步开发储层：

$$\left[\phi_{\mathrm{f}}+\frac{p_{\mathrm{a}}\rho_{\mathrm{s}}V_{\mathrm{L}}P_{\mathrm{L}}}{(p_{\mathrm{f}}+P_{\mathrm{L}})^{2}}\right]\frac{\partial p_{\mathrm{f}}}{\partial t}+p_{\mathrm{f}}\frac{\partial\phi_{\mathrm{f}}}{\partial t}-\nabla\cdot\left(\frac{K_{\mathrm{f-eff}}}{\mu}p_{\mathrm{f}}\frac{\partial p_{\mathrm{f}}}{\partial x}\right)=\frac{p_{\mathrm{a}}}{\rho_{\mathrm{ga}}}(Q_{\mathrm{s}}+Q_{\mathrm{m}}) \tag{6.76}$$

气体从基质扩散到裂缝：

$$Q_{\mathrm{m}}=\frac{1}{\tau}\left[q-\rho_{\mathrm{ga}}\rho_{\mathrm{s}}m_{\mathrm{e}}(p_{\mathrm{f}})\right] \tag{6.77}$$

Q_{m} 是从基质扩散到裂缝的气源。

在式（6.78）中，q 是单位基质的固体体积的吸附气体量。$\tau_{\mathrm{diffusion}}$ 代表气体运动的扩散时间。

$$\tau_{\mathrm{diffusion}}=\frac{1}{aD_{\mathrm{app}}} \tag{6.78}$$

在式（6.78）中，D_{app} 为表观扩散系数，用于评估基质和裂缝之间的气体交换。

a_{s} 是分块基质的形状因子。各向同性介质 a_{s} 可表示为：

$$a_{\mathrm{s}}=\pi^{2}\left(\frac{1}{L_{x}^{2}}+\frac{1}{L_{y}^{2}}\right) \tag{6.79}$$

$m_{\mathrm{e}}(p_{\mathrm{f}})$ 是平衡状态下的吸附气体含量。它代表裂缝和基质孔隙中的压力相等时的气体含量。该因子可通过朗格缪尔等温线表示为：

$$m_{\mathrm{e}}(p_{\mathrm{f}})=\frac{V_{\mathrm{Lm}}p_{\mathrm{f}}}{p_{\mathrm{f}}+P_{\mathrm{Lm}}} \tag{6.80}$$

可以通过公式（6.81）计算吸附过程中体积变化引发的应变：

$$\varepsilon_{\mathrm{s}}=\frac{\varepsilon_{\mathrm{Lm}}p_{\mathrm{m}}}{P_{\mathrm{Lm}}+p_{\mathrm{m}}} \tag{6.81}$$

式中：P_{Lm}、V_{Lm} 和 $\varepsilon_{\mathrm{Lm}}$ 分别代表压力、体积和膨胀应变的朗格缪尔常数。

然后根据朗格缪尔等温定律计算孔隙压力：

$$p_{\mathrm{m}}=\frac{qP_{\mathrm{Lm}}}{\rho_{\mathrm{ga}}\rho_{\mathrm{s}}V_{\mathrm{Lm}}-q} \tag{6.82}$$

不同条件下裂缝网络中的孔隙度可表示为：

$$\phi_{\mathrm{f}}=\frac{1}{1+S}\left[(1+S_0)\phi_{\mathrm{f}0}+\alpha(S-S_0)\right] \tag{6.83}$$

$$S=\varepsilon_V+\frac{p_{\mathrm{f}}}{K_{\mathrm{s}}}-\varepsilon_{\mathrm{s}} \tag{6.84}$$

$$S_0=\frac{p_{\mathrm{f}0}}{K_{\mathrm{s}}}-\varepsilon_{\mathrm{s}0} \tag{6.85}$$

在式（6.84）和式（6.85）中，“0”代表初始状态。α、ε_V 和 ε_{s} 分别代表 Biot 系数、体积应变和膨胀应变。K_{s} 代表体积模量。

根据三次定律，孔隙度和渗透率之间的关系可表示为：

$$\frac{K_{\mathrm{f}}}{K_{\mathrm{f}0}}=\left(\frac{\phi_{\mathrm{f}}}{\phi_{\mathrm{f}0}}\right)^3=\left\{\frac{1}{1+S}\left[(1+S_0)\phi_{\mathrm{f}0}+\frac{\alpha}{\phi_{\mathrm{f}0}}(S-S_0)\right]\right\}^3 \tag{6.86}$$

ϕ_{f} 相对于时间的偏导数可表示为：

$$\frac{\partial\phi_{\mathrm{f}}}{\partial t}=\frac{\alpha-\phi_{\mathrm{f}}}{1+S}\left[\frac{\partial\varepsilon_V}{\partial t}+\frac{1}{K_{\mathrm{s}}}\frac{\partial p_{\mathrm{f}}}{\partial t}-\frac{\varepsilon_{\mathrm{L}}P_{\mathrm{L}}}{(p_{\mathrm{f}}+P_{\mathrm{L}})^2}\frac{\partial p_{\mathrm{f}}}{\partial t}\right] \tag{6.87}$$

气体通过裂缝网的最终控制方程为：

$$\begin{aligned}&\left[\phi_{\mathrm{f}}+\frac{\alpha-\phi_{\mathrm{f}}}{1+S}\frac{p_{\mathrm{f}}}{K_{\mathrm{s}}}+\frac{p_{\mathrm{a}}\rho_{\mathrm{s}}V_{\mathrm{L}}p_{\mathrm{L}}}{(p_{\mathrm{f}}+p_{\mathrm{L}})^2}-\frac{\alpha-\phi_{\mathrm{f}}}{1+S}\frac{\varepsilon_{\mathrm{L}}V_{\mathrm{L}}p_{\mathrm{f}}}{(p_{\mathrm{f}}+P_{\mathrm{L}})^2}\right]\frac{\partial p_{\mathrm{f}}}{\partial t}-\nabla\cdot\left(\frac{K_{\mathrm{f-eff}}}{\mu}p_{\mathrm{f}}\frac{\partial p_{\mathrm{f}}}{\partial x}\right)\\&=\frac{(\phi_{\mathrm{f}}-\alpha_{\mathrm{f}})p_{\mathrm{f}}}{1+S}\frac{\partial\varepsilon_V}{\partial t}+\frac{p_{\mathrm{a}}}{\rho_{\mathrm{ga}}}(Q_{\mathrm{s}}+Q_{\mathrm{m}})\end{aligned} \tag{6.88}$$

其次，讨论基质中的非线性扩散和表观扩散系数。

基质中的气体质量守恒定律可以表示如下：

$$\frac{\partial(\rho_{\mathrm{g}}\phi_{\mathrm{m}})}{\partial t}+\nabla\cdot(\rho_{\mathrm{g}}\boldsymbol{v}'_{\mathrm{gm}})=-\frac{\partial q}{\partial t} \tag{6.89}$$

在式（6.89）中，$\boldsymbol{v}'_{\mathrm{gm}}$ 代表基质中的表观速度矢量，ϕ_{m} 代表基质的孔隙度。$\boldsymbol{v}'_{\mathrm{gm}}$ 表示如下：

$$v'_{gm} = -\frac{K_{mapp}}{\mu}\nabla p_m \tag{6.90}$$

之后，结合式（6.89）和式（6.90），可以得到：

$$\frac{\partial(\rho_g\phi_m)}{\partial t} + \frac{\partial q}{\partial t} = \frac{\partial\left(\rho_g\frac{K_{mapp}}{\mu}\right)}{\partial x}\cdot\frac{\partial p_m}{\partial x} + \frac{\rho_g}{\mu}K_{mapp}\frac{\partial^2 p_m}{\partial x^2} \tag{6.91}$$

为便于表达，对部分因子进行了定义：

$$c_{\rho_g} = \frac{1}{\rho_g}\frac{\partial\rho_g}{\partial p_m} = \frac{1}{p_m} - \frac{1}{z}\frac{\partial z}{\partial p_m} \tag{6.92}$$

$$\rho_g = \frac{M_g p_m}{zRT} \tag{6.93}$$

$$c_\mu = \frac{1}{\mu}\frac{\partial\mu}{\partial p_m} \tag{6.94}$$

$$c_{K_{mapp}} = \frac{1}{K_{mapp}}\frac{\partial K_{mapp}}{\partial p_m} \tag{6.95}$$

$$c_{\phi_m} = \frac{1}{\phi_m}\frac{\partial\phi_m}{\partial p_m} \tag{6.96}$$

初始孔隙压力 p_{m0} 和孔隙度 ϕ_{m0} 分别表示为：

$$\phi_m = \phi_{m0}e^{c_{\phi_m}(p_m - p_{m0})} \cong \phi_{m0}\left[1 + c_{\phi_m}(p_m - p_{m0})\right] \tag{6.97}$$

以下是等温条件下的其他系数：

$$c_1 = \frac{1}{\rho_g\phi_m}\frac{\partial(\rho_g\phi_m)}{\partial p_m} = c_{\rho_g} + c_{\phi_m} \tag{6.98}$$

$$c_2 = \frac{1}{q}\frac{\partial q}{\partial p_m} = k_a c_{\rho_g}\frac{\rho_g}{q} \tag{6.99}$$

$$c_3 = \left(\frac{\rho_g}{\mu}K_{mapp}\right)^{-1}\frac{\partial\left(\frac{\rho_g}{\mu}K_{mapp}\right)}{\partial p_m} = C_{K_{mapp}} + c_{\rho_g} + c_\mu \tag{6.100}$$

k_a 代表吸收密度相对于基质中气体密度的导数，可以表示为：

$$k_{a}=\frac{\partial q}{\partial \rho_{g}}=\frac{q}{\rho_{g} c_{\rho_{g}}\left(P_{Lm}+p_{m}\right)} \tag{6.101}$$

基于上述系数，式(6.91)可表示为：

$$\rho_{g} \phi_{m} c_{1} \frac{\partial p_{m}}{\partial t}+q c_{2} \frac{\partial p_{m}}{\partial t}=\frac{\rho_{g}}{\mu} K_{mapp}\left(\frac{\partial p_{m}}{\partial x}\right)^{2}+\frac{\rho_{g}}{\mu} K_{mapp} \frac{\partial^{2} p_{m}}{\partial x^{2}} \tag{6.102}$$

2011 年，Michel 等(Michel et al.，2011)建立了一个通用模型，用于表示毛细管中理想气体的所有流动状态。同时建立了用于描述非达西效应的模型，即 Beskok-Karniadakis 模型。该模型包含了连续流、滑移流、过渡流和自由分子流等类型。其中，气体流经通道的体积流量模型可表示为：

$$v=-\frac{1}{8} \frac{r^{2}}{\mu}\left(1+\alpha_{r} K n\right)\left(1+\frac{4 K n}{1-b_{s} K n}\right) \frac{\mathrm{d} p}{\mathrm{d} x} \tag{6.103}$$

单个毛细管的方程式可表示为：

$$v=\frac{K_{0}}{\mu}\left(1+\alpha_{r} K n\right)\left(1+\frac{4 K n}{1-b_{s} K n}\right) \frac{\mathrm{d} p}{\mathrm{d} x} \tag{6.104}$$

α_r 为稀薄系数，b_s 为滑移系数。

Xiong 等(2012)还使用了 Beskok-Karniadakis 模型，提出了包含非达西流动效应的页岩气流动模型。

2017 年，Wang 和 Sheng (2017b)对低速非达西流动进行了建模。研究发现低速非达西流态由非线性流动部分和线性流动部分组成。非线性流动部分的压力梯度初始为零。因此，低速非达西流动中不存在临界压力梯度。

低速非达西流动模型如下所示：

$$v=-\frac{K}{\mu} \frac{\partial p}{\partial x}\left(\frac{1}{1+a_{ws} \mathrm{e}^{-b_{ws}\left|\frac{\partial p}{\partial x}\right|}}\right) \tag{6.105}$$

根据式(6.105)可知，当压力梯度非常小时，会产生非线性流动。当压力梯度足够大时，将产生更明显的达西流动效应。当压力梯度趋向于零时，可将 $\frac{1}{1+a_{ws} \mathrm{e}^{-b_{ws}\left|\frac{\partial p}{\partial x}\right|}}$ 改写为 $\frac{1}{1+a_{ws}}$，表示初始状态下的非线性流动部分。

a 和 b 的相关性为：

$$a_{\mathrm{ws}}=-0.6095\left(\frac{K}{\mu}\right)^3+2.5821\left(\frac{K}{\mu}\right)^2-3.4594\left(\frac{K}{\mu}\right)+1.5836 \tag{6.106}$$

$$b_{\mathrm{ws}}=0.3603\left(\frac{K}{\mu}\right)^2-0.1049\left(\frac{K}{\mu}\right)+1.0935 \tag{6.107}$$

Al-Rbeawi 和 Owayed（2020）对未体积压裂储层（USRV）中的流体流动、体积压裂储层（SRV）中的流体流动和水力裂缝（HF）中的流体流动进行了研究。以下是分析数据（图 6.6 至图 6.8）。

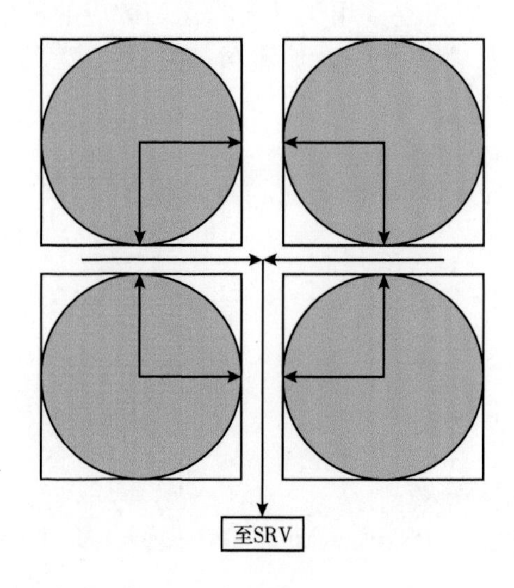

图 6.6　未体积压裂储层中的流体流动（Al-Rbeawi et al.，2020）

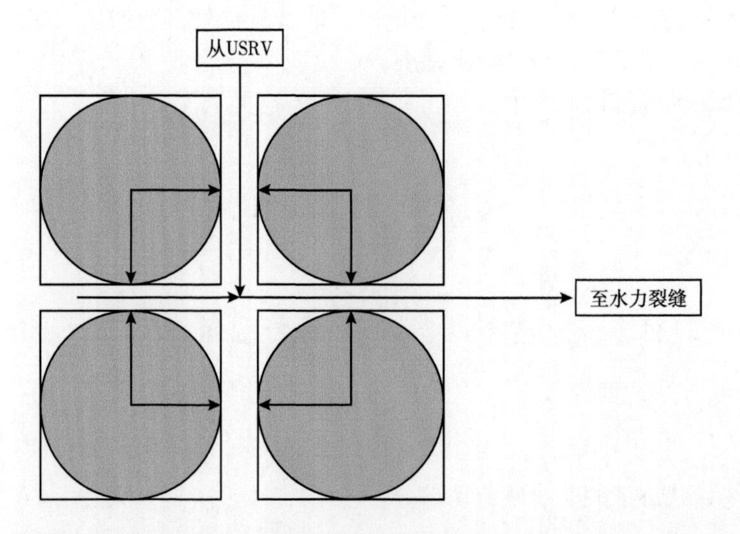

图 6.7　体积压裂储层中的流体流动（Al-Rbeawi and Owayed，2020）

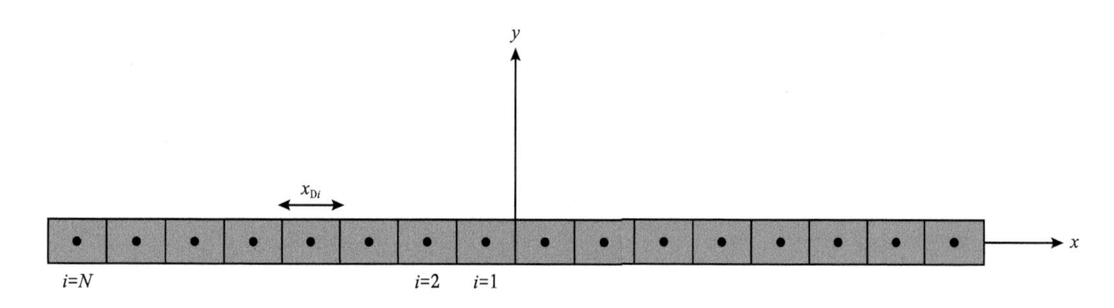

图 6.8 离散分布于多个层段的水力裂缝（Al-Rbeawi and Owayed，2020）

6.3.2 非常规致密储层（UCR）多孔介质中的八种控流作用

本节将简要介绍一下八种控流作用。其中包括黏性作用、惯性作用、毛细管作用、扩散作用、吸附作用、解吸作用、对流作用和黏弹性作用。

6.3.2.1 黏性力

利用流体的黏度，可以测定流体发生形变的阻力。这一数值可能与地层厚度有关。在现实生活中，酸奶往往比水稠，这表明酸奶的黏度比水高。

本节提出的黏性力可用于评估物体流经其他材料（固体或液体表面）的过程。其中力的方向通常与流动或移动方向相反。

6.3.2.2 惯性力

通常将惯性定义为物体运动状态（例如速度和运动方向）发生变化时产生的阻力。在没有外部作用力的情况下，物体运动能够保持恒定的速度和方向。惯性力，又称虚拟力，可直接作用于物质，使其在非惯性参考系中运动。

6.3.2.3 毛细管压力

当流体在狭窄的空间中流动时，会发生毛细管作用。即使没有辅助作用力，流体的流动也会受到毛细管作用的影响。在分子尺度上，产生毛细管力的原因是流体和流动区表面之间的分子间作用力。当流动直径足够小，毛细管作用会非常明显。

6.3.2.4 扩散力

扩散作用往往基于原子、离子甚至分子的浓度差。其方向通常是从高浓度区域到低浓度区域（图 6.9）。

6.3.2.5 吸附力

从严格意义上讲，吸附作用是一种物质附着在另一种物质上的物理和化学过程。吸附作用可以是一个吸收或吸附的过程。吸收作用表示一种特定状态的物质（如固体、液体或气体）被另一种不同状态的物质吸收的过程。此过程可以表示被固体吸收的液体，也可以表示被液体吸收的气体。吸附作用表示一种物质黏附或扩散并附着在另一种物质表面的过程。例如两种电解质之间的离子交换。

6.3.2.6 解吸力

解吸作用与吸附作用相反。它代表一种物质从吸附表面释放的过程。这一现象往往发生在液体相（流体，即气体或流体溶液）和吸附表面（分隔两种流体的固体或边界）之间处于吸附平衡状态的系统中。当液体相中的物质浓度（或压力）较低时，部分被吸附的物质将转变为液态。

6.3.2.7　对流力

对流是物质运移的过程。随着物质的运移，一些物质特性将发生改变。通常情况下，运移介质为流体，能量与流体一同发生运移。

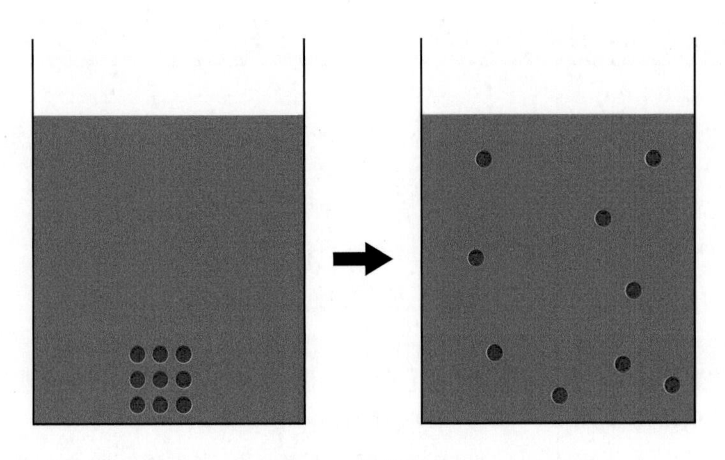

图 6.9　扩散效应

此处可以通过一个实例解释对流和扩散之间的区别。假设有一朵美丽的花，你可以在花的附近闻到香味，这就是扩散的结果。如果你离花很远，例如数米之外，此时闻到的气味可能是对流作用的结果。

6.3.2.8　黏弹力

一种材料同时具备黏性和弹性特性，称为黏弹性材料。具有黏弹性的材料具备线性抗剪切力和抗应变性，外部应力释放后，能够恢复到原始状态。黏弹性表示对材料施加应力从而发生形变，此时材料同时表现出黏性和弹性特性。黏弹性材料与水类似，当对其施加应力时，该材料可以抵抗剪切流动，并随时间发生线性应变。黏弹性特性是弹性和黏性特征的结合，其中施加的应力能够导致瞬时弹性应变，之后发生黏性应变，随时间发生变化。

6.4　动态模型开发

6.4.1　修正的 Buckingham-Reiner 方程

Zhao 等（2020）利用修正的 Buckingham-Reiner 方程获得了非达西流动表达式。其中假设如下：

（1）毛细管模型可桥接毛细管中的微观流动和多孔介质中的宏观流动现象。此项研究采用一束平行毛细管进行了理想化处理。该模型如图 6.10 所示。

（2）忽略了进出口压力效应，假设端部压力分布均匀。

（3）流体为层流。

（4）存在边界层效应。

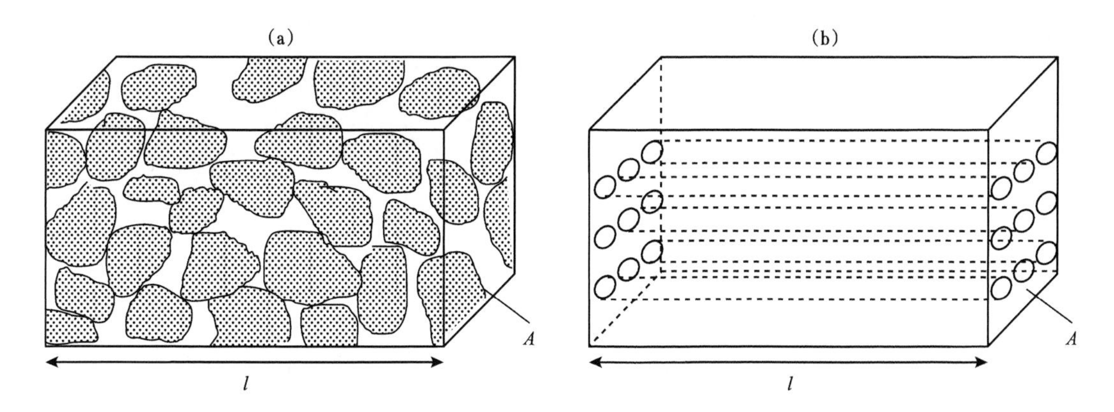

图 6.10 毛细管模型：(a)实际流动通道；(b)理想流动通道(Zhao et al., 2020)

(5)选择流动模型，用于表示宾汉流体特性。

(6)该模型忽略了滑移边界条件。

经过复杂推导，将源于修正的 Buckingham-Reiner 方程[式(6.108)]的非达西流动方程表示为：

$$v=-\frac{K}{\mu}\frac{\partial p}{\partial x}\beta \tag{6.108}$$

其中

$$\beta=\begin{cases}0, & \left|\frac{\partial p}{\partial x}\right|<\lambda \\ \left(1-\frac{\alpha}{\left|\frac{\partial p}{\partial x}\right|}\right)^4\left[1-\frac{4}{3}\frac{\lambda-\alpha}{\left|\frac{\partial p}{\partial x}\right|-\alpha}+\frac{1}{3}\frac{(\lambda-\alpha)^4}{\left(\left|\frac{\partial p}{\partial x}\right|-\alpha\right)^4}\right], & \left|\frac{\partial p}{\partial x}\right|\geqslant\lambda\end{cases}$$

图 6.11 至图 6.14 分别表示流体单元的受力分析、毛细管内剪切应力分布、毛细管内速度分布和宾汉流体单元的形变。

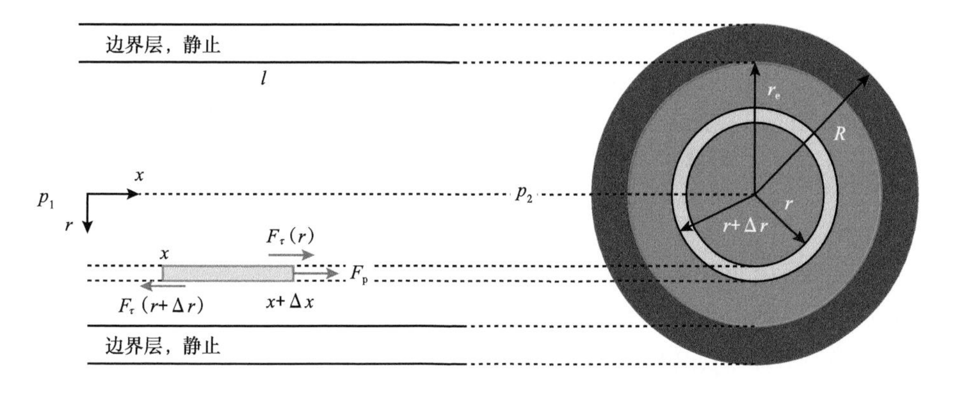

图 6.11 流体单元的受力分析(Zhao et al., 2020)

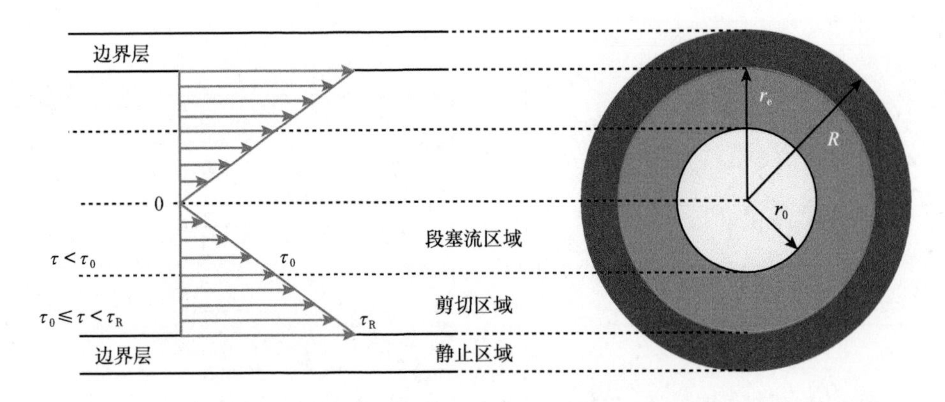

图 6.12　毛细管内剪切应力分布（Zhao et al.，2020）

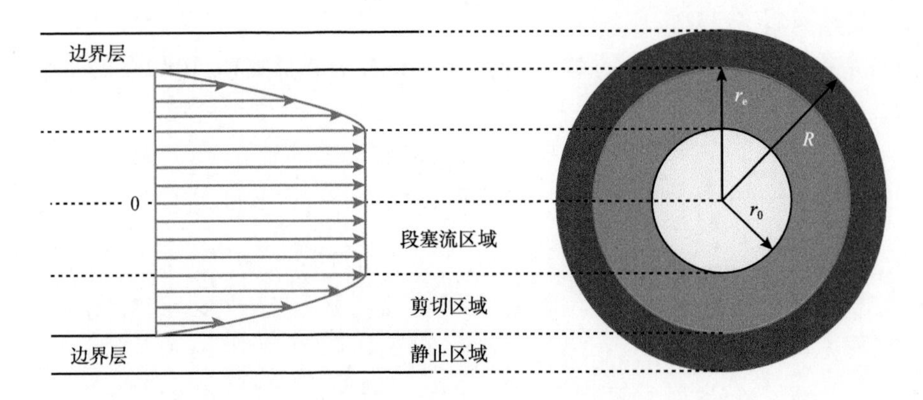

图 6.13　毛细管内速度分布（Zhao et al.，2020）

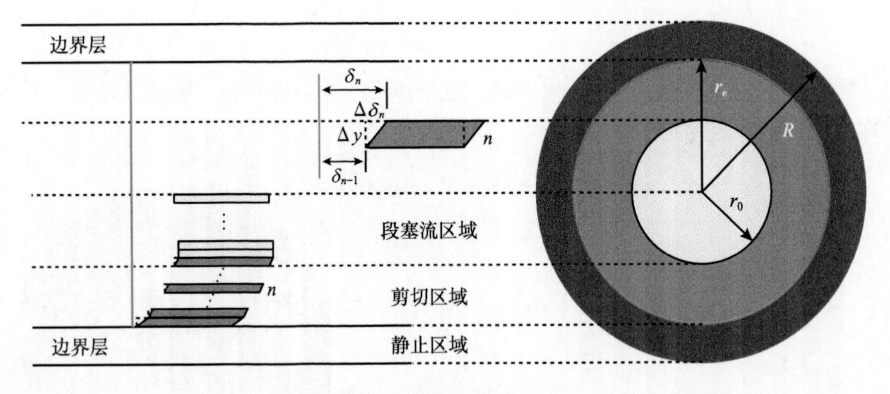

图 6.14　宾汉流体单元的形变特性（Zhao et al.，2020）

6.4.2　与滑移边界条件相关的模型

在 Wang 等（2017）的综述中，详细论述了滑移边界条件，以及滑移边界条件和克努森层内部的速度分布。

气体流动的一阶滑移边界条件见式（6.109）：

$$u_{\mathrm{slip}}=-\frac{2-\sigma_{\mathrm{TMAC}}}{\sigma_{\mathrm{TMAC}}}Kn\left(\frac{\partial u}{\partial n}\right)_s \tag{6.109}$$

由上文可知，u_{slip} 取决于 Kn 和速度条件，表达式（二阶）如下所示：

$$u_{\mathrm{slip}}=C_1Kn\left(\frac{\partial u}{\partial n}\right)_s-C_2Kn\left(\frac{\partial^2 u}{\partial^2 n}\right) \tag{6.110}$$

此处 C_1 和 C_2 可以是常数，也可以是 Kn 的函数。实验结果验证表明，最精准的模型如下：

$$\begin{aligned}C_1&=\frac{2}{3}\left[\frac{3-\sigma f^3}{\sigma}-\frac{3}{2}\frac{3\left(1-f^2\right)}{Kn}\right]\\C_2&=\frac{1}{4}\left[f^4+\frac{2}{Kn^2}\left(1-f^2\right)\right]\end{aligned} \tag{6.111}$$

在式（6.111）中，$f=\max[1/Kn,1]$。

滑移效应和扩散效应使得渗透率增加，此时表观渗透率大于绝对渗透率。表观渗透率 K_{a} 和绝对渗透率 K_∞ 之间的关系为：

$$K_{\mathrm{a}}=f(Kn)K_\infty \tag{6.112}$$

其中 $f(Kn)$ 是磁导率乘数。

6.4.3 Enskog 方程

Sheng 等（2020）的工作中提到了 Enskog 方程，并对其开展了研究。Enskog 方程可用于描述当流体密度超过稀薄气体玻尔兹曼极限时的特征。动力学理论描述基于函数 $f=f(r,v,t)$。该函数是分子速度分布的函数，表示 r 周围体积范围 $\mathrm{d}r$ 内的原子数，速度在 v 和 $v+\mathrm{d}v$ 范围内。利用 Enskog 方程描述 f 的时空分布和发展（本次研究的对象是致密气）。本次研究使用的模型专门用于研究气体，其中粒度有限的原子和非局部碰撞带起到了突出的作用。

$$\frac{\partial f}{\partial t}+v\cdot\frac{\partial f}{\partial r}=\sigma_{\mathrm{md}}{}^2\int\left(v_r\cdot\hat{k}\right)^+\mathrm{d}v_1\mathrm{d}^2\hat{k}\times\left\{\begin{array}{l}\chi[\eta]\left(r,r+\sigma\hat{k}\right)f\left(r+\sigma\hat{k},v_1^*,t\right)f\left(r,v^*,t\right)\\-\chi[\eta]\left(r,r-\sigma\hat{k}\right)f\left(r-\sigma\hat{k},v_1,t\right)f\left(r,v,t\right)\end{array}\right\} \tag{6.113}$$

本次研究使用了标准的 Enskog 理论（SET），其中使用直径为 σ_{md} 的球形体积的密度场平均值代替接触点处的实际密度。

$$\chi[\eta]\left(r,r\pm\sigma\hat{k}\right)=\chi\left[\bar{\eta}\left(r\pm\sigma\frac{\hat{k}}{2}\right)\right] \tag{6.114}$$

其中，χ可表示为：

$$\chi(\eta)=\frac{1}{2}\frac{2-\eta}{(1-\eta)^3} \tag{6.115}$$

以及

$$\overline{\eta}(r,t)=\frac{3}{4\pi\sigma^3}\int_{R^3}\eta(r*,t)w(r,r*)\mathrm{d}r* \tag{6.116}$$

$$w(r,r*)=\begin{cases}1, & \|r*-r\|<\sigma_{\mathrm{md}} \\ 0, & \|r*-r\|\geqslant\sigma_{\mathrm{md}}\end{cases} \tag{6.117}$$

对蒙特卡罗（DSMC）模型进行改进，从而求解 Enskog 方程。

前人使用含尘气体模型表征致密气和页岩气储层系统中的流动特性（Freeman et al., 2011）。当渗透率小于 $10^{-12}\mathrm{m}^2$ 时，该模型较为拟合。该模型还可用于研究孔隙表面的分子相互作用，这一作用与克努森扩散有关。页岩储层的渗透率通常为 $10^{-21}\mathrm{m}^2$，储层中常存在扩散作用，因此能够使用尘气模型描述流体流动过程。

该模型表示如下：

$$\sum_{j=1,j\neq i}^{n_c}\frac{x_iN_j-x_jN_i}{D_{ij}^{\mathrm{e}}}-\frac{N_i}{D_{i,\mathrm{k}}}=\frac{p}{RT}\nabla x_i+\left(1+\frac{K_0p}{\mu D_{i,\mathrm{k}}}\right)\frac{x_i\frac{\partial p}{\partial x}}{RT} \tag{6.118}$$

在式（6.118）中，D_{ij}^{e}代表材料 i 在材料 j 中的有效气体扩散率，$D_{i,\mathrm{k}}$是材料 i 的克努森扩散率，n_c是系统中存在的组分数量。

当材料种类为 1 时，式（6.118）可以简化为：

$$N_i=-\left(D_{i,\mathrm{k}}+\frac{K_0p}{\mu}\right)\frac{\frac{\partial p}{\partial x}}{RT} \tag{6.119}$$

式（6.119）和修正的达西定律之间存在等效性，其中利用克林肯贝格系数对达西定律进行改进，具体如下：

$$N_i=-\left(\frac{b_{\mathrm{k}}}{p}+1\right)\frac{pK_0}{\mu}\frac{\frac{\partial p}{\partial x}}{RT} \tag{6.120}$$

如果系统组分具有二元性，则互扩散作用的影响较大。尘气模型可用两个方程表示。

$$\begin{cases}\dfrac{x_1N_2-x_2N_1}{D_{12}^*}-\dfrac{N_1}{D_{1,\mathrm{k}}}=\dfrac{p}{RT}\dfrac{\partial x_1}{\partial x}+\left(1+\dfrac{K_0p}{\mu D_{1,\mathrm{k}}^{\mathrm{e}}}\right)\dfrac{x_1\frac{\partial p}{\partial x}}{RT} \\ \dfrac{x_2N_1-x_1N_2}{D_{21}^*}-\dfrac{N_2}{D_{2,\mathrm{k}}}=\dfrac{p}{RT}\dfrac{\partial x_2}{\partial x}+\left(1+\dfrac{K_0p}{\mu D_{2,\mathrm{k}}^{\mathrm{e}}}\right)\dfrac{x_2\frac{\partial p}{\partial x}}{RT}\end{cases} \tag{6.121}$$

在式（6.121）中，D^*_{21} 是材料 1 中材料 2 的有效扩散率，其中针对多孔介质进行了调整；D^*_{12} 是材料 2 中材料 1 的有效扩散系数，其中针对多孔介质进行了调整；$D_{1,k}$ 是材料 1 的克努森扩散率，其中针对多孔介质进行了调整；$D_{2,k}$ 是材料 2 的克努森扩散率，其中针对多孔介质进行了调整。

系统中存在两种组分，因此流体通量的组成通常遵循以下规则：

$$Y_1 = \frac{N_1}{\sum_{i=1,n} N_i} \tag{6.122}$$

在式（6.122）中，Y_1 代表流动气体中组分 1 的摩尔分数。

Mi 等（2014）利用修正的 Buckingham-Reiner 方程得到了非达西流动表达式。研究人员普遍认为，页岩储层中的天然气包含多种存储形式。可将其区分为限制在孔隙中的游离气，或附着在其他材料上的吸附气（图 6.15）。

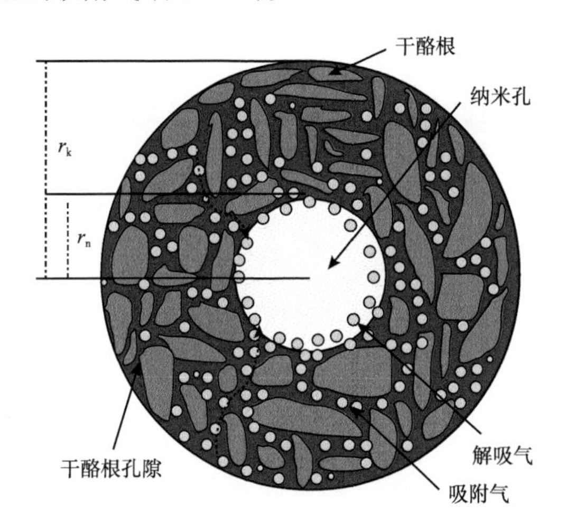

图 6.15　具有代表性的干酪根物性扩散模型（Mi et al.，2014）

本次研究还介绍了朗格缪尔等温吸附方程。其中单位时间内单位面积 J_{des} 上气体的解吸通量与气体覆盖面积比 θ 成正比：

$$J_{des} = K_{des}\theta \tag{6.123}$$

吸附过程也具备如下平衡：

$$J_{ads} = K_{ads}(1-\theta)p_n \tag{6.124}$$

当吸附和解吸达到平衡时，可以得到：

$$J_{des} = J_{ads} \tag{6.125}$$

根据式（6.123）至式（6.125），可以得到吸附气体覆盖面积比：

$$\theta = \frac{K_{ads}p_n}{K_{des} + K_{ads}p_n} \tag{6.126}$$

随着页岩气的产生，压力会降低，从而打破热力学状态的平衡。这一不平衡的状态将导致解吸，可据此提出气体质量守恒方程，如下所示：

$$\left[K_{\mathrm{des}}\theta_{x,t}-K_{\mathrm{ads}}\left(1-\theta_{x,t}\right)p_{x,t+1}\right]\Delta t=\frac{S_0M}{N}\left(\theta_{x,t}-\theta_{x,t+1}\right) \tag{6.127}$$

在吸附—解吸失衡作用下，单位孔隙表面产生的气体量表示为：

$$\left[K_{\mathrm{des}}\theta_{x,t}-K_{\mathrm{ads}}\left(1-\theta_{x,t}\right)p_{x,t+1}\right]=\frac{S_0M}{N}\frac{\left(\theta_{x,t}-\theta_{x,t+1}\right)}{\Delta t}=\frac{S_0M}{N}\frac{\Delta\theta}{\Delta t} \tag{6.128}$$

6.4.4 包含黏性和扩散特征的模型

在 Yao 的工作中（Yao et al.，2013），对黏性流动和克努森扩散与 Javadpour 模型、Civan 模型和 DGM 模型一并进行了研究。

2009 年，前人提出了 Javadpour 模型（Javadpour，2009），该模型描述了单个纳米级流通通道中的黏性流动和克努森扩散，具有表观渗透率。

$$N_{\mathrm{t}}=-\frac{\rho K_{\mathrm{a}}}{\mu}\left(\frac{\partial p}{\partial x}\right) \tag{6.129}$$

K_{a}表示为：

$$K_{\mathrm{a}}=\left\{\frac{2\mu M_{\mathrm{mm}}}{3RT\rho}\left(\frac{8RT}{\pi M_{\mathrm{mm}}}\right)^{0.5}\frac{8}{r_{\mathrm{nano}}}+\left[1+\left(\frac{8\pi RT}{M_{\mathrm{mm}}}\right)^{0.5}\frac{\mu}{pr}\left(\frac{2}{\sigma_{\mathrm{TMAC}}}-1\right)\right]\right\}K_{\infty} \tag{6.130}$$

K_{∞} 表示为：

$$K_{\infty}=\frac{\phi r^2}{8\tau_{\mathrm{t}}} \tag{6.131}$$

该模型为 Civan 模型（Civan，2010），可利用克努森数表示表观渗透率。

$$K_{\mathrm{a}}=K_{\infty}f\left(Kn\right)=K_{\infty}\left[1+\alpha\left(Kn\right)Kn\right]\left(1+\frac{4Kn}{1-b_{\mathrm{slip}}Kn}\right) \tag{6.132}$$

在式（6.132）中，b_{slip}是滑移系数，当流体类型为滑移流时，该数值为 -1。

α（Kn）的值为：

$$\alpha\left(Kn\right)=\frac{128}{15\pi^2}\tan^{-1}\left(4.0Kn^{0.4}\right) \tag{6.133}$$

本次研究将重点讨论上文提及的 DGM 模型。此处对单组分气体运移模型进行了部分简化。

$$K_{\mathrm{a}} = K_{\infty}\left(1+\frac{b_{\mathrm{k}}}{p}\right), \quad b_{\mathrm{k}} = \frac{D_{\mathrm{k}}\mu}{K_{\infty}} \tag{6.134}$$

式中：b_k 为克林肯贝格系数；D_k 为克努森扩散系数，可以表示为：

$$D_{\mathrm{k}} = \frac{\phi}{\tau_{\mathrm{h}}}\frac{2r}{3}\sqrt{\frac{8RT}{\pi M}} \tag{6.135}$$

前人也就这个问题进行了研究。Sheng 等（2020）研究了致密多孔介质中的致密气体流动，并在分子水平上进行模拟，以验证 Enskog 方程。Wang et al.（2018）讨论了致密油气藏和页岩油气藏中非达西渗流的孔隙网络模型。

在讨论了 UCR 流体流动的多个表达式后，本次研究总结了 8 种机制，其涉及领域从纯物理理论到数学表达式。

6.4.5 8 种机制的物理含义

6.4.5.1 黏性力

黏性流体较为黏稠，不易流动。如果一种流体不易流动，可以称之为具有黏性的流体。这是关于黏性的一个粗略定义。可以通过黏性力更好地理解这种机制。黏性力是衡量流体流动阻力的指标。流体中的黏性力与流体速度在空间中变化的速率成比例，这一比例常数即黏度。

黏度代表流体对自身形状变化或相邻流体相对运动的阻力。可以将其定义为流体分子内的内摩擦力，它阻碍了速度差的增加。

6.4.5.2 扩散力

扩散是指分子从浓度较高的区域向浓度较低的区域移动的过程，分为简单扩散和辅助扩散。

6.4.5.3 吸附力

吸附作用用于描述吸收和吸附的作用。这两个作用是化学和生物学中的重要反应过程。吸附和吸收作用之间的主要区别在于，吸附作用是一个表面过程，而吸收作用是一个体相过程。吸附作用表示气体或液体在液体或固体上的积聚。根据吸附剂（化学物质附着的基质）和吸附分子之间的相互作用的强度，对其进行进一步定义。

也可以根据力的类型、物理吸附和化学吸附性质对吸附作用进行分类。物理吸附作用通常基于底物和吸附质（被吸附的分子）之间的范德华相互作用，而化学吸附作用通常基于将吸附质黏附至吸附剂的化学键（通常是共价键）。与物理吸附相比，化学吸附需要更多的能量。这两种吸附作用之间的区别在于所消耗的能量。

另一方面，吸收作用与固体、液体或气体的整体性质有关。在吸收过程中，原子或分子穿过物质表面，进入物质内部。吸收作用可以分为两类，即物理吸收和化学吸收。物理吸收是一个非反应性过程，这一过程取决于流体和气体性质，以及溶解度、温度和压力等物理特性。化学吸收表示原子或分子被吸收时发生的化学反应。

6.4.5.4 解吸力

解吸作用与吸附作用相反。它表示一种物质从另一种物质中释放出来，无论是从物质表面还是通过物质表面（即从物质内部）。例如，可口可乐中的二氧化碳，当瓶子完好无损时，可口可乐中的二氧化碳浓度是恒定的，当瓶子打开时，压力降低，二氧化碳释放出来。这就是一种解吸作用。

6.4.5.5 惯性力

惯性力的方向与作用在物体上的加速力相反，其数值等于加速度与物体质量的乘积。也可以将其解释为近似作用在物质上的力，使用非惯性参考系（如加速或旋转参考系）描述该物质的运动。在流体力学中，惯性是由流体动量产生的力，而在流经多孔介质的流体流动中，压降和速度之间的关系通常呈非线性关系。

6.4.5.6 对流力

对流是一个或多个物质通过整体运动进行运移的过程。能量和焓都是对流物质。

6.4.5.7 毛细管力

毛细管现象是指流体在狭窄空间中流动的能力，此过程不受重力等外力的帮助，甚至不会被其阻碍。

6.4.5.8 黏弹力

黏弹性是指材料在发生形变时同时表现出黏性和弹性特性。在施加应力时，黏性材料（如水）能抵抗剪切流的作用力，并随时间发生线性应变。

6.4.6 8种机制的数学表达式

6.4.6.1 黏性力

黏性力引入多孔介质中的流体流动相关研究中，得到的表达式即达西定律。

$$v=-\frac{K}{\mu}\frac{\partial p}{\partial x} \tag{6.136}$$

6.4.6.2 扩散力

在扩散过程中，最常见的具有代表性的表达式是一阶费克定律，如下所示：

$$J=-D_{\mathrm{diff}}\frac{\mathrm{d}C}{\mathrm{d}x} \tag{6.137}$$

式中：J为质量通量；D_{diff}为扩散常数，D_{diff}的数值由扩散物、温度和介质决定；$\frac{\mathrm{d}C}{\mathrm{d}x}$为浓度梯度。

6.4.6.3 吸附力

在吸附过程中，朗格缪尔吸附等温线如下所示：

$$\text{朗格缪尔吸附等温线}=\frac{\text{材料吸附量}}{\text{剩余平衡浓度}} \tag{6.138}$$

6.4.6.4 解吸力

解吸速率可以量化，如下所示：

$$R=rN^{x} \tag{6.139}$$

在式（6.139）中，R 为解吸速率，r 为解吸过程的速率常数，N 为吸附材料的浓度，x 为解吸的动力学级数。

6.4.6.5　对流力

对于一种不可压缩流体，Scherer 推导出的对流方程为：

$$\frac{\mathrm{d}f}{\mathrm{d}t}=\frac{\partial}{\partial t}f(r,t)+[u(r,t)\mathrm{grad}]f(r,t)=0 \tag{6.140}$$

在式（6.140）中，$u(r,t)$ 为流体的速度，$f(r,t)$ 为物质随时间变化的浓度。

6.4.6.6　惯性力

Forchheimer 流动方程可用于分析多孔介质中的惯性力：

$$-\frac{\partial p}{\partial x}=\frac{\mu}{K}v+\rho\beta v^2 \tag{6.141}$$

6.4.6.7　毛细管力

在流体和岩石的界面张力和表面张力、孔隙几何形状、整体储层系统的尺寸和润湿特性的综合作用下，油气储层产生了毛细管力。

计算毛细管压力的方程式如下所示：

$$p_{\mathrm{c}}=\frac{2\gamma\cos\theta_{\mathrm{wetting}}}{r_{\mathrm{effective}}} \tag{6.142}$$

6.4.6.8　黏弹力

以下微分方程可用于计算黏弹力，其中利用 Kelvin–Voigt 模型能够将应力和应变联系起来，如下所示：

$$\sigma_{\mathrm{stress}}=E_{\mathrm{modulus}}\varepsilon+\eta_{\mathrm{m}}\frac{\mathrm{d}\varepsilon}{\mathrm{d}t} \tag{6.143}$$

式中：σ_{stress} 为应力；E_{modulus} 为材料的弹性模量；ε 为应变；η_{m} 为材料的黏度；$\frac{\mathrm{d}\varepsilon}{\mathrm{d}t}$ 为随时间变化的应变量。

6.4.7　模型开发样本

以扩散率方程为例，研究如何对流动机制进行建模。

由图 6.16 可知，剩余质量速率等于输入质量速率减去输出质量速率。方程式如下所示：

$$(v_x\rho_x\Delta y\Delta z)-(v_{x+\Delta x}\rho_{x+\Delta x}\Delta y\Delta z)=(\Delta x\Delta y\Delta z)\phi\frac{(\rho_{t+\Delta t}-\rho_t)}{\Delta t} \tag{6.144}$$

则式（6.144）经处理可得：

$$-\frac{(v_{x+\Delta x}\rho_{x+\Delta x})-(v_x\rho_x)}{\Delta x}=\frac{\phi(\rho_{t+\Delta t}-\rho_t)}{\Delta t} \tag{6.145}$$

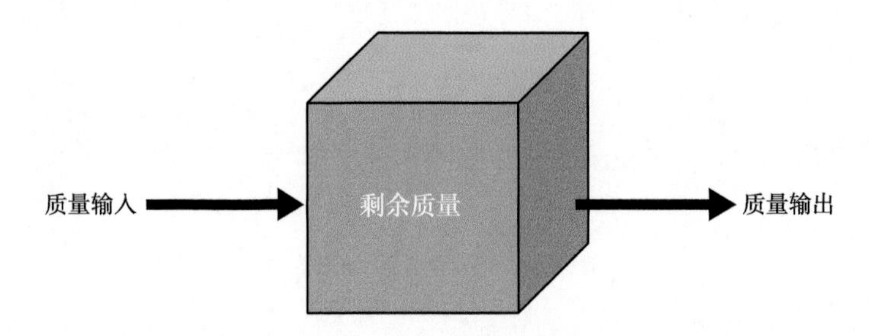

图 6.16　立方模型的质量守恒

如果空间差和时间差达到极限，则有：

$$\frac{\partial(v\rho)}{\partial x}=-\phi\frac{\partial\rho}{\partial t} \tag{6.146}$$

如果引入 Forchheimer 方程，则有：

$$-\frac{\partial p}{\partial x}=\frac{\mu}{K}v+\rho\beta v^2 \tag{6.147}$$

取式（6.142）两边 x 的导数，则有：

$$-\frac{\partial^2 p}{\partial x^2}=\frac{\mu}{K}\frac{\partial v}{\partial x}+2\beta\rho v\frac{\partial v}{\partial x} \tag{6.148}$$

重新排列式（6.148），可得：

$$-\frac{\partial^2 p}{\partial x^2}=\rho\left(\frac{\mu}{K\rho}+2\beta v\right)\frac{\partial v}{\partial x} \tag{6.149}$$

根据式（6.150）：

$$\rho\left(\frac{\partial v}{\partial x}\right)=-\phi\frac{\partial\rho}{\partial t}-v\frac{\partial\rho}{\partial x} \tag{6.150}$$

则式（6.149）可表示为：

$$-\frac{\partial^2 p}{\partial x^2}=\left(\frac{\mu}{K\rho}+2\beta v\right)\left(-\phi\frac{\partial\rho}{\partial t}-v\frac{\partial\rho}{\partial x}\right) \tag{6.151}$$

重新排列方程式并使用链式规则 $\frac{\partial\rho}{\partial x}=\frac{\partial\rho}{\partial p}\frac{\partial p}{\partial x}$ 和 $\frac{\partial\rho}{\partial t}=\frac{\partial\rho}{\partial p}\frac{\partial p}{\partial t}$ 计算后，式（6.151）可表示为：

$$-\frac{\partial^2 p}{\partial x^2}=\left(\frac{\mu}{K\rho}+2\beta v\right)\left(-\phi\frac{\partial\rho}{\partial p}\frac{\partial p}{\partial t}-v\frac{\partial\rho}{\partial p}\frac{\partial p}{\partial x}\right) \tag{6.152}$$

若 $\frac{\partial\rho}{\partial p}=c\rho$，则式（6.152）可表示为：

$$\frac{\partial^2 p}{\partial x^2}=\left(\frac{\mu}{k\rho}+2\beta v\right)\left(\phi\frac{\partial p}{\partial t}v\frac{\partial p}{\partial x}\right)c\rho \tag{6.153}$$

再次重排，则：

$$\frac{\partial^2 p}{\partial x^2}=c\phi\left(\frac{\mu}{K}+2\rho\beta v\right)\frac{\partial p}{\partial t}+cv\left(\frac{\mu}{K}+2\rho\beta v\right)\frac{\partial p}{\partial x} \tag{6.154}$$

则式（6.154）代表包含黏性项和惯性项的“扩散率”模型。

此处对 Forchheimer 流动方程进行变形。

改性多孔介质中的费克定律表示为：

$$\frac{\partial p}{\partial x}=-D\beta v\frac{\partial C}{\partial x} \tag{6.155}$$

此处可使用无量纲量。在式（6.155）中，各项的量纲见式（6.156）：

$$\begin{gathered}\frac{\partial p}{\partial x}=\frac{\frac{\mathrm{M}}{\mathrm{LT^2}}}{\mathrm{L}}=\frac{\mathrm{M}}{\mathrm{L^2T^2}}\\ v=\frac{\mathrm{L}}{\mathrm{T}}\\ \beta=\frac{1}{\mathrm{L}}\\ D=\frac{\mathrm{L^2}}{\mathrm{T}}\\ \frac{\partial C}{\partial x}=\frac{\frac{\mathrm{M}}{\mathrm{L^3}}}{\mathrm{L}}=\frac{\mathrm{M}}{\mathrm{L^4}}\end{gathered} \tag{6.156}$$

之后，进行量纲分析，用于检验：

$$\begin{gathered}\frac{\partial p}{\partial x}=-D\beta v\frac{\partial C}{\partial x}\\ \frac{\mathrm{M}}{\mathrm{L^2T^2}}=\frac{\mathrm{L}}{\mathrm{T}}\times\frac{1}{\mathrm{L}}\times\frac{\mathrm{L^2}}{\mathrm{T}}\times\frac{\mathrm{M}}{\mathrm{L^4}}=\frac{\mathrm{M}}{\mathrm{L^2T^2}}\end{gathered} \tag{6.157}$$

则式（6.155）符合量纲分析的要求。使用式（6.155）修正 Forchheimer 流动方程：

$$-\frac{\partial p}{\partial x}=\frac{\mu}{K}v+\rho\beta v^2+D\beta v\frac{\partial C}{\partial x} \tag{6.158}$$

经过复杂的推导，可得：

$$\frac{\partial^2 p}{\partial x^2}=\left(\frac{\mu}{K}+2\rho\beta v+D\beta\frac{\partial C}{\partial x}\right)\left(\frac{\phi}{\rho}\frac{\partial\rho}{\partial p}\frac{\partial p}{\partial t}+\frac{v}{\rho}\frac{\partial\rho}{\partial p}\frac{\partial p}{\partial x}\right)-D\beta v\frac{\partial^2 C}{\partial x^2} \tag{6.159}$$

式（6.159）即考虑扩散效应的流动方程。

6.5 动态模型验证

可以通过参数、实验数据和现场数据对本次研究建立的模型进行验证。

6.5.1 参数验证

前人将实验结果与模拟获得的非达西渗流参数进行比较，验证了非达西渗流的数值模拟模型中的孔隙网络特征（Ong et al.，2020）。在本次研究中，利用模型计算了非达西渗透系数 k 和流动指数 m，并进行了实验验证。然后，对这两个系列的数据进行比较，验证上文提出的模型。表 6.6 对这些具体数据进行了比较。

表 6.6 混凝土试件的实验和模拟非达西渗透率参数的比较（Ong et al.，2020）

样品编号	实验		模拟		k 的百分误差	m 的百分误差
	非达西渗透率系数 k/（mm/s）	流动指数 m	非达西渗透率系数 k/（mm/s）	流动指数 m		
1	13.00	0.500	13.05	0.511	0.38%	2.24%
2	12.05	0.479	12.18	0.510	1.08%	6.49%
3	22.52	0.484	22.77	0.516	1.11%	6.55%
4	14.12	0.495	14.19	0.515	0.50%	4.14%
5	19.14	0.491	19.27	0.514	0.68%	4.54%
6	19.69	0.468	19.94	0.511	1.27%	9.30%
7	21.72	0.452	22.12	0.511	1.84%	13.03%
8	21.89	0.471	22.20	0.512	1.42%	8.78%
9	17.84	0.486	17.99	0.512	0.84%	5.48%
10	16.71	0.493	16.82	0.512	0.66%	3.73%
11	12.76	0.447	13.03	0.510	2.12%	14.07%
12	18.50	0.485	18.70	0.513	1.08%	5.81%

前人对渗透率标准（Ghanizadeh et al.，2017）进行了多项验证，其中包含理论值和各种实验值。图 6.17 表明了研究结果。

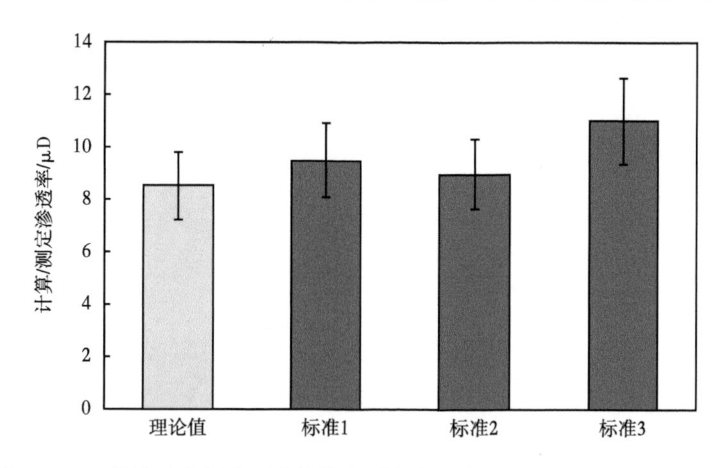

图 6.17　三种渗透率标准下的计算和测定渗透率（Ghanizadeh et al.，2017）

6.5.2　实验数据验证

Zhao 等（2020）对模型进行了实验和模拟验证。为了验证非达西方程，共进行了两个实验室实验，分别是液柱实验和岩心流动实验。图 6.18 展示了这两个实验的相关装置。

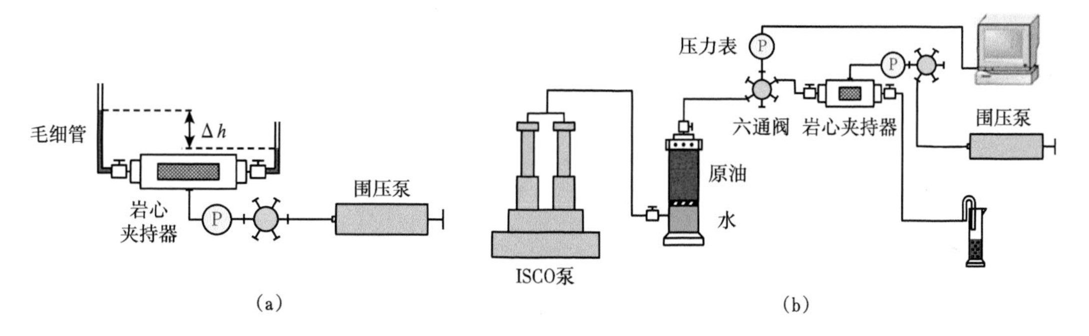

图 6.18　（a）液柱实验和（b）岩心流动实验的相关装置（Zhao et al.，2020）

也可以对这两种方法进行组合，从而开展验证（图 6.19）。

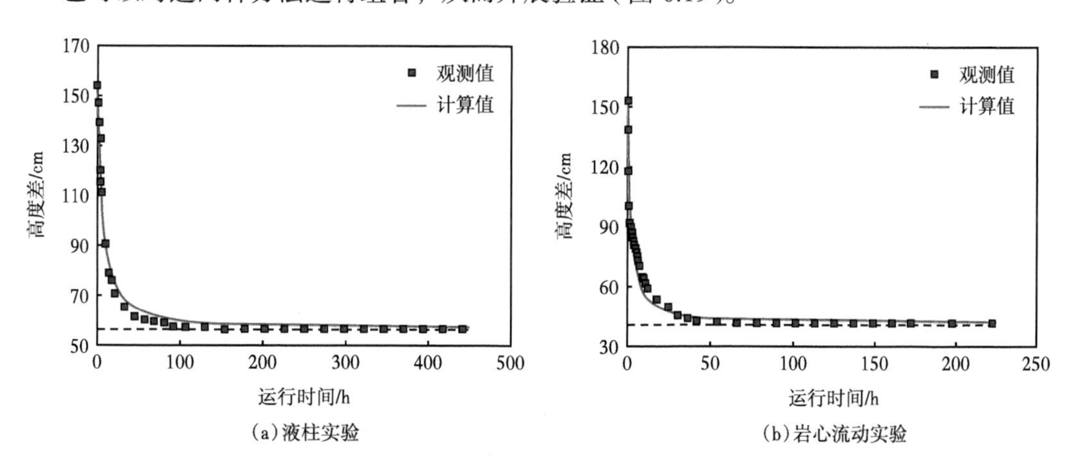

图 6.19　两个岩心液柱实验中的高度差与运行时间（Zhao et al.，2020）

根据驱动压力梯度、速度和下降速率之间的关系，可以得到如下非线性微分方程：

$$\frac{\mathrm{d}(\Delta h)}{\mathrm{d}t}\frac{R^2}{2}=\frac{K}{\mu}\frac{\rho_{\mathrm{oil}}g\Delta(t)}{L}\beta\left[\frac{\rho_{\mathrm{oil}}g\Delta h(t)}{L}\right] \tag{6.160}$$

通过实验得到K、β和λ，据此可以获得$\Delta h(t)$。计算结果与观测值之间的比较如图6.19所示。

6.5.3 现场数据验证

在Wang和Sheng的研究中（Wang et al.，2018），使用贝雷砂岩的现场数据进行了验证。通常将贝雷砂岩的数据作为验证孔隙网络模型的基准值。

本次验证在使用贝雷砂岩数据时忽略了非达西流动作用。利用现场数据验证模型中的达西流动。

6.6 数学表达式

上文已经讨论了8种机制及作用力，其中并未着重描述如何将它们集成到现有模型中，以及如何研究这些机制对流体流动的影响。使用三个模型来研究这些机制及作用力。其中包括：（1）黏性流和克努森扩散的组合（Yao et al.，2013）；（2）吸附和解吸（Mi et al.，2014）；（3）扩散作用（Mi et al.，2014）。

6.6.1 黏性流与克努森扩散的组合

在相关研究中，使用三个模型描述黏性力和扩散作用，即Javadpour模型、Civan模型和DGM模型。模型如下。

关于Javadpour模型：

$$K_{\mathrm{a}}=\left\{\frac{2\mu M}{3RT\rho}\left(\frac{8RT}{\pi M}\right)^{0.5}\frac{8}{r}+\left[1+\left(\frac{8\pi RT}{M}\right)^{0.5}\frac{\mu}{pr}\left(\frac{2}{\alpha}-1\right)\right]\right\}K_{\infty} \tag{6.161}$$

式中：K_{a}为表观渗透率。右边的项同时包含了扩散作用和黏性作用。

关于Civan模型：

$$K_{\mathrm{a}}=K_{\infty}f(Kn)=K_{\infty}\left[1+\alpha(Kn)Kn\right]\left(1+\frac{4Kn}{1-b_{\mathrm{slip}}Kn}\right) \tag{6.162}$$

在计算表观渗透率的过程中，考虑了克努森数带来的影响。

关于含尘气体模型（DGM）：

$$K_{\mathrm{a}}=K_{\infty}\left(1+\frac{b_{\mathrm{k}}}{p}\right),\quad b_{\mathrm{k}}=\frac{D_{\mathrm{k}}\mu}{K_{\infty}} \tag{6.163}$$

$$D_{\mathrm{k}}=\frac{\phi}{\tau_{\mathrm{h}}}\frac{2r}{3}\sqrt{\frac{8RT}{\pi M}} \tag{6.164}$$

根据上述三个模型可知，机制的整合可以通过对表观渗透率的影响来实现。只要考虑到渗透率带来的影响，在表观渗透率模型中进行实验，就能够在流体流动方程和模型中表现各个机制带来的影响。

6.6.2 吸附和解吸

在吸附和解吸失衡作用（Mi et al., 2014）下，单位孔隙表面产生的气体量可计算如下：

$$\left[K_{\mathrm{des}}\theta_{x,t}-K_{\mathrm{ads}}\left(1-\theta_{x,t}\right)p_{x,t+1}\right]=\frac{S_0M}{N}\frac{\left(\theta_{x,t}-\theta_{x,t+1}\right)}{\Delta t}=\frac{S_0M}{N}\frac{\Delta\theta}{\Delta t} \tag{6.165}$$

上一节已经对该方程进行了推导。该方程整合到现有方程式中，如下所示：

$$\frac{\partial}{\partial x}\left[A_{\mathrm{c}}(x)\rho u\right]+A\left(\frac{S_0M}{N}\frac{\Delta\theta}{\Delta t}\right)=A_{\mathrm{c}}(x)\frac{\partial}{\partial t}(\phi\rho) \tag{6.166}$$

根据这一方程，可以建立另一种方法，从而将 8 种机制纳入控制方程，例如连续性方程。这种方法不同于表观渗透率模拟方法。

6.6.3 扩散作用

本次研究涉及的扩散作用（Mi et al., 2014）代表由扩散作用产生的质量通量，如下所示：

$$J_{\mathrm{diff}}=D_{\mathrm{kerogen}}\frac{\partial C}{\partial r}_{(r=r_{\mathrm{n}})} \tag{6.167}$$

J_{diff} 可以表示分子占据的总表面位置的分数 $\theta_{\mathrm{surface}}$，如下所示：

$$\theta_{\mathrm{surface},\ t+1}=\theta_{\mathrm{surface}}+\left(\rho N_{\mathrm{Avogadro}}/S_0\right)J_{\mathrm{diff}}\Delta t \tag{6.168}$$

将气体在干酪根中的扩散作用纳入考虑范畴，将其并入连续性方程，以这种方式计算干酪根中的扩散作用。

参考文献

Al-Rbeawi, S., Owayed, J.F., 2020. Fluid flux throughout matrix-fracture interface: discre- tizing hydraulic fractures for coupling matrix Darcy flow and fractures non-Darcy flow. J. Nat. Gas Sci. Eng. 73, 103061. https://doi.org/10.1016/j.jngse.2019.103061.

Beskok, A., Karniadakis, G.E., 1999. Report: a model for flows in channels, pipes, and ducts at micro and nano scales. Microscale Thermophys. Eng. 3, 43–77. https://doi.org/ 10.1080/108939599199864.

Chen, Y., 2019. The influence of fracture geometry variation on non-Darcy flow in fractures under confining stresses. Int. J. Rock Mech. Min. Sci. 13, 59–71.

Civan, F., 2010. Effective correlation of apparent gas permeability in tight porous media. Transp. Porous Media 82, 375–384. https://doi.org/10.1007/s11242-009-9432-z.

Freeman, C.M., Moridis, G.J., Blasingame, T.A., 2011. A numerical study of microscale flow behavior in tight gas and shale gas reservoir systems. Transp. Porous Media 90, 253–268. https://doi.org/10.1007/s11242-011-9761-6.

Ghanizadeh, A., Clarkson, C.R., Aquino, S., Vahedian, A., 2017. Permeability standards for tight rocks:

design, manufacture and validation. Fuel 197, 121–137. https: //doi.org/ 10.1016/j.fuel.2017.01.102.

Guo, C., Xu, J., Wu, K., Wei, M., Liu, S., 2015. Study on gas flow through nano pores of shale gas reservoirs. Fuel 143, 107–117. https: //doi.org/10.1016/j.fuel.2014.11.032.

Hailong, L., 2017. The numerical simulation for multistage fractured horizontal well in low- permeability reservoirs based on modified Darcy' s equation. J. Pet. Explor. Prod. Tech- nol. 7, 735–746. https: //doi.org/10.1007/s13202-016-0283-1.

Javadpour, F., 2009. Nanopores and apparent permeability of gas flow in mudrocks (shales and siltstone) . J. Can. Pet. Technol. 48, 16–21. https: //doi.org/10.2118/09-08-16-DA.

Javadpour, F., Fisher, D., Unsworth, M., 2007. Nanoscale gas flow in shale gas sediments. J. Can. Pet. Technol. 46. https: //doi.org/10.2118/07-10-06.

Jiao, F., 2019. Re-recognition of "unconventional" in unconventional oil and gas. Pet. Explor. Dev. 46, 847–855. https: //doi.org/10.1016/S1876-3804 (19) 60244-2.

Liu, J., Wang, J.G., Gao, F., Ju, Y., Zhang, X., Zhang, L.-C., 2016. Flow consistency between non-Darcy flow in fracture network and nonlinear diffusion in matrix to gas production rate in fractured shale gas reservoirs. Transp. Porous Media 111, 97–121. https: //doi.org/10.1007/s11242-015-0583-9.

Lopez-Hernandez, H.D., Valko, P.P., Pham, T.T., 2004. Optimum Fracture Treatment Design Minimizes the Impact of Non-Darcy Flow Effects. SPE Annual Technical Con- ference and Exhibition, p. 16.

Mattax, C.C., Dalton, R.L., 1990. Reservoir Simulation. 13 SPE Monograph Series, p. 6. Mi, L., Jiang, H., Li, J., 2014. The impact of diffusion type on multiscale discrete fracture model numerical simulation for shale gas. J. Nat. Gas Sci. Eng. 20, 74–81. https: // doi.org/10.1016/j.jngse.2014.06.013.

Michel, G.G., Sigal, R.F., Civan, F., Devegowda, D., 2011. Parametric Investigation of Shale Gas Production Considering Nano-Scale Pore Size Distribution, Formation Factor, and Non-Darcy Flow Mechanisms. SPE Annual Technical Conference and Exhibition, p. 20.

Ong, G.P., Jagadeesh, A., Su, Y.-M., 2020. Effect of pore network characteristics on non- Darcy permeability of pervious concrete mixture. Construct. Build Mater. 259, 119859. https: //doi.org/10.1016/j.conbuildmat.2020.119859.

Riewchotisakul, S., Akkutlu, I.Y., 2015. Adsorption Enhanced Transport of Hydrocarbons in Organic Nanopores. SPE Annual Technical Conference and Exhibition, p. 20.

Rubin, B., 2010. Accurate Simulation of Non-Darcy Flow in Stimulated Fractured Shale Reservoirs. SPE Western regional meeting,, p. 16.

Sheng, Q., Gibelli, L., Li, J., Borg, M.K., Zhang, Y., 2020. Dense gas flow simulations in ultra-tight confinement. Phys. Fluids 32, 092003. https: //doi.org/10.1063/5.0019559.

Trangenstein, J.A., Bell, J.B., 1989. Mathematical structure of the black-oil model for petro leum reservoir simulation. SIAM J. Appl. Math. 49, 749–783. https: //doi.org/ 10.1137/0149044.

Wang, X., Sheng, J., 2017a. Gas sorption and non-Darcy flow in shale reservoirs. Pet. Sci. 14, 746–754. https: //doi.org/10.1007/s12182-017-0180-3.

Wang, X., Sheng, J.J., 2017b. Effect of low velocity non-Darcy flow on well production performance in shale and tight oil reservoirs. Fuel 190, 41–46. https: //doi.org/ 10.1016/j.fuel.2016.11.040.

Wang, X., Sheng, J.J., 2018. Pore network modeling of the non-Darcy flows in shale and tight formations. J. Petrol. Sci. Eng. 163, 511–518. https: //doi.org/10.1016/j. petrol.2018.01.021.

Wang, S., Javadpour, F., Feng, Q., 2016a. Molecular dynamics simulations of oil transport through inorganic nanopores in shale. Fuel 171, 74–86. https: //doi.org/10.1016/j. fuel.2015.12.071.

Wang, S., Javadpour, F., Feng, Q., 2016b. Fast mass transport of oil and supercritical carbon dioxide through organic nanopores in shale. Fuel 181, 741–758. https: //doi.org/ 10.1016/j.fuel.2016.05.057.

Wang, L., Wang, S., Zhang, R., Wang, C., Xiong, Y., Zheng, X., Li, S., Jin, K., Rui, Z., 2017. Review of multi-scale and multi-physical simulation technologies for shale and tight gas reservoirs. J. Nat. Gas Sci. Eng. 37, 560–578. https: //doi.org/10.1016/j. jngse.2016.11.051.

Wu, T., Zhang, D., 2016. Impact of adsorption on gas transport in nanopores. Sci. Rep. 6, 23629. https: //doi.org/10.1038/srep23629.

Wu, K., Li, X., Guo, C., Wang, C., Chen, Z., 2016. A unified model for gas transfer in nano- pores of shale-gas reservoirs: coupling pore diffusion and surface diffusion. SPE J. 21, 1583–1611. https: //doi.org/10.2118/2014-1921039-PA.

Xiong, X., Devegowda, D., Michel Villazon, G.G., Sigal, R.F., Civan, F., 2012. A fully- coupled free and adsorptive phase transport model for shale gas reservoirs including non-darcy flow effects. In: SPE Annual Technical Conference and Exhibition. Presented at the SPE Annual Technical Conference and Exhibition. Society of Petroleum Engi- neers, San Antonio, Texas, USA, https: //doi.org/10.2118/159758-MS.

Yang, Z., Wang, W., Dong, M., Wang, J., Li, Y., Gong, H., Sang, Q., 2016. A model of dynamic adsorption–diffusion for modeling gas transport and storage in shale. Fuel 173, 115–128. https: //doi.org/10.1016/j.fuel.2016.01.037.

Yao, J., Sun, H., Fan, D., Wang, C., Sun, Z., 2013. Numerical simulation of gas transport mechanisms in tight shale gas reservoirs. Pet. Sci. 10, 528–537. https: //doi.org/10.1007/ s12182-013-0304-3.

Zeng, Z., Grigg, R., 2005. A Criterion for Non-Darcy Flow in Porous Media. Springer, p. 13.

Zeng, Z., Grigg, R., Ganda, S., 2003. Experimental Study of Overburden and Stress Influ- ence on Non-Darcy Gas Flow in Dakota Sandstone. SPE Annual Technical Conference and Exhibition, p. 10.

Zhang, J., Xing, H., 2012. Numerical modeling of non-Darcy flow in near-well region of a geothermal reservoir. Geothermics 42, 78–86. https: //doi.org/10.1016/j. geothermics.2011.11.002.

Zhao, L., Jiang, H., Wang, H., Yang, H., Sun, F., Li, J., 2020. Representation of a new physics-based non-Darcy equation for low-velocity flow in tight reservoirs. J. Petrol. Sci. Eng. 184, 106518. https: //doi.org/10.1016/j.petrol.2019.106518.

第 7 章　非常规致密储层的油田开发

当前，非常规致密储层（UCR）的采收率（RF）仅为 10%，因此，应当对剩余的 90% 油气资源实施精密的开发，提高采收率。

关键词：致密非常规储层（UCR）油田开发（FD）；非常规致密储层（UCR）低采收率；水平井；水力压裂；非常规储层提高采收率（EOR）；吞吐注气

7.1　非常规致密储层开发标准

常规储层和非常规储层有所不同，彼此相互独立，因此可采取不同的开发技术分别开采二者的商业油气资源。与常规储层相比，非常规致密储层的产能非常低，主要原因是其渗透率较低。这一差别使得二者的油藏开发、衰竭开采和管理均有所不同，进而增加了储层开发难度。常规石油或天然气资源通常来自地下产层。可以采用标准技术从这些地质储层中开采油气，同时保证其经济效益。常规油气资源的开采难度和开采成本往往均较低，因为当前已经形成了成熟的开采方法，在开采过程中，无须采用特殊技术（Wang et al.，2009）。常规油气资源由于开采相对简单，成本较为低廉，成为石油工业的早期开采目标。

通常根据资源（油藏）规模和井况，对非常规致密储层进行开发。与常规储层相比，基于井况的开发标准更适用于非常规油藏，其经济效益也通常较高。与连续分布的常规储层不同，非常规储层的钻井开发通常具有独立性，因此应从储层连续性、地质特征和地热性质等方面对非常规储层进行整体调查。同时还应进行更为精细的评估，以确定用于油藏开发的油气富集点（HES）。这些油气富集点能够指示可进行衰竭开采的储层体积。HES 相当于常规油藏中的“甜点”区。因此，HES 的岩石物理、地球化学和地质特征是油藏评价的重要部分。可以使用油藏品质（RQ）、有机质品质（OQ）和力学品质（MQ）确定任一非常规储层中的 HES。HES、投资成本、运营成本和油气价格决定了连续非常规致密储层的某个区域的油气开发和生产的经济可行性。第 3 章已经对这三个性质（油藏品质、有机质品质和地质力学品质）进行了充分讨论。在非常规油气资源的开发过程中，基于这些特征，可以对特定 HES 进行评价和评估，进而决定是否对某个区域进行钻探和开发。综合矩阵评估标准包含 RQ、OQ 和 MQ 等三个参数，如图 7.1 所示。图 7.1 中的矩阵表明，一口井的成功概率和潜在开发效益取决于这些特征之间的交叉点（或质量重叠区域），重叠区域越大，储层质量越好，钻探成功率越高。

7.1.1　总有机碳（TOC）

总有机碳（TOC）可作为指示工具，确定潜在的油气生产力，估算储层产能。TOC 能够指示非常规致密储层中的烃类浓度，并决定烃类浓度的重要性。在同一盆地中，非常规致密储层的有机碳含量可能为 1%~10%，甚至更高。TOC 可指示油气成熟度，以及地层中是否可能存在石油、天然气或干酪根。这一数值也因盆地而异。例如，巴内特页岩储层的

TOC 为 1%~5%，该数值随钻探深度的变化而发生变化，平均值为 2.5%~3.5%。分析结果还表明，有机质类型主要为 II 型干酪根，表明产物以原油为主。

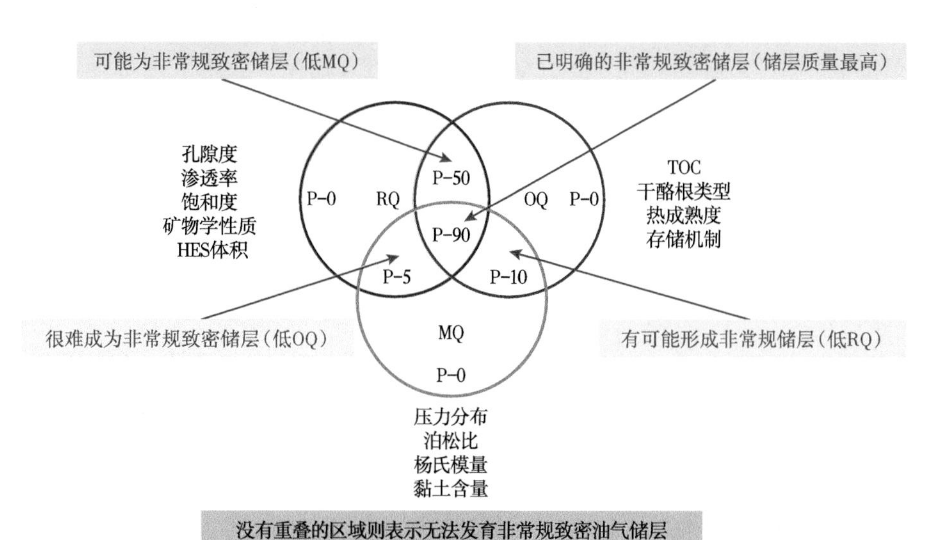

图 7.1　非常规致密储层筛选矩阵

7.1.2　干酪根类型和热成熟度

非常规致密储层的热成熟度是确定生油气窗的重要参数。能够生产油气的非常规致密储层的热成熟度必须处于生油气窗内。通常认为，非常规致密储层是一种“半透膜”，阻挡大分子，仅允许小分子通过。因此，处于生油窗的储层中，如果从天然气到石油的转化效率较低，则有必要确定产出的天然气是气态还是液态气。镜质组反射率的热成熟度通常以百分比表示。镜质组反射率是指示有机油气成熟度的地球化学标志之一。最终路径展示了排放量达到 100% 的烃源岩。镜质体既包含具有挤压结构和峰的结构镜质体，也包含主要结构基质、胶结物和孔隙充填物。镜质体不具备荧光性。生物材料主要是有机质。表 7.1 展示了包含热成熟特征的似镜质组生烃窗。

表 7.1　热成熟生烃窗

成熟生烃窗	R_o 分布范围 /%
未成熟	0.1~0.5
原油	0.6~1.1
气	1.3~2.0

7.1.3　存储机制

在非常规致密油气藏中，油气存储形式各不相同。原油的存储方式不同于天然气。在非常规储层中，气体具有独特的存储模式。气体通常以两种形式吸附在非常规地层中，一种是吸附在岩石的有机组分内（主要为干酪根饱和吸附），另一种则是吸附在基质岩石的无机组分内（主要为黏土或页岩饱和吸附）。另一种气体存储模式则是将天然气以游离气的形式存储在基质的孔隙空间或天然裂缝和裂隙内（Wang et al.，2009）。前人建立了特定的模型，用于预测基质和裂缝中游离气的生产情况，以及用其他模型预测有机基质和无机基质中吸附气的生产情况（Xia et al.，2017）。与游离气相比，吸附气更难开采。因此，建议对储层进行处理，首先开采吸附气，之后在衰竭开采过程中开采游离气（Mengal et al.，2011）。

事实上，吸附气体量远高于游离气量，因此，应当准确估算气体量。这些估算是确定非常规储层开采潜力的关键（McGlade et al.，2013）。通过这种做法，能够准确估算原位油气储量和资源量，为后续开采方案和技术的选择奠定基础。

7.1.4 矿物学性质

非常规致密储层往往由多种黏土成分组成。黏土可以作为砂岩的碎屑基质，也可以作为砂岩的胶结物。黏土成分可能发生复杂变化，这是因为黏土可能发生重结晶作用，且黏土组分随着埋藏深度的变化而变化。例如，油藏中黏土的孔隙度和渗透率受黏土组分的影响非常大。前人已经发现了三种黏土组分，但仍需对黏土的矿物学特征进行进一步分析。这些组分分别是蒙皂石、伊利石和高岭土黏土，它们以多种方式影响湖泊和不同的层系。

在深海或陆架等海相储层中，能够发现火山碎屑蚀变后形成的蒙皂石或蒙皂石黏土。一旦遇水，这些黏土将会膨胀。当用标准水基钻井液黏土射孔时，蒙皂石湖很可能导致地层伤害。油气开采时，用水驱替原油，从而导致深层储层膨胀并降低渗透率。在浅层储层中，可能发现高岭石、伊利石和蒙皂石，这些组分与母源物质和成岩过程有关。在成岩过程中，高岭土和蒙皂石发生快速掩埋，而蒙皂石的下沉可能导致地层超压，同时对原油驱替造成影响。真正伊利石的纤维状晶体通常是碎屑颗粒上的风化颗粒。这些结构还连接了孔隙间胶结物的通道，从而导致伊利石胶结物的渗透率大幅下降。这些黏土大多数以滨岸沉积物的形式存在于原生坳陷的砂岩中，其中发育的碱性共生水是真正的黏土组分。

通常情况下，高岭石为规则形状的块状晶体，发育于孔隙内部。在高岭石的结晶作用下，储层的孔隙度有所降低，但这一作用对储层渗透率的影响微乎其微。酸性溶液的存在使得高岭石较为稳定。在陆相层系中，高岭石多以碎屑黏土的形式存在，在酸性地层水冲刷后的砂岩中，高岭石以真正胶结物的形式存在。

7.1.5 油气地质储量

与常规储层相比，非常规致密储层的油气资源量概念并不完全相同，尽管二者含义相近。常规油气地质储量通常指整个储层的累计油气量，这一数值是决定勘探开发或废弃某一区块的主要指标。致密非常规储层的油气地质储量估算结果通常基于井况，而非储层整体情况。基于储层整体的油气储量估算结果仅用于确定该区域是否具备潜在油气资源。为了在致密非常规储层中部署高效开发井，必须保证致密非常规储层的目标层系赋存了足够的油气资源。致密非常规储层同样也是烃源岩，能够产出大量热成因油气或生物油气。页岩往往富含有机物（TOC 是关键指标），密度相对较高，邻近热源的温度高于正常的全球地热梯度。只有满足这些条件，才有可能大量开采石油及天然气。基质（有机或无机）和裂缝中捕获的油气往往为游离气和吸附烃类，增加了油气地质储量的估算难度。在常规储层中，通常仅估算赋存在基质内的游离气，因为在大多数情况下，裂缝的油气捕获能力非常差，通常忽略吸附烃。因此，可以使用孔隙空间的百分比计算烃类（石油或天然气）饱和度，从而对储层的烃类体积进行计算。此后，根据常规储层“甜点”区的确立部署井位，并确定致密非常规储层布井方案及井间距。

7.1.6 储层厚度

与常规储层相比，非常规致密储层的地层厚度的影响较小，因为通常在非常规储层部署水平井。根据以往的开发经验，世界各地的非常规致密层系厚度各不相同。例如，巴内特页岩储层的平均厚度为 80~100m，而密歇根页岩的平均厚度则为 10~150m，这些储层厚度相对较薄。巴肯页岩较为高产，其产层厚度相对较薄，为 8~10m。巴内特页岩的厚度更小，热成熟度更低，因为其埋藏深度非常浅。

7.1.7 储层流体饱和度、分布和流体接触（蛋盒堆叠理论）

储层流体饱和度是非常规致密储层中另一个有争议的问题。与常规储层相比，非常规致密储层的重力分异、流体接触和过渡带的概念完全不同。因此，在非常规致密储层的静态建模和动态建模过程中，专项岩心分析（SCAL）的作用有所不同。在非常规致密储层研究过程中，普遍应用“蛋盒堆叠”理论，因为非常规致密储层的渗透率为纳米级，流体流动速率极低，甚至为零。这一理论表明，非常规致密储层的孔隙空间是相互隔离的，其中既不存在重力分异，也不存在常规储层的过渡带。在非常规致密油藏开发过程中，可利用该理论进行单井评价。水平井和水力裂缝延伸至蛋形区域（孔隙空间）时，能够提高产量，而水平井和水力裂缝未抵达的蛋形区域（没有发生地层破裂）则保持独立状态，对产量的提升没有贡献。基于这一理论，通常认为，在非常规致密储层讨论过渡带和流体接触没有意义，或非常规致密储层是一个整体过渡带。基于这一理论，认为非常规致密储层的流体具有随机分布特征，因为在同一地质时期，有机物、水和无机沉积物同时沉积和发育。

在非常规致密储层中，烃类成熟并赋存在孔隙和裂缝空间中，其中并未发育特定的油气藏模式。

7.1.8 储层压力

在常规储层中，流体流动的主要动力是压降，油藏压力对流体的影响高于驱动机制。油藏衰竭开采后，储层压力下降，通过维持储层压力，能够提升一次采收率。这表明了储层压力对流体采收的影响。在非常规储层中，储层压力对油气产量的影响较小，因为储层岩石的渗透率非常低，孔隙连通性较差。目前尚未完全掌握从烃源岩中排出油气的物理和化学过程，但储层压力可能影响这一过程。可能影响储层压力的原因如下所示：黏土淹没可能是形成高压储层的原因之一；在快速沉积和孔隙发育的作用下，标准压实作用也可能导致孔隙压力较高。然而，在某些范围较大的非常规油气区，并不存在高压储层。

7.1.9 储层岩石的脆性与裂缝发育

具有经济效益的非常规致密储层还有另一个非常重要的特性，即发育天然裂缝。许多非常规致密储层都发育天然裂缝。不同储层的天然裂缝发育程度各不相同。原位应力的方向对天然裂缝的强度和方向有较大影响。裂缝发育初期，其延伸方向总是垂直于最大水平应力延伸方向。在利用天然裂缝优化水力压裂效果的过程中，需要使用应力松弛技术。可以利用特定的地质模拟技术，增强垂向裂缝对横向裂缝的影响，并提升单井压裂产量。通常认为，裂缝间距也是增产过程中的一个决定性变量，尽管该变量难以控制。因此，在油藏开发和管理过程中，应当对裂缝间距及其对纵向和横向裂缝的影响进行敏感性分析。

7.1.10 储层改造条件

大多数非常规致密储层富含黏土矿物。在压裂增产作业的设计过程中，黏土含量及其他矿物组分能够影响压裂成功率。非常规致密储层的黏土含量较低，方解石含量较高，岩石脆性较高。当非常规致密储层的二氧化硅含量较高时，往往呈碎片状分布，自然条件下反应较为活跃。通常认为，当非常规致密储层的二氧化硅含量较高时，可以对其进行水力压裂。在这些非常规致密油藏中，应力松弛技术的成功率似乎更高。

7.2 现行方法

与常规油气资源相比，致密油气藏的非常规油气资源的开采基于不断发展的技术。相关技术的发展速度主要取决于石油行业的研发预算。非常规致密储层在很长时间之前已被发现，但并未引起人们的关注，因为在当时的技术条件下，很难对其进行经济开采。事实上，技术开发直接取决于研究预算，因此在世界范围内，尚未针对非常规致密油藏实施大规模技术开发。近年来，非常规致密储层的相关技术发展较快，其原因是：(1)过去二十年间，世界原油需求激增，2019 年，世界原油日消费量达到峰值，超过 1×10^8bbl；(2)水力压裂技术快速进步，广泛应用于常规钻井。这些成果使得压裂增产技术在非常规油藏中广泛应用，并与水平钻井有效结合。

因此，人们预测，非常规致密油气资源将对未来世界化石燃料的需求作出重大贡献。更有一些人表示：非常规致密油气资源将成为主要油气资源。这是因为非常规致密油气资源埋藏较浅，易于开采，且常规油气资源正处于衰竭开采阶段，预计将不会再有重大常规油气发现。另一方面，非常规致密油藏开发技术仍处于初级阶段，且非常规致密储层开发技术仍有很大的发展空间。这是由于 90% 以上的非常规油气资源仍赋存在储层中，亟待新技术的出现。

7.2.1 识别烃类富集点（HES）

如前一节所述，为了成功开发非常规致密储层，必须在经由质量筛选矩阵选定的特定区域部署水平井。换句话说，有机、无机（即岩石）和力学性质是表征油气资源富集区的关键。这一过程被称为烃类富集点（HES）识别。开采 HES 的过程中，水平钻井不足以应付所有情况。之后，在选定的 HES 段实施水力压裂作业，建立裂缝输导网络，使用适量支撑剂，保证裂缝处于活跃状态，进而保证裂缝张开，从而输送流体。

当前情况下，非常规致密油气资源开发商，特别是致密页岩开发商，往往基于多种评判技术评估压裂作业的有效性，其中包括水平钻井情况，结合了水力压裂的完井设计方案，以及微地震勘测。其他测试技术包括返排技术和临时放油技术，用于检验油井产量，这是目前常用的做法之一。在石油和天然气行业中，非常规致密储层的最佳开发方案是在油气地质条件优越的区块开发水平井，这些地质条件包括有机质量、力学和岩石质量，且不能出现地质灾害（Miller et al.，2011）。值得注意的是，与效果较差的开发井相比，这些水平井的最终采收率和产量要高得多，高达前者 10 倍（Baihly et al.，2010）。

7.2.2 非常规致密储层井开发

非常规致密储层井开发过程包括四个操作步骤，如图 7.2 所示：(a)顶部设计；(b)水平钻井和射孔；(c)实施水力压裂；(d)返排生产。第一步是顶部的设计和实施。在这个阶段，应当进行建模，确保钻井能够钻穿目标层系。之后，应当对井进行封闭，防止气体和其他流体流入井内。第二阶段从造斜点开始，钻探水平井段，并针对烃类富集点(HES)进行射孔作业。根据 HES 的位置，并结合其他技术条件和经济效益，可确定水平段的延伸长度，在大部分情况下，这一长度可达到 15000ft。从而保证钻井与储层的接触面积达到最大。

在钻井开发的第三阶段，对水平井段实施水力压裂，使得裂缝保持张开状态，保证流体的流动。平均裂缝长度可达 200ft，可提高水平井段附近储层岩石的导流性，促使流体流入井筒。最后，在第四阶段，允许井满负荷自由流动，并确定其流入性能关系(IPR)。之后，利用井筒流体、井口、输送管线和其他地面设施，对 IPR 进行优化，在返排生产阶段做好该井的投产准备。根据之前确定的 HES 层段，对油井进行射孔和压裂作业。

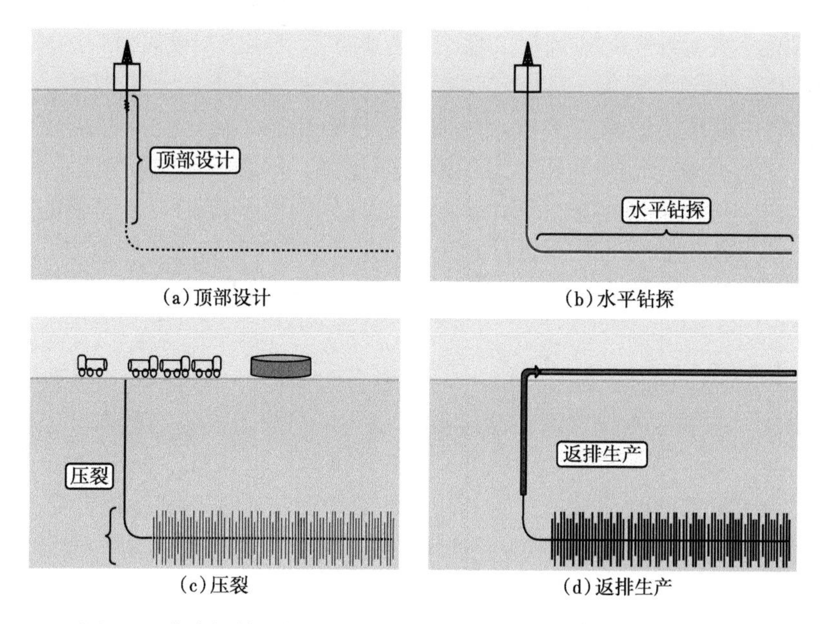

图 7.2 非常规储层井开发的四个主要阶段(Ondeck et al., 2019)

7.2.3 井间距

完井后，非常规致密油藏的大多数井通常都没有经济产量。通常，需要执行昂贵的多级压裂计划，油井才能在产量快速下降之前进行短时间生产。这些井的产量快速下降，形成“L 形产量剖面”。废弃后，这些井的残余油饱和度(ROS)仍较高。目前，在北美地区，非常规致密储层的钻井方法仍然围绕“堵塞、射孔、压裂和重复作业”。然而，这一做法导致钻井非常拥挤，孔密度很高，甚至达到历史峰值，从而导致地下层系仍存在大量残余油。更严重的是，这一做法导致了井间压窜，意味着流体能够通过诱导压裂网络进行井间流动。当子井的裂缝网络与母井的裂缝网络相连后，母井可能出现回流。在部分案例中，可能需要花费昂贵的成本，利用清理修井作业处理砂堵，才能恢复生产。这种情况可能导致母井和子井的流体通道为同一套井间地层，从而明显降低两口井的产量。此外，适当的井距可以优化储层改造体积（SRV），避免在井与井之间留下未经改造的储层。这表明井间距对非常规油气资源的整体开采效果具有重要影响。油气开发商普遍认为，合理的井间距，配合高效的井组方案、小井眼钻井策略和重复压裂计划，是开发非常规致密油藏的主要因素。

目前，各个油气开发商所采用的油气开发方法有所不同，这些方法主要针对特定区域。因此对于非常规致密油藏的井间距，目前尚未出台统一的标准。此外，可利用储层和水力压裂模拟对井间距进行估算。期间，使用多种工具（如瞬态流动分析）进行了优化。然而，在钻井和开发初始阶段，要么无法获取优化所需的数据，要么数据精度较低。因此，敏感性参数可能增加井距方案的不确定性，在将其输入模拟器之前，应当对其进行准确评估。通过精准的建模工作，可以确定备选方案及其可用的概率，从而优化最终的井间距方案。模拟井距的分析结果被多种变量所影响，这些变量受到地质条件、工程条件和经济条件的约束。通过引入地质和储层参数，能够提升分析结果的一致性和可靠性，工程参数能够指示单井产能，而经济可行性能够检验工程设计方案的盈利能力的合理性。

基质渗透率、裂缝半长（由完井设计方案确定）、储层性质、资本成本、运营成本和石油 / 天然气价格是最重要的输入参数。当油气价格较高时，应当将油井隔离，当油气价格较低时，需要更精准地确定井间距。基质渗透率越高，被影响的储层范围越大，当储层基质渗透率较低时，应当适当缩小井间距。在设计井间距时，应当了解完整的完井方案。例如，将某个非常规致密储层的井间距设定为 300m，则在之后的完井作业中，应当选择合适的压裂液、射孔簇及段间距，使得用于开采油气的水力裂缝半长达到 150m。

7.2.4 井组开发

许多非常规致密油藏生产商更倾向于一次性部署一组井，其中包含所有钻井从井口到井底的所有阶段，而非一次仅部署一口钻井。如果一个井组仅包括数口井，则需要几个月的时间进行钻探、完井和油气开采。然而，部分井场可能包括超过 20 口井，如图 7.3 所示。当一个井场包含大量钻井时，其投产时间将会相应增加。井场开发经验表明，在生产初期，同一时间从井场内所有油井采出的油气产量较高，之后，在短时间内，产量急剧下降，这一现象与单井开发特征相同，均遵循 L 形产量递减模型。

因此，必须为非常规致密油藏制定一个周密且具有可行性的开发方案。其中应当包括许多常规储层开发过程中未考虑到的因素。这些因素至关重要，如果尚未为所有可能发生的情况制定详细开发设计和执行方案（包括应急方案），开发成本将变得难以控制。

影响项目整体经济效益的因素还包括开发资产的部署和搬迁，例如设备和设施的组装 / 拆卸和运输。因此，井组开发过程中的任何一项作业均需要大量时间，生产损失和计划外的运营成本会带来大量现金损失，从而影响项目的整体盈利能力。此外，如果管道不属于开发商所有，则应仔细考虑管道分期付款或关税协议，以考虑短期和长期运营、设备搬迁，以及场地变换。这些协议期限通常从数年到 20 年不等，包括整个协议期限内的持续运营和维护支出。应当注意，在井组开发方案中，油井生产时间很短，之后产量出现大幅下降，但在管道协议的整个期限内，开发商仍需支付管道费用，这可能影响项目盈利能力。

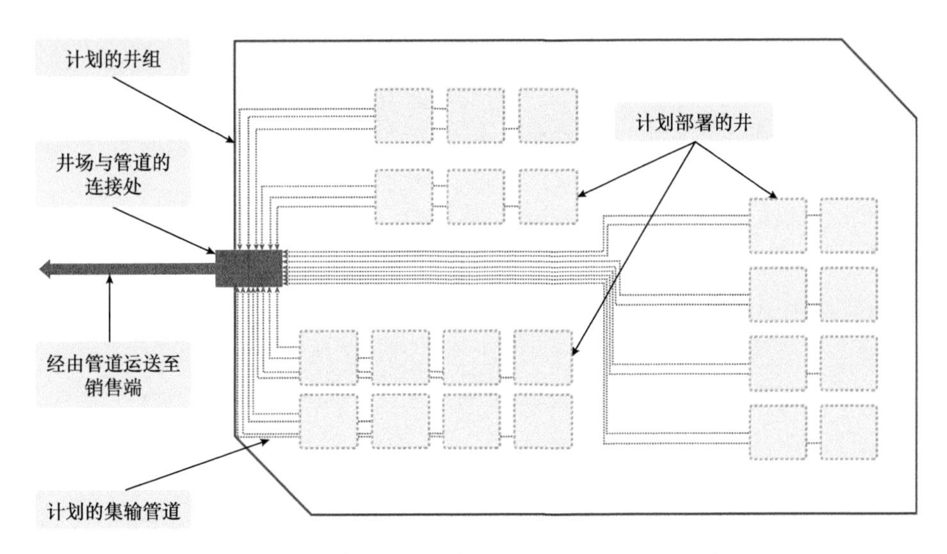

图 7.3 井组开发示意图（Ondeck et al.，2019）

7.3 水平钻井和水力压裂面临的问题

非常规储层主要由黏土粒级的矿物颗粒（伊利石、高岭石和蒙皂石）组成，这些颗粒通常沉积在安静的水体环境中，由海底或湖底的细粒沉积物沉积而成。其中可能含有其他矿物，如石英、燧石、含碳方解石、碳和长石（Wang et al.，2016）。地壳的沉积岩中尤其富含页岩层系。这些页岩层系在油气开采中发挥了重要作用，因为它们能够同时作为烃源岩、隔层（盖层）和油气储层。

非常规致密储层的孔隙度较低，渗透率极低。岩心分析实验表明，页岩渗透率大多低于 150nD，孔喉直径为 4~200nm（Javadpour et al.，2007）。另据研究，烃类通常以三种形式储存：（1）游离烃（油或气），主要赋存于纳米孔中；（2）溶解在有机干酪根中；（3）吸附在岩石颗粒表面（Guo et al.，2015a）。非常规致密储层的孔径为纳米级，其渗透率极低，因此无法利用达西定律描述非常规储层中的油气流动情况（Javadpour，2009）。非常规致密储层中的烃类流动较为复杂，其中包括多种流动机制，如滑移流、克努森扩散、黏性流、吸附 / 解吸和黏弹性机制，因此目前尚未完全了解其流动机制（Guo et al.，2015b）。为了进一步研究非常规致密储层等复杂地层中的流动特性，将准静态分析与数值分析储层建模方法相结合，建立了更加复杂的储层模型（Eshkalak et al.，2013；Aybar et al.，2014）。上述非常规储层特性使得传统技术不再适用于非常规储层的开发。因此，需要采用新的技术和方案，开采储存和残留在复杂非常规储层中的油气。近年来，通过发展钻井技术，改进水平钻井方案，采用更精准的水力压裂技术，增加了储层接触面积，并利用诱导裂缝网络扩大了储层开采面积。

7.3.1 水平井

在非常规致密储层开采过程中，水平井和多分支井起到了巨大的作用，是致密储层成功开发的主要要素。然而，钻探水平井的过程仍存在许多注意事项和困难，其中包括：

（1）如果不进行水力压裂，几乎不可能从具有纳米级渗透率的深层非常规致密储层中开采油气，在压裂增产作业之前，这些储层几乎不具备任何生产能力。

（2）如果水平井未与天然裂缝相交，则目的层的油气开采量为零。

（3）在许多案例中，水平井的水平段长度较短，因此无法在复杂地质条件下提高油气产量。

（4）常规钻井的钻压（WOB）通常较高，而在水平钻井中，转盘转速（RPM）是影响致密地层的钻速（ROP）的主要原因，因此钻井钻速相对较低。

7.3.2　非常规致密储层的压裂

60 多年前，哈里伯顿公司首次采用水力压裂作业，实施油气井增产（Holloway，2018）。这一新方法提高了油气采收率，因此很快在世界各地推广开来。目前，每年实施水力压裂作业的钻井高达数千口。水力压裂过程如下：当油井回压高于岩石压裂梯度时，通过射孔层段将滑溜液泵入储层，使储层岩石发生破碎，从而在储层岩石中形成裂隙，通常称为裂缝，如图 7.4 所示。对非常规致密储层而言，水力压裂是高效开采油气必不可少的作业步骤。通常将水力压裂作业与水平钻井相结合，从而提升非常规储层的油气开采的经济效益。

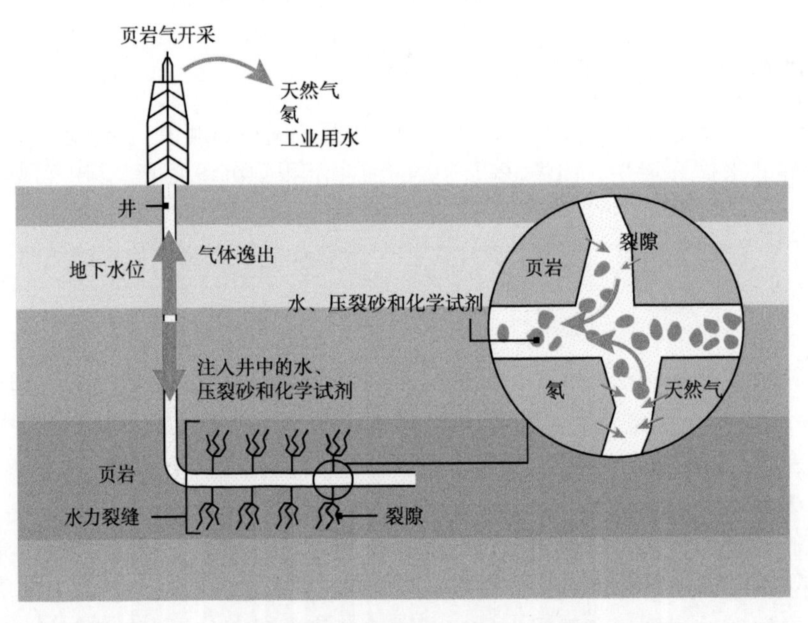

图 7.4　非常规致密储层的水力压裂（Carvalho，2017）

在水力压裂过程中，部分流体可能在连续高压注入过程中渗漏到地层中，但裂缝内的流体能够保持足够的压力，从而扩展裂缝。压裂初期，首先向储层泵送纯流体（无支撑剂），从而形成合适的裂缝尺寸。然后将流体和支撑剂混合，泵送至地层中张开的裂缝中。最后，停止流体注入，将注入的流体保留在裂缝中。裂缝中残留的流体慢慢渗流至地层中，从而耗尽裂缝的压力。之后裂缝逐渐闭合，而支撑剂能够阻止裂缝完全闭合，从而为储层烃类流体的流动创造运移路径。然后，剩余的压裂液流回油井，返至地表。然而，大部分压裂滑溜水（部分案例中高达 90%）并未流回油井并返至地表。储层中剩余的压裂液使得开采情况变得复杂，可能导致产量下降。

非常规致密储层通常发育纳米级孔隙，广泛分布在页岩基质中。因此，页岩中赋存了大量石油和/或天然气，往往还赋存了地层水。然而，储层渗透率极低，流体在岩石内缺少运移通道，无法流向井筒并最终到达地表。1992 年，在 Hamett 盆地的页岩气储层中钻探了第一口有开采前景的水平井。常用的压裂液是聚合物基压裂液，如交联凝胶，主要用于压裂液增稠。1998 年，研究人员将水基压裂液引入压裂技术，大大提高了页岩油气藏的产量。水基压裂液的特点是支撑剂的承载能力较低（几乎比交联凝胶低 90%），从而降低了约 50% 的成本，同时提高了压裂效率（Wang，2017）。当前页岩储层压裂过程中使用的最新技术为分段压裂法，该方法往往应用于水平井。这项技术更好地践行了页岩储层压裂的概念，能够增加井筒与页岩地层的接触面积，从而提升地层压裂效果。目前可用于分段压裂的井段数量从单个井段增加到近 20 个井段，研究人员将持续对该技术进行开发。2002 年，对巴内特页岩裂缝网络的研究表明，裂缝的作业规模、形状和裂缝网络与产量之间存在一定的相关性（Mayerhofer et al.，2010），这种相关性主要与压裂液的性质和流变能力有关。此外，裂缝的宽度和延伸范围、支撑剂输送和压降是影响压裂液的主要因素。

7.3.3 压裂液

通过压裂液，能够形成开采油气所需的裂缝几何形状，并控制支撑剂的携砂效率，因此，在水力压裂作业过程中，应当正确选择压裂液。

非常规致密油藏开发公司使用了文献中提到的化学组分各不相同的多种压裂液。文献中最常见的压裂液包括泡沫液、二氧化碳、氮气、凝胶和滑溜水。表 7.2 展示了用于水力压裂的多种压裂液。

表 7.2 用于水力压裂的多种基液（Gandossi，2013）

基液	流体种类	主要组分
水	滑溜水	水、压裂砂和少量化学添加剂
	交联剂	交联剂和聚合物，如瓜尔胶
	表面活性剂凝胶	电解质和表面活性剂
	泡沫液	含有 N_2 和 CO_2 等气体的泡沫液
泡沫液	酸基	含有 N_2 的泡沫酸
	醇基	含 N_2 的泡沫甲醇
原油	交联流体	磷酸酯凝胶
	水乳液	水、油和乳化剂
	线型胶	—
酸	交联剂	—
	油乳剂	—
	甲醇	水与甲醇混合物或 100% 甲醇
乳化液	油	水和油乳剂
	CO_2	CO_2，水和甲醇
	液化 CO_2	CO_2
其他流体	液化氮	N_2
	液化氦	He
	液化天然气	LPG［丁烷和（或）丙烷］

已经证实，在多种压裂方法中，水基滑溜水压裂法和交联凝胶压裂法最为合适（Palisch et al.，2010）。这两种方法都使用聚合物减少阻力或提高流体黏度，从而增强流体悬浮和运输支撑剂的能力。已经证明，在压裂初始阶段和重复压裂阶段，压裂液中的聚合物均能够提升压裂效率。第一种聚合物压裂液体系使用了与锆交联的羧甲基瓜尔胶。该体系具有较高的支撑剂承载能力，由于聚合物浓度较低，对地层的损害较小。为了解决压裂作业中的难题，更好地了解开发效率和成本效益较高的压裂液，有必要深入研究聚合物在压裂液中的应用。

7.4 非常规致密储层生产曲线

生产曲线表示一口井的实际产量或预测产量、井数或储层整体与生产时间的关系图。通常情况下，将流量或累计流量（或二者同时）绘制在 y 轴上，将时间绘制在 x 轴上。根据生产周期的不同，时间可能为数天、数周、数月甚至数年。另一方面，根据产量的大小，即数千甚至数百万桶，油田单位使用不同的生产时间。

前人对试井分析方法进行了改进，近二十年来，研究人员使用双对数坐标对诊断图进行分析，通常将这一方法称为导数分析法（Bourdet et al.，1989）。利用这种分析方法，能够展示试井期间划分的多种流态。对于两种压力动态试井（压力增加或下降）而言，流动类型是非常重要的参数。对于渗透率较低的储层，主要利用水平井进行钻完井，之后利用水平井的水平层段进行压裂和（或）酸化作业，这一做法与常规的直井作业有很大区别。压力动态数据与已完钻的水平井生产剖面的几何形状有关。为了充分利用该项技术的分析结果，应当给压力下降期和恢复期留出充足时间，从而让结果数据反映远离井筒（水平段）区域的储层体积，从而更准确地反映生产曲线（Levitan，2003）。该项技术同样存在某些缺点，在试井早期，压力累计分析结果可能失真，从而导致预测趋势出现误差，特别是在未确定储层初始压力的情况下。此外，在简化的研究步骤中，需要从没有定期关井的油井中获取压力累计数据。同时，应至少每天对井口压力数据记录一次。

另一种分析方法能够分析更长时间内的流体流态，通常将其称为产量归一化拟压力法或产量归一化拟压力导数。该方法主要采用流量史数据（一口井的最大可用数据量），而不是仅来自地层测试的数据（仅包含一小部分数据）（Ehlig-Economides et al.，2009）。然而，如果在获取压力恢复数据时期，流体流动速率高于生产历史时期，那么压力恢复数据能够表征油井生产早期的瞬态压力。压力动态分析包含压力恢复试验期间的压力、产量归一化拟压力及其导数，也包含生产数据分析结果。

值得一提的是，经济形势对非常规致密井分析数据的可用性有着重大影响。尽管钻井和完井成本很高，但是油气产量仍呈现快速下降，因此通常不会在井底部署压力计和温度计。因此，在非常规储层钻井的动态记录和分析过程中，通常利用井口数据估算井底压力。前人通常也将井口数据与多种数据关联使用（Beggs and Brill，1973）。

另一种方法是构建一个模型，对非常规致密储层的压力和速率数据进行拟合，忽略受改造储层体积区域外的产量（Samandarli et al.，2011）。这种方法适用于油井生产的早期阶段，这是因为非常规致密储层的渗透率为纳米级，在此阶段，压降并不明显。假设在理想情况下，如果该井未对其他油井造成干扰，将从该井的邻近区域进行开采。在单位斜率的产量归一化拟压力诊断图中，可以观察到这一现象（Song et al.，2011）。据估算，该区域的产量几乎等于受改造储层体积。

拟归一化时间的概念具有重要意义，它是一个重要的函数，用于表示随压力和时间发生变化的烃类性质（Fraim，1987）。利用这一方法，可以提高非常规油气藏诊断结果的有效性（Ehlig-Economides et al.，2009）。

在非常规致密钻井中，水力压裂的储层改造体积（SRV）非常有限，这是因为单井之间的井间距较小，因此诱导裂缝内的支撑剂浓度非常高。油井边界之间的距离越小，线性流动的时间就越短。因此，非常规致密油藏的大多数井在较短的时间内表现出拟边界的特性。

7.5 常规油藏和非常规致密油藏生产曲线对比

研究结果明确表明，常规储层和非常规致密储层的开采动态有着巨大区别，二者是不同的油气资源体。根据国际能源署（IEA）的数据，常规储层的油气产量平均下降幅度为6%，且具备长期开采能力（IEA，2013）。相比之下，非常规致密油藏的第一年采收率最高，约为其开采潜力的60%。之后，在短时间内，尤其是开采的第二年，油井产能下降近25%。图7.5展示了这一特性。

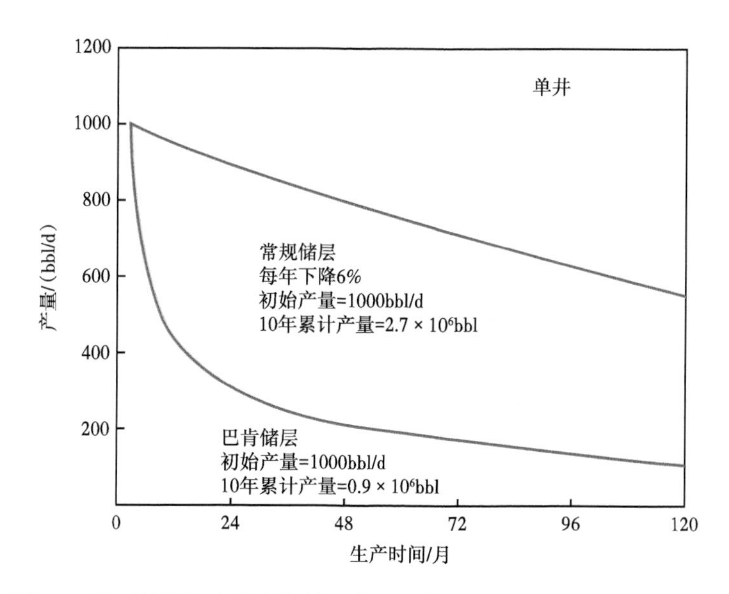

图7.5 典型的常规和非常规储层产量下降曲线（Kleinberg et al.，2017）

7.6 水力压裂技术的进步

7.6.1 水力压裂的发展

早在1949年，印第安纳美孚石油公司率先实施了水力压裂计划。目前，所有非常规致密油藏和50%以上的常规油藏采用了水力压裂技术。这一数据表明，水力压裂技术彻底改变了油藏开发进程。统计数据表明，自1949年以来，仅在美国地区，利用压裂技术得到的增产数据就高达9×10^{12}bbl石油和700×10^{12}ft^{3}天然气，在压裂技术的帮助下，油气增产的经济效益大幅提升（Montgomery et al.，2010）。据记载，早在19世纪60年代，人们就已经开始压裂作业，当时在宾夕法尼亚州、纽约州、肯塔基州和西弗吉尼亚州的作业现场，使用硝酸甘油液体对钻井中硬度较高的片状岩层进行压裂。虽然硝酸甘油的危险性较高，大量使用硝酸甘油可能违法，但它对油井产量的提升作出了重大贡献。在此之前，人们仅应用了正向泵送技术，将储层流体从井底泵送至地表，而负向泵送（将流体从地表泵送至储层）在当时是不可思议的。负向泵送的目的是压裂或破碎坚硬的岩石骨架，以提高油气采收率。这一方法很快应用到水井和气井中。在20世纪30年代，多个油气开发商采用了这一增产方案，向地层注入流体（在此阶段为酸液），进行油井增产作业，这一方案不会在地层中形成裂缝（Montgomery et al.，2010）。在酸化增产作业过程中，通常认为，“压力分离”效应导致裂缝未完全闭合，从而形成大量流动通道，提高开采效率。这种做法已经推广到许多油气田，除了向地层中高压泵送水之外，还可泵送酸液，用于增产。之后不久，哈里伯顿固井公司获得了独家许可，将新型水力压裂液泵送至油井。哈里伯顿利用该方案，于第一年处理了332个油气藏，整体生产力提高了75%。新方案的建立导致压裂增产应用呈指数级增长，美国地区的压裂需求也随之增加。20世纪50年代中期，每月进行压裂处理的钻井高达3000余口。1968年10月，泛美石油公司（之后更名为阿莫科石油公司，现英国石油公司）进行了世界首次成本高达50万英镑的水力压裂作业。2008年，全世界范围内完成了50000余个井段的压裂作业，成本费用从1万美元到600万美元不等。通常在一口井中，设置8~20个压裂井段（Montgomery et al.，2010），从而增加钻井与非常规致密储层的接触面积，如图7.6所示。据报道，在水力压裂作业的影响下，美国的石油储量至少增长了30%，天然气储量增长了90%。

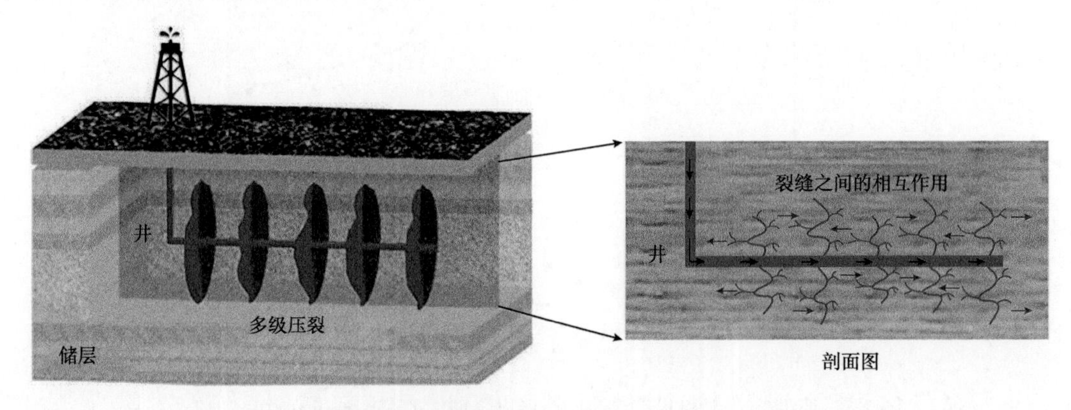

图7.6 非常规致密储层多级压裂示意图（Wang et al.，2021）

7.6.2 压裂液

首次投入使用的压裂液为胶凝原油，之后为胶凝煤油。到1952年，大部分压裂作业中采用的压裂液为精炼油和原油。这些压裂液相对便宜，能够以较低的成本获得更高的油气产量。它们的黏度低于原始的黏凝胶。因此，可以在注入压力较低的环境下，保持较高的注入速率。然而，为了减缓钻井液黏度的降低速率，需要投入更大的成本，用于输送压裂砂。1953年，随着新型压裂液（水基压裂液）的出现，研究人员生产了一系列凝胶和交联剂。1962年，Kern和Arco获得了第一个使用硼酸盐开发交联瓜尔胶聚合物的专利。1964年，研究人员又发明了一项专利，即早期凝胶的破胶剂，这是水力压裂的一大突破（Montgomery et al.，2010）。研究人员使用了表面活性剂，以降低流状定型乳剂的影响，并减少对黏土和地层中其他水敏组分的影响，其中还添加了氯化钾。之后，研究人员生产了氯化钾增强型黏土稳定剂，将其应用于深层层系中。其他技术，如泡沫液和酒精的添加，也促进了多种压裂液的诞生。在约 96% 使用支持剂的压裂作业过程中，将水相流体如盐水 / 水和酸用作基础流体。压裂作业的另一个重大突破是在 20 世纪 70 年代初，在盐水基压裂液中使用了由金属剂交联的凝胶聚合物，从而在更高的地层温度下增加黏度。值得一提的是，用于生产这些流体的化学物质取自塑性炸药。

为了达到所需的黏度，在保持产量不变的情况下，需要减少胶凝剂的用量。随着高温井数量的增加，需要使用胶凝稳定剂；因此，最初的胶凝稳定剂为 5% 的甲醇。之后使用甲醇生产化学稳定剂。交联剂和胶凝剂的改进使得压裂液能够在储层温度升高的情况下，在发生交联之前穿透地层，并且能够减少井筒的高剪切作用带来的影响。之后，研究人员开发了超清洁表面活性剂缔合胶凝剂和封装位错系统，以减少裂缝闭合对裂缝导流能力的影响。

7.6.3 支撑剂

水力压裂的第一步是对压裂砂进行筛选。其中用筛网对压裂砂进行筛选。为了优化筛选结果，对压裂砂进行了分类，其中包含粒度较大和较小的砂粒。其中最常见的压裂砂是 20/40 目美国标准砂。事实上，世界范围内约 85% 的压裂砂均为 20/40 目美国标准砂。研究过程中测试了多种材料，如高电阻玻璃珠、铝颗粒、塑料弹丸、树脂砂。在开始阶段，压裂液中的压裂砂浓度较小。20 世纪 60 年代，在压裂液中引入凝胶聚合物和交联剂，从而提高了压裂砂浓度。之后，将压裂模式从单层压裂转变为增加支撑剂浓度。开始阶段，压裂砂浓度稳定增加，近年来，这一浓度出现了大幅增加。这是因为泵送系统和钻井液体系有所更新。在当前压裂过程中，通常在低压裂砂浓度下逐渐增加压裂砂浓度，其中每加仑增加 1~5lbm。

7.6.4 泵送和混合设备

到目前为止，压裂功率已大幅增长，从 75hp 增长至 1500hp 以上。在某些案例中，压裂功率甚至高达 15000hp，在早期的压裂作业中，压裂功率也往往超过 10000hp。早期大多数泵均由 Allison 航空发动机公司制造，该公司在战争时期实现了远程作业。其中最大初始注入速率为 3bbl/min。到 20 世纪中叶，注入量稳步增加，接近 20bbl/min（Hugoton 油田的平均注入量甚至超过 300bbl/min），产量迅速增加。1976 年，基尔油田开始应用被称为“枝状”裂缝的高导裂缝。目前，当非常规致密储层的注入速率超过 100bbl/min 时，将会参考基尔油田的做法。表面压力可以小于 100psi，但其他表面压力必须小于 20kpsi。作业初期，采用传统的酸化作业对裂缝进行处理。当注入速率较低时，小剂量注入 1~3 个单元，通常使用最大功率为 125hp 的压缩泵进行作业（Montgomery et al.，2010 年）。值得注意的是，上述措施均明显提高了油气产量。压裂体积有所增加，同时对注入速率有更高要求，促进了特殊的泵送和混合设备的开发，以及增强装置、抛油环和精密机械手生产设备的开发。如今，油气开发商需要为这些设施支付数百万美元的费用。在作业初期的 3 年里，将砂石加入压裂液。在此之后，通过抽吸作用将其填充到压裂液罐中。当流体黏度较小时，使用螺带或桨叶分批混合器。此后不久，研究人员建造了一个使用螺杆的连续比例混合器，将砂石提升到混合罐中。这种混合器非常先进，可以在其中添加大量粉末和水性添加剂，这些添加剂可以在水溶液中均匀混合混合物，可在其中添加不同浓度的压裂砂或其他支撑剂。同时还设计了特殊的储存系统，用于大量存储支撑剂，并在合适的时机将其释放到流体中。过去，各项作业均在现场完成。现今的应用程序包括一个现代化监控中心，可用于同时协调所有作业。

7.6.5 压裂方案设计

最初的应用计划应用复杂的图件、表格和测量方式来定义所需的压裂液量，通常为约 800 GL[1] 或其倍数，例如 0.5~0.75 lbm/GL 的流体和压裂砂（Montgomery et al.，2010）。这一方案一直沿用至 20 世纪 60 年代中期，当时已形成相关的计算机程序，并得到广泛应用。最初该程序用于优化流体组分，创建二维裂缝（Geertsma et al.，1969）。之后，对作业程序进行了大幅改进，但其裂缝高度预测能力仍较差。为了预测裂缝高度，需要向软件程序输入整体网格化储层的三维裂缝和流体特征信息格。当前，在裂缝处理过程中，可以利用软件程序获得工艺流体温度，并且能够在处理过程中配置凝胶、凝胶稳定剂、破胶剂和支撑剂的数量。前人制定了相关标准，用于模拟支撑剂通过裂缝进行的输送和扩散。根据这些标准，可以确定产量变化。这种预测研究方法也可用于预测裂缝处理措施后的油气产量，用于评估实际处理效果。目前，研究人员仍对该程序进行研究，当前该程序已经包含现有水力裂缝和已形成水力裂缝的相互作用，同时还增加了对电解质模型的研究，以确定泄油半径不同的储层的裂缝和流体势的有影响半径。为进行此类预测，研究人员建立了多个模型，其中应用了相关数学算法。如今，这些模型能够预测所有油气开发商在多相裂缝和非达西裂缝中获得的产油气量。部分模型可模拟二维、拟三维和三维建模中的裂缝，如图 7.7 所示。

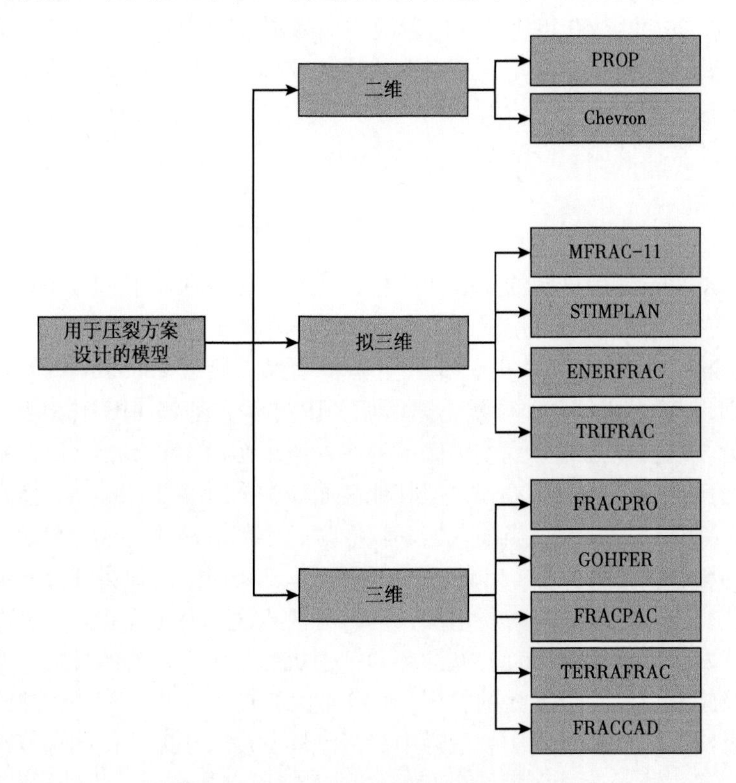

图 7.7 用于水力压裂的多种模型

[1] GL 为英制流量单位，1GL≈118.29mL。

7.7 重复压裂

水平井重复压裂是提高非常规致密储层油气产能的一种有效可行的方法。人们对这一方法非常重视，并将其作为非常规致密油藏开发的一种独立方法，对其进行了深入研究。重复压裂技术能够恢复和(或)提高油气采收率，从而提升油气地质储量。重复压裂技术是指在油气产量无法达到要求后，对已经压裂的水平井进行再次压裂，如图 7.8 所示，或者在主井(有时称为母井)附近钻探一口加密井(有时也称为子井)，如图 7.9 所示(Martinez et al，2012)。因此，当生产井附近的储层衰竭开采后，能够形成集中压力排放区，降低储层整体压力。当产油气井位于减压区或减压区附近时，应对其进行压裂。向减压区方向，水力裂缝数量逐渐增加(Safari et al.，2017)，从而使产油气井和加密井之间的连通性提升，通常将这一现象称为碎裂 / 压窜。

此外，邻井之间的压裂液和支撑剂可能有所接触，由于改造储层体积(SRV)有所重叠，可能导致压裂效果受影响。裂缝失效的原因有很多，例如反向储层张力、裂缝向已建立的裂缝网络中延伸，以及井距不当。

即使压窜也可能导致母井的开发时间过长。第一口井的开发时间越长，应力变化的可能性就越大，裂缝网络复杂化的可能性也就越大。压窜会降低油气井的产量，影响主要产油气井的效率。同时也会对加密井的预测产能造成影响，因为两口井的泵送间距相同。

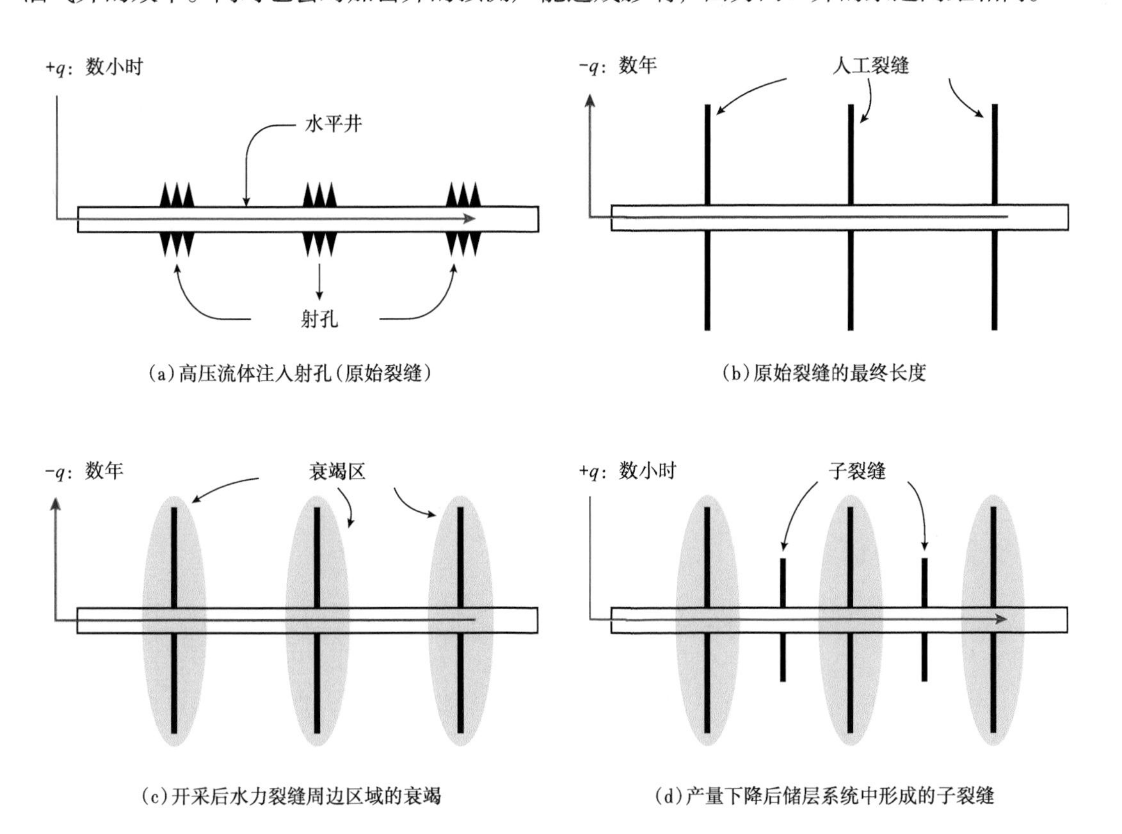

图 7.8 对已有水平井实施重复压裂(Rezaei et al.，2018)

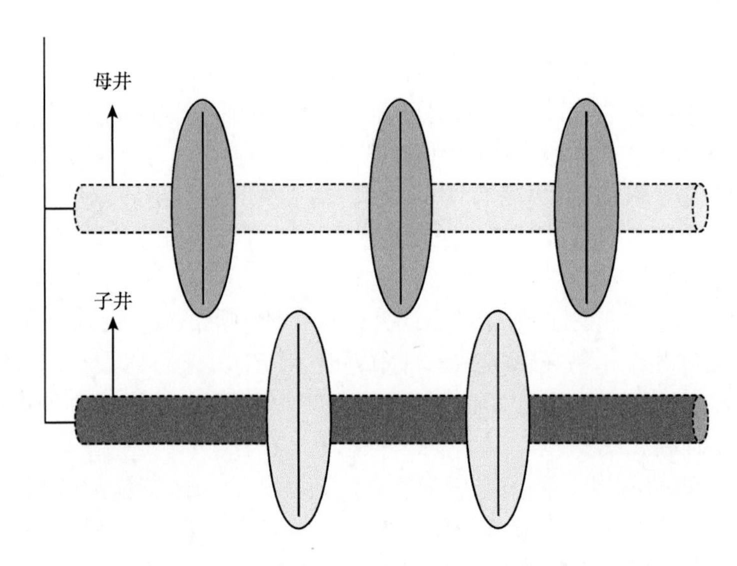

图 7.9 加密母子井示意图（Rezaei et al.，2017a）

在过去的三十年间，部分实验室实验研究并测定了流体注入或流体降解对储层物性变化的影响。Perkins 研究了热塑性对应力 / 反向力和裂缝延伸的影响（Perkins et al.，1985）。此后的一些数值模拟和实验室实验表明了注入 / 开采对储层孔隙压力和张力的影响（Elbel et al.，1993）。在现场应用方面，多项现场研究表明，巴内特页岩在重复压裂作业下呈现产量大幅提高（Siebrits et al.，2000）。Martinez 等（2012）进行了多种建模和现场研究，以研究衰竭开采和储层力学特性对提高采收率的影响。前人已经测试开发了二维孔隙弹性不连续位移模型，并投入现场使用（Rezaei et al.，2017b；Ghassemi et al.，2011）。三维模型在描述地层和裂缝分布方面具有不可替代的重要性，普通的二维模型无法描述压裂后的直井和水平井。在井距较小的情况下，可针对多级水平井进行三维建模，因为三维模型能够展示加密井的压裂特征（Roussel et al.，2013）。通过详细的参数分析，前人认为，在非均质性较低、原油黏度较低、井眼压力较低且具有较高储层压力梯度的地层中，产层可能并未受加密井裂缝的影响（Safari et al.，2015）。为了测定储层应力和孔隙应变，前人建立了顺序耦合的储层地质力学模型，还采用包含离散裂缝的嵌入模型和包含裂缝分布特征的二维模型对裂缝进行建模（Sangnimnuan et al.，2019）。

7.8 小井眼的优点

石油行业的钻井作业是成本最高的作业之一。这一费用可能占整体工程的资本支出的 30%~70%（Ross et al.，1992）。小井眼的开发能够减少钻井费用。自 20 世纪 20 年代以来，采矿业广泛应用小井眼。20 世纪中期，小井眼被用于油气储层的开采。前人已经对井筒小于 7in 的钻井过程进行了详细描述（Jahn et al.，2008）。图 7.10 展示了小井眼和标准井眼之间的区别。

从根本上讲，小井眼的实施理念可以表述为：如果可以进行小规模作业，就无须大规模作业。小井眼作业能够明显降低成本，而且还有其他优势。小井眼井的主要优点和特点可概括如下：

（1）总体钻井成本大幅降低。

（2）所需工厂和地面设施更少。

（3）占地面积减少 75%。

（4）减少 75% 的岩屑，并降低报废成本。

（5）缩短了组装和运输时间。

（6）钻孔直径减少 50%。

（7）减少钻井液、钻头、水泥和柴油的消耗。

（8）降低套管标准。

（9）能够在基础设施不足的农村地区进行钻探。

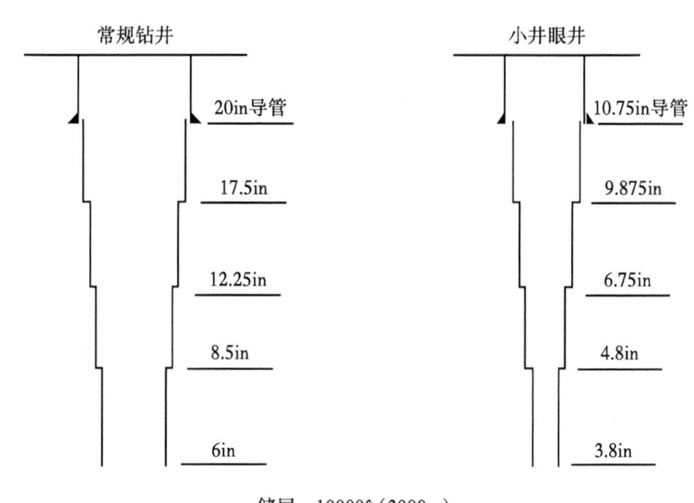

图 7.10 常规井与小井眼井的对比（PETROBLOGWEB，2020）

7.9 非常规致密油藏的提高采收率方案

提高采收率（EOR）是提高常规油藏采收率的一种常见的成熟技术。水驱技术可能是自 20 世纪 20 年代初以来最古老、最有效的提高采收率技术。如今，几乎所有的油藏均采用或者计划采用一种或多种 EOR 方案进行油气开采。常规油藏的平均采收率多为 40%~60%。目前已知，约 50% 的已发现原油被圈闭在储层中，这些原油就是 EOR 的目标。非常规致密油藏的平均采收率小于 10%。因此，同理，非常规致密油藏提高采收率技术的目标是 90% 的原位油气储量。这一油气资源非常巨大，具有广阔开发前景。因此，非常规致密油藏的 EOR 方案已成为所有非常规油藏作业人员的一项重要任务。目前仍需进一步提升非常规致密油藏 EOR 技术的经济效益。

非常规致密储层采用的 EOR 技术包括注水、注气和注表面活性剂等化学方法。有些学者认为，非常规致密油藏的未来发展方向是提高其采收率。这是因为当前非常规致密油藏采用的开采方法多为水力压裂，然而该技术的采收率极低。

7.9.1 注气

非常规致密油藏的 EOR 注气方法有两种，如下所示：

7.9.1.1 传统注气法

通常，连续注气技术的使用范围比传统技术中的注气吞吐工艺更广泛。模拟实验的数据表明，页岩储层的渗透率相对较低，因此，当注入井未发生压裂时，天然气不仅仅只在注入井和生产井之间发生逸散（Sheng and Chen，2014）。此外，计算和实验结果表明，在注气后，原油采收量增加，这是由于地层具有非均质性，仅通过裂缝或裂隙进行气窜，无法大量开采油气（Yu et al.，2016a）。从现实的角度来看，随着天然气窜或气指的出现，人们认为页岩油气储层系统的确定性较低。实验和计算对象均为具有 EOR 注氮潜力的页岩油储层。研究结果表明，在某些条件下，注氮措施能够提高原油采收率（Yu et al.，2016a）。为了对此类储层的 CO_2 注入作业进行分类，前人对包含裂缝的页岩取心样品进行了多次实验。实验结果表明，岩心样品的渗透率为 0.2~1.3 mD（Kovscek et al.，2008）。

在巴肯页岩区，大多数分析均针对致密油和浅层原油 EOR 方案。前人使用数值模拟法，对加拿大萨斯喀彻温省的巴肯页岩区储层进行了模拟，以估算 CO_2 开采潜力（Wang et al，2010）。他们研究了多套注水系统，包括 CO_2（连续）、注 CO_2 和吞吐注气。由该油田的模拟结果可知，连续注入 CO_2 后，采收系数更高。应当注意的是，研究过程中使用了四口注入井和九口生产井，因此模拟过程中使用的模式并非吞吐注气模式。然而，其注入和产出量与吞吐注气案例相同。前人对此进行了解释，认为连续注入 CO_2 可获得更高的油气采收率（Sheng，2017），这可能是因为：（1）利用了非常规布井模式，特别是在 CO_2 吞吐作业过程中；（2）闷井时间长（近 5 年）；（3）目标层系的渗透率高于典型的非常规致密储层。

这一发现有助于正确评估 CO_2 吞吐注入作业，并将其与 CO_2 持续驱替作业进行对比。由模拟结果可知，二氧化碳的产生增加了注入作业的可靠性。研究结果还表明，注水波及作业的产量甚至低于注 CO_2。前人在巴肯组页岩验证了上述研究结果（Sheng et al.，2014）。

7.9.1.2 吞吐注气

在连续注入过程中，致密储层的注入井周围空间的压力急剧增加，与此同时，在开采井附近区域，储层具有致密性，因此储层压力明显降低。因此，建议采用 CO_2 吞吐模式（Sheng and Chen，2014）。吞吐模式适用于包含上述特征的致密储层，测试结果已经证实这一点。在这一系统中，应当对各类参数进行优化，如吞吐次数、注入时间、闷井时间、开发时间和井配置参数等。在大多数实验室、中试和现场规模的测试中，当渗吸时间较短时，能够在不进行渗吸轮次的条件下获得更高的可采原油量和产量（Sheng，2017）。需要强调的是，在这种包含多个轮次的吞吐模式中，渗吸时间越长，单个周期内开采的原油再生组分越多（Yu et al.，2016b）。在实验室研究过程中，处理凝析油样品时中断时间的影响是无法评估的（Meng et al.，2015）。

CO_2 注入是一种非常重要的 EOR 方法，特别是在非常规致密油藏中，可以通过二氧化碳注入和增加注气提高采收率。目前在全球范围的多个油藏中，已经采用了注 CO_2 措施，以提高原油采收率，这些油藏包括常规油藏和非常规油藏。然而，在大多数情况下，注 CO_2 措施仍存在一些缺点：（1）CO_2 需求量较高，降低该方案的可用性；（2）在部分混注案例中可能形成沥青质；（3）在与地层水接触时可能形成碳酸，导致井底和地面设施发生腐蚀；（4）使用常规材料时的表面侵蚀和井下过程。

7.9.2 注水作业

非常规致密油藏的注水技术是一项相对新颖的技术，拥有巨大的应用潜力，特别是当其与其他 EOR 工艺（如注化学试剂或注天然气）结合时。目前，研究人员正在对两种注水工艺进行研究，并在现场规模上进行了测试。

7.9.2.1 连续注水作业

在石油工业史上，常规油藏生产中最安全、最有效的 EOR 方法是注水（压力保持或水驱）法。在非常规储层中，这一方法仍有可取之处。据推测，与常规油藏相比，非常规油藏的水驱效果更好，因为储层岩石的致密性和裂缝对流体通道和黏性指进的影响较小，因此非常规油藏的波及效率更高。此外，如果没有围压，水驱作业有助于形成微裂缝或打开已经存在的页岩微裂缝，这可能会增强原油的驱替效果，从而提升采收率（Dehghanpour et al.，2013）。

应该注意的是，在水力压裂过程中，压裂液（主要是滑溜水）的注入能够压裂地层，即使注入条件为高压条件才能提高采收率。压裂液能够重新打开之前存在的裂缝，在水力裂缝的帮助下，储层将发生不可逆的剪切膨胀，从而增加渗透率。非常规致密储层能够吸收压裂液，引发水化膨胀，降低机械阻力，同时降低剪切力介导的裂缝电导率。

7.9.2.2 吞吐注水

吞吐技术可缩写为“Huff-n-Puff”，有时也称为“h-n-p”，是一项非常著名的技术，最初用于热力学 EOR 技术，之后沿用至其他 EOR 方法中。通过这项技术，可利用一口或多口井，将流体注入储层，之后经过一段时间的闷井，然后用同一口注入井进行生产。目前研究人员已经开发了注蒸汽、注气和注水吞吐技术。一般而言，在非常规储层吞吐作业过程中，注入的水首先穿透大孔隙，然后进入小孔隙，驱替原油。注入水侵入孔隙空间的过程增加了储层中任何一点与井筒之间的储层压差，从而提升了流体向井筒方向的流动性。考虑到地层的渗吸特性，水湿层系应优先选用注水吞吐技术。在部分油湿层系中，也可采用此种技术。

前人对非常规油藏进行注水吞吐室内实验，发现注水压力对采收率的影响较大。同时，通过优化闷井时间，也能够提高采收率（Yu and Sheng，2016）。实验结果表明，初始含水饱和度对原油采收率影响较大。与初始含水饱和度较高的案例相比，初始含水饱和度为零或较低时，原油产量明显较高。然而，研究发现，注二氧化碳吞吐的采收率远高于注水吞吐，几乎是注水吞吐的三倍。表 7.3 展示了部分已知的现场应用情况及结果。

表 7.3　注水吞吐技术的综合性能（Sheng，2017）

储层	注入	闷井	回采	结果
巴肯	30d	15d	高达 120d	原油产量无明显提升
帕歇尔	30d	15d	高达 120d	原油产量无明显提升
帕歇尔	初期向储层注水 439000 bbl，之后交替注入水气（WAG）			原油产量无明显提升

7.9.3　注表面活性剂

出于多种原因，研究人员将表面活性剂添加到压裂液中，但通常情况下，其目的不是为了提高原油采收率。仅在部分案例中，利用表面活性剂提高原油采收率。致密层系（如页岩）的渗透率较低，因此在吞吐注入过程中（特别是吞吐注水），可以适当添加表面活性剂和化学物质，从而提高吞吐注水的采收率。研究人员在典型的碎片化油湿碳酸盐岩储层上进行了多个实验室实验，研究表面活性剂压裂过程中储层的自吸作用，实验结果较好。

在非常规致密油藏中，表面活性剂是非常重要的提高采收率试剂，因为非常规致密储层大多数具有强或中等油湿性或中性润湿性。因此，针对储层的润湿性，表面活性剂能够改变储层岩石对水的润湿性，从而释放部分因为润湿性而滞留在储层中的原油。在部分特定类型的岩石（如页岩）中，表面活性剂的吸附仍然存在问题。另一个问题是吸收率，其与裂缝长度成反比。为了克服后者，必须通过强制吸胀来提升闷井作业的效果。

7.9.4　其他 EOR 技术

为了进一步提高采收率，往往将水力压裂与传统 EOR 方法相结合。这一结合能够优化压裂工艺，提高原油采收率。发泡和闷井作业是常规 EOR 的一部分。在过去十年间，研究人员在非常规致密油藏采用了发泡技术，优化了闷井时间，实施了注水吞吐技术，从而大幅提升了产量。表 7.4 展示了 51 口井的压裂和闷井结果，与之相比，在中国中北部鄂尔多斯盆地中—晚三叠世长 7 组，共 28 口井实施了压裂，但未进行闷井作业。从表 7.4 中可以看出，闷井作业能够提升油气产量。

表 7.4　闷井作业提高油气采收率（Sheng，2017）

模式	井数 / 口	泵送流体 / m^3	滞留流体 / m^3	返排时间 / d	增产油量大于 1.5t 的时间 /d	每 60d 单井原油增产率 /%
闷井	51	1100	810	11	47	124
未闷井	28	930	360	12	39	103

7.10　案例分析

7.10.1　瓦腾堡案例分析

瓦腾堡油田发现于 1970 年，位于美国科罗拉多州丹佛盆地。2010 年，该油田的 18000 口井共生产了约 $2160\times10^8ft^3$ 的天然气和约 1850×10^4bbl 石油（Moritz and Barron，2012）。该气田是美国第八大气田。瓦腾堡地区内的油井深度为 4000~8000ft，由于地表条件的限制，目前广泛采用水平钻井进行储层开发。瓦腾堡油田的位置如图 7.11 所示。随着时间的推移，逐渐将水力压裂应用于瓦腾堡储层，且水力压裂系统保持完整。在油田开发的早期阶段，水力压裂的应用效果较为有限。20 世纪 70 年代初，研究人员开发并制备了主要成分为聚合物乳液的压裂液。前人在 J 砂组采用压裂液和支撑剂进行水力压裂，其中配制并大量使用了压裂液和支撑剂（Shaefer et al.，2003）。这一做法是水力压裂的主要处理方式。之后很快开发并使用交联凝胶流体。近年来，在水平压裂作业方案中通常使用水基流体系统，添加了交联锆。研究发现，在类似于 J 砂组的地层中，水平压裂技术是最有效的技术。

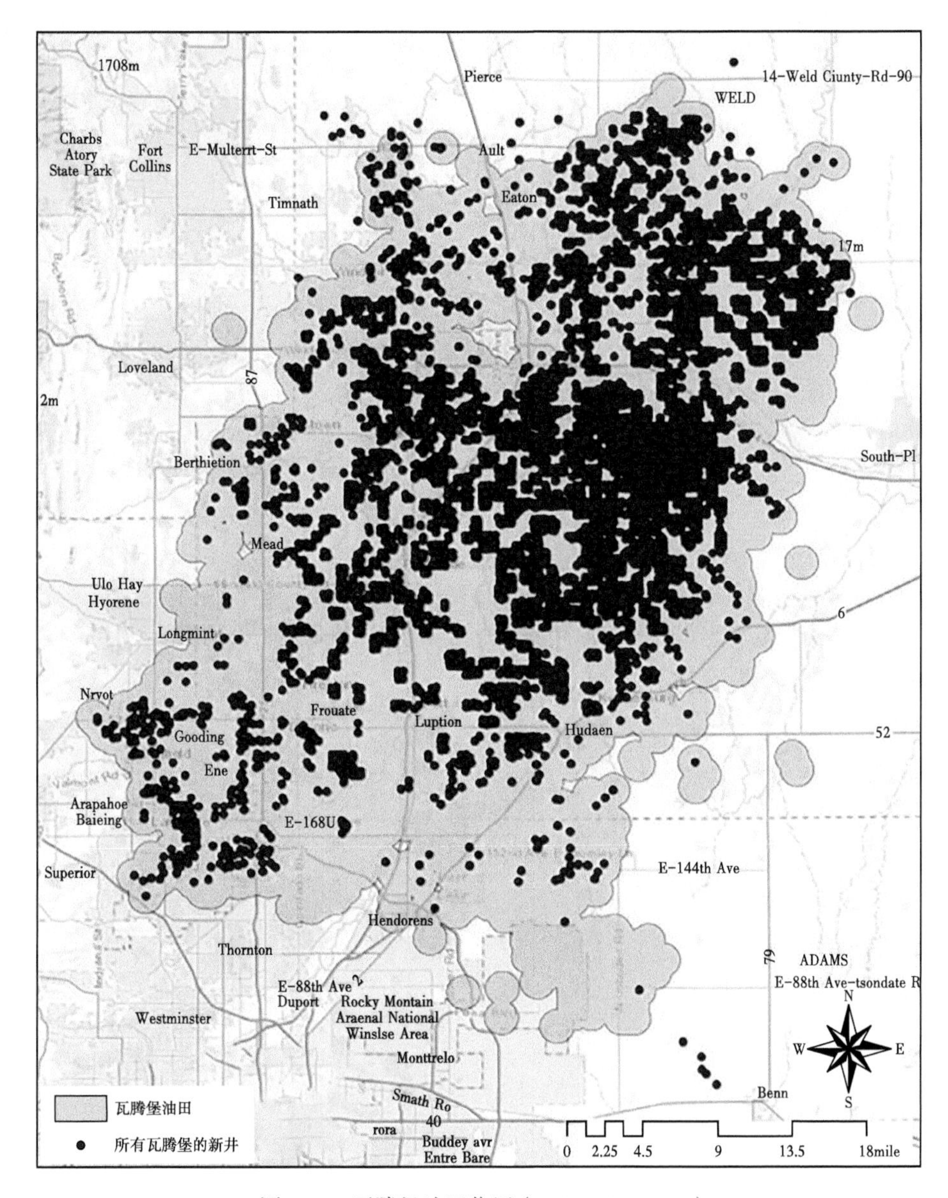

图 7.11 瓦腾堡油田位置（Bai et al.，2013）

7.10.2 鹰滩页岩区案例研究

此项案例研究的重点是如何将类似地区的钻井数据关联起来，从而对同一区域内某一口没有可用数据的新井进行开发（例如，该区域之前没有钻井，或没有足够的可用数据）。为了成功完成完井设计，应当对井和裂缝设计方案进行全面评估。在该地区（鹰滩页岩区），尚无压裂或生产数据。但利用该油田边界附近的油井和美国其他地区的油井，可以获得得克萨斯州南部油井的压裂和生产数据。然后将现有的压裂和生产数据库与待开发的油井进行关联。该井是鹰滩页岩层系中第一口进行完井作业的钻井，因此前人根据邻井的最佳完井作业方案（Araujo et al.，2012）对该井进行了完井作业（油井设计和压裂设计）。

该井的最终设计方案包括 17 段。第 1~12 井段包含 4 个长约 2ft 的射孔簇，倾角约 60°，设置深层射孔。其他 5 个井段由 5 组具有相似长度和射孔的射孔簇组成。井段的设计长度约为 237ft。建议使用 2in “塞孔”结构的段塞射孔技术，第一钻段在井尖附近进行。使用连续油管注入磨砂作为磨料射孔材料，从而与地层进行接触。

前 12 个井段泵送 100 个单位的前置液，应当在水力压裂作业中使用滑溜水和砂，加砂浓度为 0.25~3lb/gal。从第 13 井段到第 17 井段，除了最后一个加砂段外，应当将压裂液替换为线性胶，从而将加砂泵送浓度量增加至 4lb/gal。因此在泵送阶段，可能发生压裂砂应变，因为在第 13 井段到第 17 井段，进行了横向页岩测井，从而确定这一井段钻遇的地层发育韧性结构。首先使用 4000gal 的盐酸前置液处理所有井段，分解地层中的所有物质和水泥固结物，增加压裂缝长度，降低泵送压力。

针对钻井异常和水平井开发情况可知，如果最佳压力不确定，则钻井井段的长度不能超过四个倾斜度为 60° 或更小的井筒的直径总和。利用页岩测井数据规划压裂计划，并使用脆性、张力、TOC 和孔隙度等参数选择钻孔。得克萨斯州南部拉雷多地区的最佳作业情况表明，横向长度上，这些井段应当尽可能覆盖储层，因此，在研究页岩层系测井数据时，能够于井口处观察到地下层系中较易压裂的层位。井末端周边的储层岩石韧性更高，因此，在横向井段中，压裂井段的间距相等。该方案利用流动阶段的差异，将压裂过程分为两种：利用滑溜水对韧性较差的岩层进行压裂（前 12 个井段），以及对韧性较强的地层进行混合压裂（后 5 个井段）。

参考文献

Araujo，O.，Lopez-Bonetti，E.，Sierra，J.，2012. Evaluating first eagle ford shale gas well—case history from Northern Mexico. In：SPE Canadian Unconventional Resources Confer- ence. Society of Petroleum Engineers，Calgary，Alberta，Canada.

Aybar，U.，Eshkalak，M.O.，Sepehrnoori，K.，Patzek，T.，2014. Long term effect of natural fractures closure on gas production from unconventional reservoirs. In：SPE Eastern Regional Meeting. Society of Petroleum Engineers，Charleston，WV，USA.

Bai，B.，Goodwin，S.，Carlson，K.，2013. Modeling of frac flowback and produced water vol- ume from Wattenberg oil and gas field. J. Petrol. Sci. Eng. 108，383–392.

Baihly，J.D.，Malpani，R.，Edwards，C.，Yen Han，S.，Kok，J.C.L.，Tollefsen，E.M.，Wheeler，C.W.，2010. Unlocking the Shale Mystery：how lateral measurements and well placement impact completions and resultant production. In：Tight Gas Completions Conference. Society of Petroleum Engineers，San Antonio，Texas，USA.

Beggs，D.H.，Brill，J.P.，1973. A study of two-phase flow in inclined pipes. J. Petrol. Tech. 25，607–617.

Bourdet，D.，Ayoub，J.，Pirard，Y.，1989. Use of pressure derivative in well test interpretation. SPE Form. Eval. 4，293–302.

Carvalho，F.P.，2017. Mining industry and sustainable development：time for change. Food Energy Secur. 6，61–77.

Dehghanpour，H.，Lan，Q.，Saeed，Y.，Fei，H.，Qi，Z.，2013. Spontaneous imbibition of brine and oil in gas shales：effect of water adsorption and resulting microfractures. Energy Fuel 27，3039–3049.

Ehlig-Economides, C.A., Martinez, H., Okunola, D.S., 2009. Unified PTA and PDA approach enhances well and reservoir characterization. In: Latin American and Carib- bean Petroleum Engineering Conference. Society of Petroleum Engineers.

Elbel, J., Mack, M., 1993. Refracturing: observations and theories. In: SPE production oper- ations symposium. Society of Petroleum Engineers.

Eshkalak, M.O., Mohaghegh, S.D., Esmaili, S., 2013. Synthetic, geomechanical logs for Marcellus Shale. In: SPE Digital Energy Conference. Society of Petroleum Engineers, The Woodlands, Texas, USA.

Fraim, M., 1987. Gas reservoir decline-curve analysis using type curves with real gas pseu- dopressure and normalized time. SPE Form. Eval. 2, 671–682.

Gandossi, L., 2013. An overview of hydraulic fracturing and other formation stimulation technologies for shale gas production. In: Eur. Commisison Jt. Res. Cent. Tech. Reports, p. 26347.

Geertsma, J., De Klerk, F., 1969. A rapid method of predicting width and extent of hydrau- lically induced fractures. J. Petrol. Tech. 21, 1571–1581.

Ghassemi, A., Zhou, X., 2011. A three-dimensional thermo-poroelastic model for fracture response to injection/extraction in enhanced geothermal systems. Geothermics 40, 39–49.

Guo, C., Wang, J., Wei, M., He, X., Bai, B., 2015a. Multi-Stage fractured horizontal well numerical simulation and its application in tight shale reservoirs. In: SPE Russian Petro- leum Technology Conference. Society of Petroleum Engineers, Moscow, Russia.

Guo, C., Wei, M., Liu, H., 2015b. Modeling of gas production from shale reservoirs con- sidering multiple transport mechanisms. PLoS One 10, e0143649.

Holloway, M.D., 2018. Fracking: Further Investigations into the Environmental Consider- ations and Operations of Hydraulic Fracturing. Wiley.

International Energy Agency (IEA), 2013. World Energy Outlook 2013. International Energy Agency (IEA).

Jahn, F., Cook, M., Graham, M., 2008. Hydrocarbon Exploration and Production. Elsevier.

Javadpour, F., 2009. Nanopores and apparent permeability of gas flow in Mudrocks (shales and siltstone). J. Can. Pet. Technol. 48, 16–21.

Javadpour, F., Fisher, D., Unsworth, M., 2007. Nanoscale gas flow in shale gas sediments. J. Can. Pet. Technol. 46, 7.

Kleinberg, R., Paltsev, S., Ebinger, C.K.E., Hobbs, D.A., Boersma, T., 2017. Tight oil mar-ket dynamics: benchmarks, breakeven points, and inelasticities. Energy Econ., 70.

Kovscek, A.R., Tang, G.-Q., Vega, B., 2008. Experimental investigation of oil recovery from siliceous shale by CO_2 injection. In: SPE Annual Technical Conference and Exhi- bition. Society of Petroleum Engineers.

Levitan, M.M., 2003. Practical application of pressure-rate deconvolution to analysis of real wcell tcests. In: SPE Annual Technical Conference and Exhibition. Society of Petroleum Engineers.

Martinez, R., Rosinski, J., Dreher, D.T., 2012. Horizontal pressure sink mitigation comple- tion design: a case study in the Haynesville shale. In: SPE Annual Technical Conference and Exhibition. Society of Petroleum Engineers.

Mayerhofer, M.J., Lolon, E., Warpinski, N.R., Cipolla, C.L., Walser, D.W., Rightmire, C.M., 2010. What is stimulated reservoir volume? SPE Prod. Oper. 25, 89–98.

McGlade, C., Speirs, J., Sorrell, S., 2013. Methods of estimating shale gas resources– comparison, evaluation and implications. Energy 59, 116–125.

Meng, X., Yu, Y., Sheng, J.J., 2015. An experimental study on huff-n-puff gas injection to enhance condensate recovery in shale gas reservoirs. In: Unconventional Resources Technology Conference, San Antonio, Texas, 20–22 July. Society of Exploration Geo- physicists, American Association of Petroleum, pp. 853–863.

Mengal, S.A., Wattenbarger, R.A., 2011. Accounting for adsorbed gas in shale gas reservoirs. In: SPE middle east oil and gas show and conference. Society of Petroleum Engineers.

Miller, C.K., Waters, G.A., Rylander, E.I., 2011. Evaluation of production log data from horizontal wells drilled in organic shales. In: North American Unconventional Gas Conference and Exhibition. Society of Petroleum Engineers, The Woodlands, Texas, USA.

Montgomery, C.T., Smith, M.B., 2010. Hydraulic fracturing: history of an enduring tech- nology. J. Petrol. Tech. 62, 26–40.

Moritz, E.C., Barron, N.S., 2012. Wattenberg field unconventional reservoir case study. In: SPE Middle East Unconventional Gas Conference and Exhibition. Society of Petroleum Engineers, Abu Dhabi, UAE.

Ondeck, A., Drouven, M., Blandino, N., Grossmann, I.E., 2019. Multi-operational plan- ning of shale gas pad development. Comput. Chem. Eng. 126, 83–101.

Palisch, T.T., Vincent, M., Handren, P.J., 2010. Slickwater fracturing: food for thought. SPE Prod. Oper. 25, 327–344.

Perkins, T., Gonzalez, J., 1985. The effect of thermoelastic stresses on injection well fractur- ing. Soc. Pet. Eng. J. 25, 78–88.

PETROBLOGWEB, 2020. Slimhole Drilling [Online]. PETROBLOGWEB Petroleum & Gas Engineering. Available from: https: //petroblogweb.wordpress.com/2016/08/06/ slimhole-drilling/.

Rezaei, A., Rafiee, M., Siddiqui, F., Soliman, M., Bornia, G., 2017a. The role of pore pres- sure depletion in propagation of new hydraulic fractures during Refracturing of horizon- tal Wells. In: SPE Annual Technical Conference and Exhibition. Society of Petroleum Engineers.

Rezaei, A., Bornia, G., Rafiee, M., Soliman, M., Morse, S., 2018. Analysis of refracturing in horizontal wells: Insights from the poroelastic displacement discontinuity method. Inter- national journal for numerical and analytical methods in geomechanics. Comput. Geo- tech. 42 (11), 1306–1327.

Rezaei, A., Rafiee, M., Bornia, G., Soliman, M., Morse, S., 2017b. Protection Refrac: anal- ysis of pore pressure and stress change due to refracturing of legacy wells. In: Unconven- tional Resources Technology Conference, Austin, Texas, 24–26 July 2017. Society of Exploration Geophysicists, American Association of Petroleum Geologists, pp. 312–327.

Ross, B., Faure, A., Kitsios, E., Oosterling, P., Zettle, R., 1992. Innovative slim-hole com-pletions. In: European Petroleum Conference. Society of Petroleum Engineers.

Roussel, N.P., Florez, H., Rodriguez, A.A., 2013. Hydraulic fracture propagation from infill horizontal wells. In: SPE Annual Technical Conference and Exhibition. Society of Petroleum Engineers.

Safari, R., Ghassemi, A., 2015. 3D thermo-poroelastic analysis of fracture network deforma- tion and induced micro-seismicity in enhanced geothermal systems. Geothermics 58, 1–14.

Safari, R., Lewis, R., Ma, X., Mutlu, U., Ghassemi, A., 2017. Infill-well fracturing optimi- zation in tightly spaced horizontal wells. SPE J. 22, 582–595.

Samandarli, O., Al Ahmadi, H.A., Wattenbarger, R.A., 2011. A semi-analytic method for history matching fractured shale gas reservoirs. In: SPE Western North American Region Meeting. Society of Petroleum Engineers.

Sangnimnuan, A., Li, J., Wu, K., Holditch, S.A., 2019. Impact of parent well depletion on stress changes and infill well completion in multiple layers in permian basin. In: Uncon- ventional Resources Technology

Conference, Denver, Colorado, 22–24 July 2019, pp. 4582–4603. Unconventional Resources Technology Conference (URTeC); Soci- ety of ⋯.

Shaefer, M., Clausen, F., 2003. Utilizing "Over-Seas" technology improves the cementing processes in the DJ Basin of Colorado. In: SPE Production and Operations Symposium. Society of Petroleum Engineers, Oklahoma City, Oklahoma.

Sheng, J.J., 2017. Critical review of field EOR projects in shale and tight reservoirs. J. Petrol. Sci. Eng. 159, 654–665.

Sheng, J.J., Chen, K., 2014. Evaluation of the EOR potential of gas and water injection in shale oil reservoirs. J. Unconv. Oil Gas Resour. 5, 1–9.

Siebrits, E., Elbel, J., Hoover, R., Diyashev, I., Griffin, L., Demetrius, S., Wright, C., Davidson, B., Steinsberger, N., Hill, D., 2000. Refracture reorientation enhances gas production in Barnett shale tight gas wells. In: SPE Annual Technical Conference and Exhibition. Society of Petroleum Engineers.

Song, B., Economides, M.J., Ehlig-Economides, C.A., 2011. Design of multiple transverse fracture horizontal wells in shale gas reservoirs. In: SPE Hydraulic Fracturing Technol- ogy Conference. Society of Petroleum Engineers.

Wang, Q., 2017. Influence of Reservoir Geological Characteristics on Fracturing Fluid Flowback. Graduate Studies.

Wang, F.P., Reed, R.M., 2009. Pore networks and fluid flow in gas shales. In: SPE Annual Technical Conference and Exhibition. Society of Petroleum Engineers.

Wang, X., Luo, P., Er, V., Huang, S.-S.S., 2010. Assessment of CO_2 flooding potential for Bakken formation, Saskatchewan. In: Canadian Unconventional Resources and Inter-national Petroleum Conference. Society of Petroleum Engineers.

Wang, S., Javadpour, F., Feng, Q., 2016. Molecular dynamics simulations of oil transport through inorganic nanopores in shale. Fuel 171, 74–86.

Wang, Y., Ju, Y., Zhang, H., Gong, S., Song, J., Li, Y., Chen, J., 2021. Adaptive finite ele- ment–discrete element analysis for the stress shadow effects and fracture interaction behaviours in three-dimensional multistage hydrofracturing considering varying perfo- ration cluster spaces and fracturing scenarios of horizontal wells. Rock Mech. Rock Eng. 54 (4), 1815–1839.

Xia, Y., Jin, Y., Chen, K.P., Chen, M., Chen, D., 2017. Simulation on gas transport in shale: the coupling of free and adsorbed gas. J. Nat. Gas Sci. Eng. 41, 112–124.

Yu, Y., Sheng, J.J., 2016. Experimental investigation of light oil recovery from fractured shale reservoirs by cyclic water injection. In: SPE Western Regional Meeting. Society of Petroleum Engineers.

Yu, Y., Meng, X., Sheng, J.J., 2016a. Experimental and numerical evaluation of the potential of improving oil recovery from shale plugs by nitrogen gas flooding. J. Unconv. Oil Gas Resour. 15, 56–65.

Yu, Y., Li, L., Sheng, J.J., 2016b. Further discuss the roles of soaking time and pressure deple- tion rate in gas huff-n-puff process in fractured liquid-rich shale reservoirs. In: SPE Annual Technical Conference and Exhibition. Society of Petroleum Engineers.

第 8 章　致密油非常规储层的经济效益与风险性分析

常规储层（CR）的开发存在很大的风险，很难规划其经济可行性，非常规储层（UCR）的开发同样面临着困难及常规储层（CR）开发中存在的产量下降的风险！

关键词：致密非常规储层（UCR）经济学及风险不确定性；非常规致密储层（UCR）的净现值（NPV）曲线；基于井的评估；FORSPAN 模型；盆地油气系统模型；非常规致密储层（UCR）决策树

8.1　研究背景

预测油田未来产量是制定油藏开发战略与估算油藏盈利能力的重要内容。油气开发项目所需的初始投资通常非常庞大，需要经过长达数年的开采，才能收回最初的投资成本。如果油价过低，成本回收时间可能延长。因此，合适的生产和开发计划对于油田的成功开采至关重要。为保证油田的成功开采，需要考虑两方面的因素，即技术因素和经济因素。图 8.1 展示了油藏的典型生产和投资曲线。从图 8.1 中可以看出，油藏生产所需的初始投资额非常高（灰色和红色），生产开始后投资仍在继续（蓝色），即使在生产停止后也会继续产生费用（绿色）。通常情况下，运营商的获利期较短（绿色）。

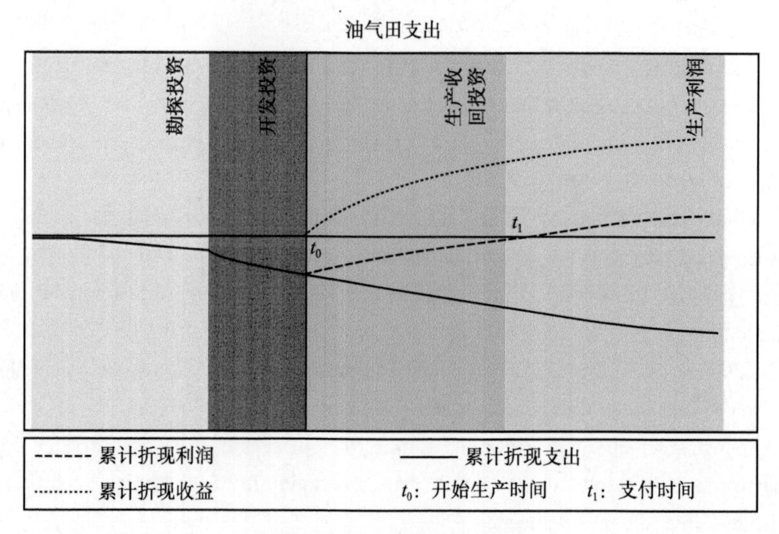

图 8.1　油田开发相关投资

由此可知，油气的储量和产量预测工作是必不可少的。更确切地说，有必要对油气储量和产量进行高精度计算和低误差预测，因为这可能决定了区块的投资或放弃。此外，较高的预测结果能够吸引潜在投资方。

近一个世纪以来，前人文献已经对常规油气藏进行了深入研究。通常认为，储层生产剖面由七个阶段构成，其中包括发现阶段、评估阶段、初次开采阶段、建产阶段、稳产阶段、产量递减阶段和开发后期阶段。图 8.2 展示了这七个阶段与时间的关系。

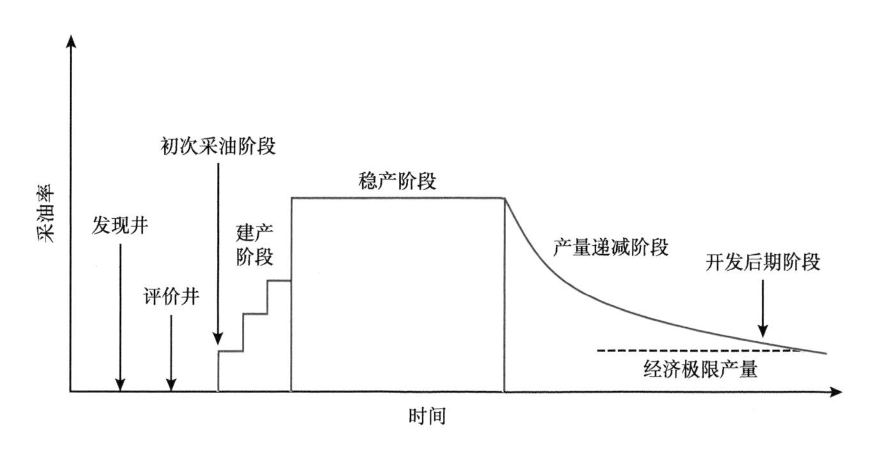

图 8.2 常规油气田的典型生产剖面

从初次发现油藏到初次采油，这段时期的意义重大。大部分规划都是在这段时期内完成的，此时管理层需要做出关键的投资决策。油气开采的随机场景预测、油价建模、风险分析及最小化需要纳入管理决策过程。在初次开采后，投资方继续投资，用于新井钻探，原油产量增加。这一时期是指建产阶段。在油田产量达到峰值后，产量通常会持续一段时间，这一时期的长短与油田规模成正比。在稳产阶段后，产量出现递减。当油气开采不再具备经济可行性时，该油田达到了经济极限产量，油田进入开发后期阶段。

开发计划的制定通常较为复杂。在油井部署优化过程中，首先将油井部署在最佳生产区。在这一时期，油藏管理专家、油藏模拟专家、地质学家和钻井工程师均参与了大量工作，以确定钻井的最佳部署位置。此外，还研究了二次开采机制和三次开采机制，以提高油气产量，并在较长时间内保持稳产。二次开采机制和三次开采机制主要由经济因素决定，用于平衡潜在回报与所需的投资金额。通常情况下，储层管理团队不推荐采用三级采收机制。总体而言，油藏管理团队负责制定油田的开发计划。每个决策都需要利用经济和风险分析工具进行加权。本章将讨论油藏工程师最关键的经济和风险分析工具。

8.2 常规储层的经济性和风险分析

8.2.1 经济性分析

简而言之，储层管理过程中的经济分析是将可采储量转换为当下的货币值。这些因素相互影响。可开采油气量越高，当下的货币值就越高。在油价上涨影响下，当下货币值越高，可采储量就越高。同样，二级开采机制或三级开采机制的投资成本更高，但会产生更多的可采储量。这意味着，油藏开采的优化受多种变量影响，其中许多变量不受油气公司的控制，持续变化，难以预测。这些变量包括通货膨胀率、利率、油价、资本成本、投资环境、环境条件、地质不确定性、供需变化和社会经济因素等。其中各个变量的不确定性均较高。通过风险和决策分析方案，可以最大限度地减少这些不确定性。

8.2.2 净现金流

石油和天然气行业最常用的财务模型是净现金流（NCF）模型。NCF 重要的核心用途是解释货币的时间价值。此外，该模型的关键优势是时间零点的概念，即第一次投资的日期和贴现未来利润的参考时间。NCF 模型包含两个核心要素：现金流入和现金流出。现金流入代表一个项目产生的收入，通常是油气的销售额。现金流出代表流出项目的资金，形式多样，如各种形式的费用、税收和特许权使用费。这两个数值折现求和，就得到净现值（NPV）。

8.2.3 收入估算

计算收入的方法是将油气产量乘以销售价格，减去同期运营成本（OPEX）和资本支出（CAPEX）之和。资本支出代表对设备和基础设施的投资，如开发新油田所需的钻井和管道。其他类型的成本也是资本支出的一部分，如收购成本和勘探成本。该类型的支出在现金流量计算中有两个重要考虑因素；它们不仅是公司资本的一部分，并且随着时间的推移而贬值。此外，资本支出可分散，利用摊销等金融工具增加现金流。这些金融工具能够增加公司的现金流，提升项目的盈利能力，并降低税费。例如，可以从成本发生当年的收入中扣除干井钻探成本。这一方法能够减少应缴纳的税款。相反，可以在钻井的预期寿命内摊销生产井的成本。另一方面，运营支出是运营费用，如一般成本和管理成本、吊装成本、集输成本和压缩成本、加工成本、油气运输和污水处理成本，上述所有成本均需在成本发生的当年进行扣除。此外，运营支出可能包括一些特殊类型的税收，如遣散费和从价税。

8.2.4 税款和特许权使用费

不同国家的税收数额和类型具有很大差异。当前对石油公司征收的税收包括特许权租金、特许权使用费、利润税、公司税、栅栏原则、签名费和生产奖金，以及投标费。所有类型的税收均具有以下共同点：在大多数情况下，必须从收入中扣除。

一般来说，特许权使用费是支付给土地矿权持有人的一种特殊类型的税。特许权使用费在石油和天然气行业占有特殊地位，历史悠久。简言之，特许权使用费是公司为了从所有者那里租赁一定面积的土地而必须支付的第一笔款项，通常按英亩支付。此外，石油公司必须向土地所有者支付油气销售利润的一部分，通常为 12.5%~20%。

8.2.5 现值净现金流（利润）

8.2.5.1 通货膨胀

通货膨胀代表特定货币的购买力随着时间的推移而下降。可以通过跟踪一段时间内一篮子选定商品和服务的固定金额的购买力来对其进行衡量。通货膨胀通常意味着以货币单位衡量的商品价格有所上涨。通货膨胀不能简单定义为消极影响或积极影响，这取决于一家公司持有的资本主要是资产还是现金。随着通货膨胀，资产价值有所增加，而货币价值则有所减少。为了维持公司的财务健康，有必要进行此类分析以降低风险。

消费者价格指数（CPI）可用于跟踪价格的平均变化。它也是计算通货膨胀率的主要参数。通货膨胀率计算如下：

$$通货膨胀率=\frac{最终CPI指数值}{初始CPI指数值}\times 100 \tag{8.1}$$

通常使用通货膨胀率计算货币的实际价值。利用货币的实际价值，可以在不受通货膨胀影响的情况下比较商品和服务的价格。例如，1980 年每桶原油价格为 32 美元，而 2020 年每桶原油价格约为 50 美元。因此，人们可能会错误地认为当前的油价更高。然而，这一对比并不客观公正。1980 年，经过 40 年的通货膨胀调整后，每桶石油的实际价格约为 87 美元（20 世纪 20 年代的货币）。这种简单的计算有助于管理层做出更合理的决策，并在项目之间进行更公平的比较。

8.2.5.2 现值

现值是指在给定收益率的情况下，未来货币总额或现金流的现值。现值可用于评估项目的盈利能力，在很大程度上有助于决策制定。简单来说，由于通货膨胀，现在的钱比未来赚的钱更有价值。换言之，该项目在今天可能盈利，但在未来可能不会盈利，因此，应当根据现金流的现值做出投资决策。净现值（NPV）是一段时间内现金流入的现值和现金流出的现值之间的差额。

净现值（NPV）是介于现金流入和现金流出之间的更为重要的指标，因为它反映了项目投资的初始资本，而 PV 只考虑了现金流入。因此，净现值是一个更加重要的指标。

净现值（NPV）可计算如下：

$$\mathrm{NPV}=初始投资-\frac{R_t}{(1+i)^t} \tag{8.2}$$

式中：R_t 为时间 t 的净现金流；i 为折现率，t 为现金流的时间。当投资时间长达数年时，NPV 的重要性才会凸显出来，而预计在很长一段时间后，才会出现正现金流。这些指标是油田开发的必需指标，如图 8.1 所示。累计折现收入也可以用累计未折现利润代替，这也表明了计算现值的重要性。

到目前为止，现值净现金流（PVNCF）是确定油气田开发经济可行性的最重要指标。如果企业的 PVNCF 评估为负值或较低，那么在投资环境发生变化之前，该公司肯定不会投资该区块。然而，评估结果可能因公司而异。还需利用 PVNCF 确定经济极限产量。通过经济极限产量，可以确定油田废弃时间。PVNCF 计算如下：

$$\mathrm{PVNCF}=初始投资-\sum_{i=0}^{t}\frac{交叉收入-特许使用费和税费}{(1+i)^t} \tag{8.3}$$

最后得到的 PVNCF 代表了一个比较好的投资机会。值得注意的是，如果进行同样的计算，但未计算税收和现值，得到的结果则为现金盈余。

8.2.6 经济绩效指标

经济指标是重要的金融工具，能够帮助投资者评估和判断投资。需要研究的几种常用的绩效指标包括：投资收益率（ROI）或收益率（ROR）、内部收益率（IRR）、修正后的内部收益率（MIRR）、回报期法、盈利指数（PI）和 NPV。注意，上文已经讨论过 NPV。

8.2.6.1　投资收益率（ROI）

ROI 可用于衡量相对于投资成本的投资收益率。根据该定义，ROI 计算如下：

$$\mathrm{ROI}=\frac{\text{投资现值}-\text{投资成本}}{\text{投资成本}} \tag{8.4}$$

投资现值代表出售当前投资获得的价值。该投资收益率的计算较为简单，由于能将其与其他投资的投资收益率进行比较，无论投资类型如何，因此被投资者广泛应用。

ROI 并非没有局限性，这一指标完全忽略了项目的时间框架。该指标将货币现值等概念排除在外，可能对投资机会的判断存在误导。为了解决这个问题，可以使用实际收益率，即在 ROI 计算中使用 NPV。

8.2.6.2　内部收益率（IRR）

内部收益率（IRR）也称为收益率（ROR）和折现现金流收益率（DCFROR），是衡量投资收益率的指标。它是折现率的一种表现形式，使用相同的公式。在折现现金流分析中，使用 IRR 可将所有可对比的 NPV 设置为零。IRR 计算如下：

$$\mathrm{NPV}=\sum_{t=1}^{T}\frac{C_t}{(1+\mathrm{IRR})^t}-C_0=0 \tag{8.5}$$

式中：C_t 为时间段 t 内的净流入；C_0 为总体初始投资成本。

IRR 可用于衡量投资之后的预期年增长率。投资的 IRR 越高，收益越大，在各种类型的投资机会中均是如此。在使用 IRR 时，通常将新的投资机会与公司现有的投资机会进行比较。例如，石油公司可能会将所投资的未开发油田的内部收益率与已开发油田的三年期回报率进行对比。

IRR 可能具有误导性，应谨慎使用，尤其是考虑到该公式难以求取解析解，必须求取数值解。如果项目未盈利，内部收益率的计算结果将不会发生收敛，从而得到零净现值。此外，投资的盈利能力极易受到油价的影响，因为在非常规油藏中，IRR 可能存在多个值。因此，不应单独使用 IRR 判断投资的稳健性。通常情况下，应当将 IRR 与 ROI 相结合，以制定更好的决策。利用 IRR，可以对年增长率进行估算，而利用 ROI 则能够估算投资的总预期增长。此外，使用 IRR 的过程中，假设未来的现金流将再次用于该项目的投资。

8.2.6.3　修正内部收益率 （MIRR）

顾名思义，修正内部收益率（MIRR）是 IRR 的一个改进版本，这一参数对 IRR 进行了修正，弥补了部分缺点。MIRR 弥补了 IRR 的一个缺点，即 IRR 假设所有未来获得的现金流都将再次用于投资以获取 IRR。为了解决这一问题，MIRR 假设将现金流以一定比例或以公司的资本成本的形式进行再投资，从而解决这一缺陷。因此，MIRR 可以更准确地反映项目成本和利润。

MIRR 可定义为使成本的 PV 等于项目终值的 PV 折现率。MIRR 的计算公式为：

$$\mathrm{MIRR}=\sqrt{\frac{\mathrm{FV}(\text{正向现金流}\times\text{资本成本})}{\mathrm{PV}(\text{初期支出}\times\text{筹资成本})}}-1 \tag{8.6}$$

8.2.6.4 投资回收期法

投资回收期是指项目收回初始投资所需的时间；这一指标有助于确定项目的盈利速度。利用投资回收期法，能够简单快捷地评估项目的经济可行性。回收期计算如下：

$$回收期=\frac{初始投资}{各个时期的现金流} \tag{8.7}$$

8.2.7 常规油藏的风险性分析

Gustavson 和 Murphy（1989）研究了与油气评估相关的风险。Gustavson 等将风险分为三类：储量风险、运营风险和财务风险。储量风险评估包括资产寿命、储量确定方法、生产历史年限、地质构造、驱替机制、地质控制、储量多样化和未评估储量。此外，运营风险包括运营商在该地区的运营经验、整体运营商的经验和声誉，以及运营商的成本效益、机械设备质量、运营复杂性、工作利益和财务状况。财务风险包括合同条件、封堵能力、储气井位置，购买的工作利息和特许使用费。上述风险来源使得油气田运营商和利益相关方难以进行决策。可以通过决策理论和风险分析、决策树、概率论和金融风险管理工具等多种方式实现这一目标。

8.2.8 财务风险

任何金融投资都有隐藏的风险，因此，一旦失败，公司就有可能发生亏损。这被称为财务风险。由于油气藏开发具有不确定性，可能存在多种形式的失败风险。这些不确定性包括高估或低估油气储量、油井采收率低、高估石油峰值、石油和天然气价格暴跌、环境灾难、新法律法规的出台、局部地区内乱、全球疫情等。油气公司一直试图减少上述风险，以实现利润最大化。投资者用来降低风险的主要方法是分散资产，即投资多个油气田、设施和储层区域，并与其他运营公司共同开发油藏。在石油行业中，另一种常用的做法是套期保值。石油巨头往往投资石化产品，当油价下跌时，石油化工行业也能从中受益。

8.3 非常规致密油藏的经济效益与风险性分析

非常规油气藏的经济评价与常规油气藏有显著差异。在非常规油气藏中，与钻井和压裂相关的资本成本要高得多。其干井或低产的风险也相当高。非常规油气资源生产的经济可行性也极易受到油价波动的影响。此外，在开采非常规油气资源，以及进行水力压裂和水平井钻探的过程中，需要先进的技术和专业知识，以及政策支持。非常规油气资源的生产需要采用不同的风险规避方式。油井的生产期较短，成本很高，失败率大于成功率。一般来说，降低风险所用的经济手段通常是相同的，但不同的资源管理团队的使用方式可能有所不同。同样，风险分析工具是相同的，而风险缓解策略各不相同。

下文将尝试讨论非常规油气资源的各种评估方法和评估策略，及其 NPV/NCF 模型，并利用案例研究分析相关风险和决策。

8.3.1 基于储层（资源）的分析

历史上通常认为页岩是封闭岩石。水力压裂等增产技术和水平钻井技术的发展，推翻了这一长期理念。巴内特页岩的成功开采，展现了世界范围内非常规油藏的无限潜力。

页岩是地球上含量最丰富的沉积岩。然而，与常规储层一样，非常规储层的品质千差万别。即使在同一区块内，非常规储层的品质变化也是一个非常重要的因素。两个角度可确定非常规区块的质量：储层质量和完井质量（Miller et al.，2011；Cipolla et al.，2012）。油气资源质量与油气开采潜力、油气储量和岩层潜力有关。更确切地说，油气资源质量可以分为两类：有机质质量和岩石质量。完井质量与地层的可压裂性和维持裂缝的能力有关，即水力裂缝形成和保持张开的难易程度。

在对潜在油气资源进行经济性评价时，储层和完井质量均为最重要的因素。非常规地层具有较强的复杂性，应当制定复杂的开发策略，并密切关注其不确定性。除了需要考虑常规油藏开发中出现的常规因素外，还应当在非常规油气藏中钻探更多的井。此外，还需要采用多相水力压裂和水平钻井等先进技术。设计此类新技术过程中，需要考虑多种因素，包括水平井井网、水力压裂设计、井段数和射孔簇数（Ma and Holditch，2015）。

储层质量是迄今为止非常规油藏实现高产量的最重要因素。只有当储层质量为中—高时，完井质量才具有相关性。即便如此，高储层质量也不能完全保证高油气采收率（Jochen et al.，2011；Miller et al.，2011）。这是因为非常规油气资源具有高度复杂性和非均质性。此外，储层质量可能在空间范围内发生变化，从而导致不同区域的储层产量发生变化。考虑到非常规油气资源的面积非常大，这一点尤其正确。

对储层质量有影响的物性参数包括干酪根、总有机碳（TOC）、渗透率、孔隙度、流体饱和度和产层厚度。原位应力、矿物学性质、杨氏模量和泊松比等物性参数能够影响完井质量。这些物性参数相互作用，没有一个参数单独与高开采潜力呈相关性。高油气开采潜力是有利的物性参数的组合结果。为了准确确定具有高生产潜力的储层，应当确定关键的生产驱动因素，正确推断这些驱动因素之间的相互关系，从而进行开采优化。

接下来将详细论述影响储层质量的物性因素。首先是干酪根。许多非常规储层也是油气的烃源岩，因此经常使用干酪根含量衡量储层的质量。这是因为，干酪根是油气的原料，大量存在干酪根可能表明含烃饱和度高。情况并非总是如此，因为低干酪根含量可能表明干酪根已经转化为油气。干酪根与油气含量的关系复杂，它在高温高压条件下经历了长达数百万年的成岩作用。通常情况下，可以利用动力学模型研究这一问题（Welte et al.，1984）。

在非常规油气藏开发过程中，资源评估非常重要，因为与常规油气藏相比，非常规油气藏的质量通常较低。非常规油气藏成功开发的关键是在低质量储层中识别高质量“甜点”区。在评估油气资源质量时，需要研究并分析三个方面；油气充注、储层性质，以及力学和物性特征（Ma et al.，2015）。

油气充注由油气源和油气存储机制所控制。高质量的非常规油气藏包括丰度较高且厚度较大的烃源岩，高度成熟有机质，足够的成熟时间和形成时期，通过油气运移形成了连续油气充注，以及有效的油气圈闭机制。储层物性受沉积环境、岩性和岩相、孔隙度、流体饱和度、润湿性和渗透率的影响。此外，力学和物性特征还与压力、应力场、脆性、构造复杂性、天然裂缝网络和地层深度有关。上述参数的评估对于确定油气资源质量至关重要。实现严格评估的一个重要技术发展是4D地震。

在非常规储层研究过程中，储层预测是一个极具争议的问题。鉴于高质量油气资源的不确定性，以及此类评估的高度不确定性，很明显，待开发储量的估算非常复杂，具有挑战性。同样显而易见的是，常规储量估算技术的应用在很多方面都存在很大问题。首先，与常规油藏不同，非常规油藏分布面积较广，无法假设非常规储层均匀分布在所有区域，无法将某个局部区域的测定结果应用在其他区域。其次，在常规储层中，绝大多数区域都是相互连通的，可以将非连通区域单独区分出来。而非常规储层往往表现为一系列不连通的“甜点”区。这些“甜点”区的物性变化非常大，导致非常规储层的储层质量和完井质量存在很大差异。因此，在同一非常规油气藏内，开采成本、风险性、不确定性和油气产能可能发生巨大变化。再次，与常规油气藏相比，在非常规油气藏中，干井或低产井的风险要高得多。最后，非常规油气资源的开采与其使用的技术和油价密切相关。综上所述，在非常规储层中使用常规油气储量估算方法，特别是体积法，存在很大的问题。因此，应当寻求其他方法。另一种选择是基于井的方法，将在下一节进行讨论。

8.3.2 基于井的方法

由石油资源管理体系定义的估计最终采收率表示如下：

估计最终采收率（EUR）不是一个资源类别或分类，而是一个术语，可以应用于一个储层或一套储层（已发现或未发现），可据此估算截至给定日期的可采油气量与该储层或该储层组已开采油气量之和。为了明确起见，EUR 必须参考油气资源的相关技术和商业条件。例如，探明 EUR 代表探明储量与之前开采的油气产量之和。

EUR 为非常规区块油气储量的估算提供了一种合理的技术方法。根据定义，可首先计算每口井的全部油气产量，然后将其与借助特定的技术和商业条件可能获得的未开采油气量相加。借此，油气运营商能够准确地估算储量。此时，问题已经缩小至如何估计每口井的未来潜在产量。这可以通过估计每口井的泄油面积和该面积内可钻井数量得到，利用风险评估和地质分析估算成功井的概率，从而估算未来的生产井数量，根据现有井的产量近似估算未来每口井中的产量，将最后两个数值相乘，得到估算可采储量。此方法称为 EUR 类比法。该方法在很大程度上依赖于假设和类比。

非常规油气藏的经济利润率很低，为提升经济效益，应当在开发早期识别有利生产区（“甜点”区）。在连续油气开采过程中估算油气量时，最准确可靠的方法是利用井动态数据进行估算。对可开采资源进行准确预测，制定合理的商业决策。然而，通常无法获得大量包含足够生产历史的油井数据。可以对单井的 EUR 和泄油面积进行概率估算，从而解决这个问题。还可将 EUR 与贝叶斯理论相结合，随着时间的推移，将搜集到更多可用数据，使得统计估算结果更为精准。下文将介绍一些在行业中广泛使用的技术。

8.3.2.1 FORSPAN 模型

另一种技术是美国地质调查局（USGS）开发的 FORSPAN 模型。USGS 将 FORSPAN 定义为：“用于评估原油、天然气和液化天然气（统称为石油）的连续累计产量的指标。连续型（也称为‘非常规’）油气藏具有较大的空间体积，缺少明确的下倾油水接触面。因此，在这些非常规油气藏中，石油和天然气不会在水的浮力作用下成藏。连续型油气藏包括致密气藏、煤层气、页岩油气、白垩油气和浅层生物气。”

8.3.2.2 盆地和油气系统建模方法

盆地和油气系统建模（BPSM）是一种数学建模方法，结合了地震、地质、地球物理、地球化学、流体动力学和热力学等数据中的可用信息，重新构建了沉积盆地的演化过程。这些模型用于油气和烃源岩之间的地球化学成因对比（Al-Hajeri et al.，2009）。换句话说，油气系统建模方法可跟踪地质时间框架内油气系统的演化，以预测潜在的油气藏。

这种方法似乎与储层建模方法相似，但有一个重要的区别：尺度。BPSM 模拟扩展至地质时间框架，数亿年时间长度，大陆规模，数百乃至数千千米。考虑到大陆板块的运动动力学特性，模型的几何结构应当是动态的。除了对多相流进行建模外，BPSM 还对沉积、断层埋藏和干酪根成熟动力学等过程进行建模。这些过程的建模可以在一维中完成，利用单点定位法，在二维中进行平面图或剖面的建模，在三维中进行储层和盆地尺度的石油系统建模，在四维中进行随时间变化的建模。BPSM 可对油气藏中的油气量进行概率估计。

8.3.2.3 多进程评估方法

Hood 等（2012）首次提出多进程评估方法，作为一种工具，它能够将地质概念与贝叶斯概率理论相结合，帮助人们做出更好的商业决策。利用这种方法，将连续油气藏细分为多个动态多边形区块。这些多边形区块为油气可采概率的计算提供依据。然后，将静态和动态数据合并到模型中，其中多边形区块的划分与利用泄油平面图得出的井动态平均值直接相关。之后，生成单井概率 EUR 曲线。基于单井动态对最终采收率进行估算。该数据用于改善业务决策，量化资源密度和油井性能。

8.3.3 生产剖面

在过去的二十年间，水力压裂与水平井相结合的方法经证实是利用非常规致密钻井进行开采的最（唯一）有效方法。与常规油藏的钻井相反，无论是垂直井还是水平井，在非常规致密区块中，水力压裂井的生产剖面都是独一无二的。其特点是在生产早期达到产量峰值，随后出现急剧下降，并在第一次开采油气后一年内就达到了经济极限产量。对油气运营商而言，这种独特的生命周期非常具有挑战性。这要求操作者采用工业式的开发计划，以钻井、压裂和生产的连续循环为定义。值得一提的是，这一周期通常与油价周期同步。

图 8.3 展示了部署于非常规致密区块的水力压裂井的典型产量剖面。该图展示了从 A 到 D 的生产阶段，其中 A 代表早期产量峰值。在这个阶段，主要利用人工裂缝网络进行开采。B 代表产量衰竭的开始。在这个阶段，主要开采泄油体积（“甜点”区）。C 是低产低效期。此时正利用单井开采微—纳米级孔隙的油气。最后，D 代表关井时期，因为此时已经达到了经济极限产量，油气开采不再具备经济效益。在这个阶段，油气主要来自纳米级孔隙网络。显而易见，经济极限是由当前的油价决定的。

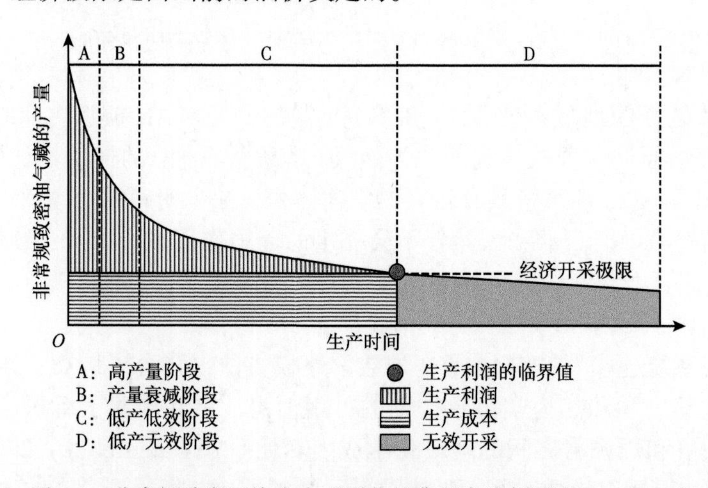

图 8.3 非常规致密区块水力压裂井的典型产液剖面（Zou，2017）

8.3.4 净现金流和风险管理

在前几节中，已经讨论了 NCF 模型，它是最为常用的经济分析模型。金融模型和税收模型是两种日益流行的经济分析模型。为管理非常规资源开发中可能发生的风险，需要采用综合多学科方法。该方法需要整合地质学、岩石物理学和地质力学等各个学科的信息。综合各学科的信息，可以更好地表征储层特征，识别关键参数，优化开发方案，并最终将不确定性降至最低。此外，在非常规油藏开发过程中，可以采用三种策略降低风险，其中包括：收集准确和高质量数据，采用现有的最佳技术，对获得的结果进行详细分析和解释。

8.4 案例 1

8.4.1 印度 Lower Barmer 盆地下 Barmer Hill 组资源区确定勘探目标和量化远景资源的综合工作流程

下 Barmer Hill 组（Lower Barmer Hill，LBH）是拉贾斯坦邦 Barmer 盆地的主要烃源层，几乎为所有已发现的油田供烃。该层系也是潜在的非常规页岩层，厚度相当大（5~800m），有机物丰度高（6%~14%，质量分数），热成熟度高。图 8.4 展示了 Barmer 盆地的位置和构造图。Kuila 等（2020）发表了一项研究，对该盆地的非常规油气资源进行了全面评估，为未来非常规油气资源提供了工作流程。本次研究的目的是从工程和经济的角度解决问题。从工程的角度来看，其核心问题是确定“甜点”区并估算现有油气量，而从经济的角度而言，其核心问题是评估特定区块的开采经济可行性和商业性。

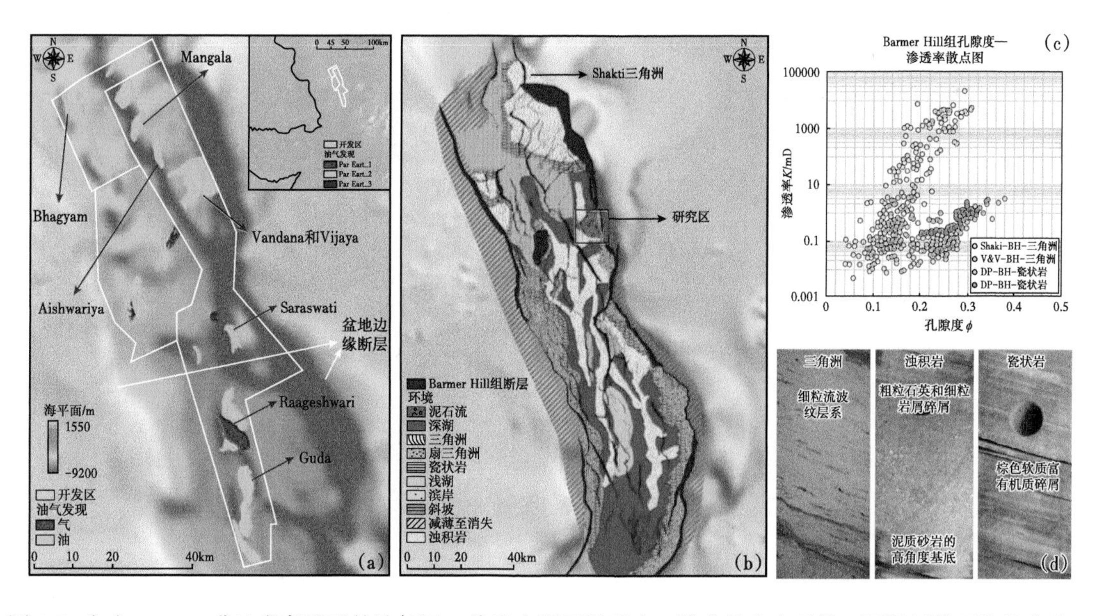

图 8.4 （a）Barmer 盆地发育重要的油气田。从重力图可以看出，该盆地向南延伸，逐渐延伸至坎贝盆地。（b）Barmer Hill（BH）组 GDE 显示，下 BH 组发育富有机质湖相页岩（盆地内油气的主要来源），上 BH 组发育储层相：瓷状岩［DP 和 Mangala BH（MBH）油田］、浊积岩（V&V）和三角洲（Shakti BH）。（c）BH 组储层的孔渗分布。（d）BH 组储层类型和对应岩心（Majumdar et al.，2022）

为了识别“甜点”区，本次研究采用了系统的划分方法，将研究对象进行划分。其根据依次是热成熟度、厚度，以及 TOC。根据热成熟度，可将该区块划分为两个远景区块，即石油和天然气区块。划分依据为石油和天然气所采取的开发和商业策略不同。此外，该研究还规定了地层厚度和 TOC 临界值，分别为 30m 和 3%（质量分数）。此外，可利用断层段和总沉积环境图对研究区进一步细分。图 8.5 和图 8.6 使用地震—地质剖面展示了 Barmer 盆地的构造—地层特征和其中各油田的岩性变化（Majumdar et al.，2022）。

本次研究采用了多项目评估方法，对每一个细分的油藏区进一步细分。该方法同样可用于估算每个多边形区域的油气量和技术可采资源量。根据孔隙体积和采收率的概率分布，可进行估值。其中使用五个热成熟度窗口值形成多边形。使用 IRR 计算每口井的经济极限产量。为了辅助计算，研究使用了美国地区类似区块的近似类型曲线，将八个多边形中的每个多边形的技术可采资源量按概率进行组合，用于计算 1U、2U 和 3U。之后根据成功概率，对八个多边形进行排序。利用该排序结果，确定勘探钻井的最佳位置。

估算技术可采资源量为 956×10^{6}bbl（石油）和 13.2×10^{12}ft^{3}（天然气）。经过转化后，石油的平均资源密度为（17~36）$\times10^{6}$bbl/km^{2}，天然气为（82~251）$\times10^{9}$ft^{3}/km^{2}。

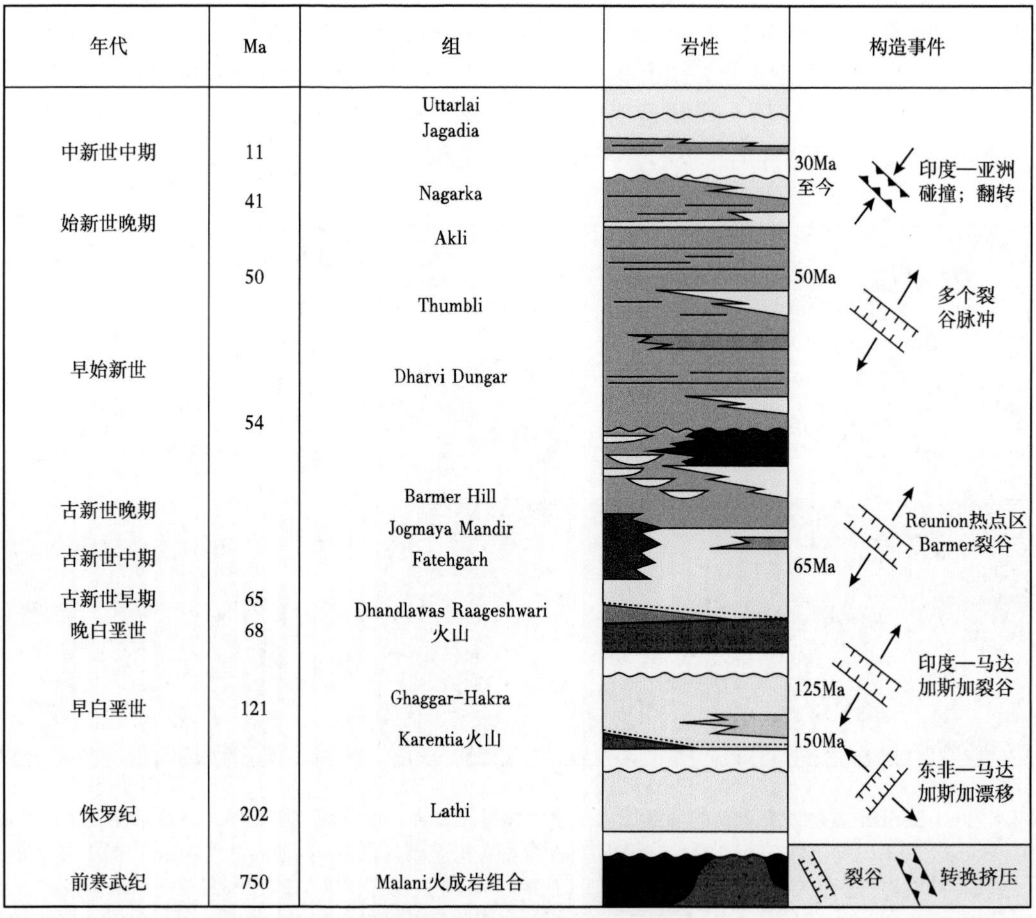

年代	Ma	组	岩性	构造事件
		Uttarlai Jagadia		
中新世中期	11			30Ma至今　印度—亚洲碰撞；翻转
	41	Nagarka		
始新世晚期		Akli		
	50			50Ma　多个裂谷脉冲
		Thumbli		
早始新世		Dharvi Dungar		
	54			
古新世晚期		Barmer Hill		Reunion热点区 Barmer裂谷
		Jogmaya Mandir		
古新世中期		Fatehgarh		65Ma
古新世早期	65	Dhandlawas Raageshwari		
晚白垩世	68	火山		
				125Ma　印度—马达加斯加裂谷
早白垩世	121	Ghaggar-Hakra		
		Karentia火山		150Ma　东非—马达加斯加漂移
侏罗纪	202	Lathi		
前寒武纪	750	Malani火成岩组合		裂谷　转换挤压

图 8.5　Barmer 盆地构造—地层图（Majumdar et al.，2022）

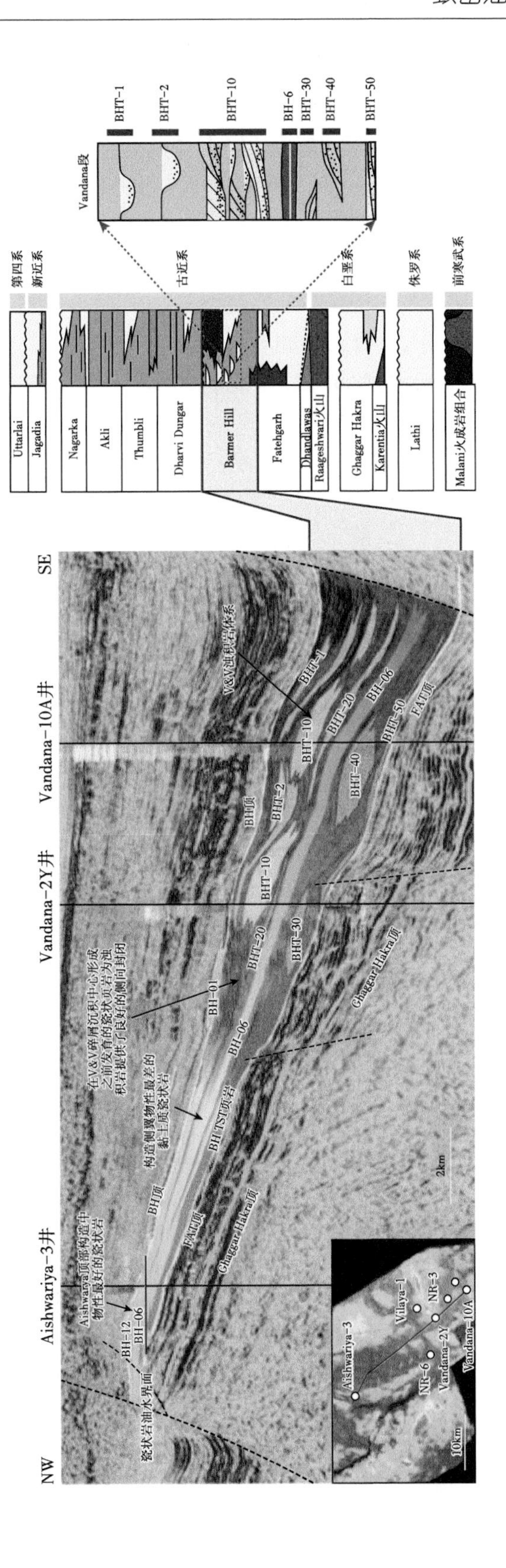

图 8.6 从Aishwarya油田到V&V油田的地震地质剖面，显示了从瓷状岩到碎屑岩的岩性变化（Majumdar et al.，2022）

8.4.2 如何防止在非常规油气藏开发过程中浪费资金

Jenkins 和 McLane（2020）发表了一项研究，用于开发非常规石油和天然气区块。本节重点讨论了开发阶段常见的两个主要错误。第一种错误是过分强调生产目标而不是价值创造，第二种是摒弃科学方法，盲目加速油气藏开发。本节提出了避免此类常见错误的建议。首先，应当确定并量化开发过程中的不确定性和风险性。可使用蒙特卡罗模拟工具完成这一工作。其次，应当适当搜集数据，以便对不确定性和风险进行更精准的估计。最后，运用概率论进行更好的决策。在非常规油气藏的开发过程中，做出明智决策所需的不仅仅是概率评估，还应当在储层的关键区域采集流体和岩石样本，以确定其生产潜力，同时还应当部署足够的钻井，用于确认其商业性。此外，本次研究强调了损失最小化策略，并建议采用上述技术，尽早识别风险，将损失降至最低。

笔者认为，使用决策树的分阶段方法能够完全避免风险，这也是确保投资者价值的最佳方案。分阶段方法包括四个阶段：发现、可交付、证实和开发。可在决策树中实现这些阶段，其中可使用决策节点将每个阶段与下一个阶段分开。在每个节点处，都需要做出投资决策。这些决定可以是增加资本投资、维持当前的投资水平、将项目搁置一段时间，或者在更严重的情况下，完全放弃并出售项目。图 8.7 展示了上文提出的决策树。退出或搁置一个项目并不代表投资失败，还可能是因为项目的盈利能力与关键利益相关者设定的内部指标阈值不匹配；这些阈值可能类似内部收益率。

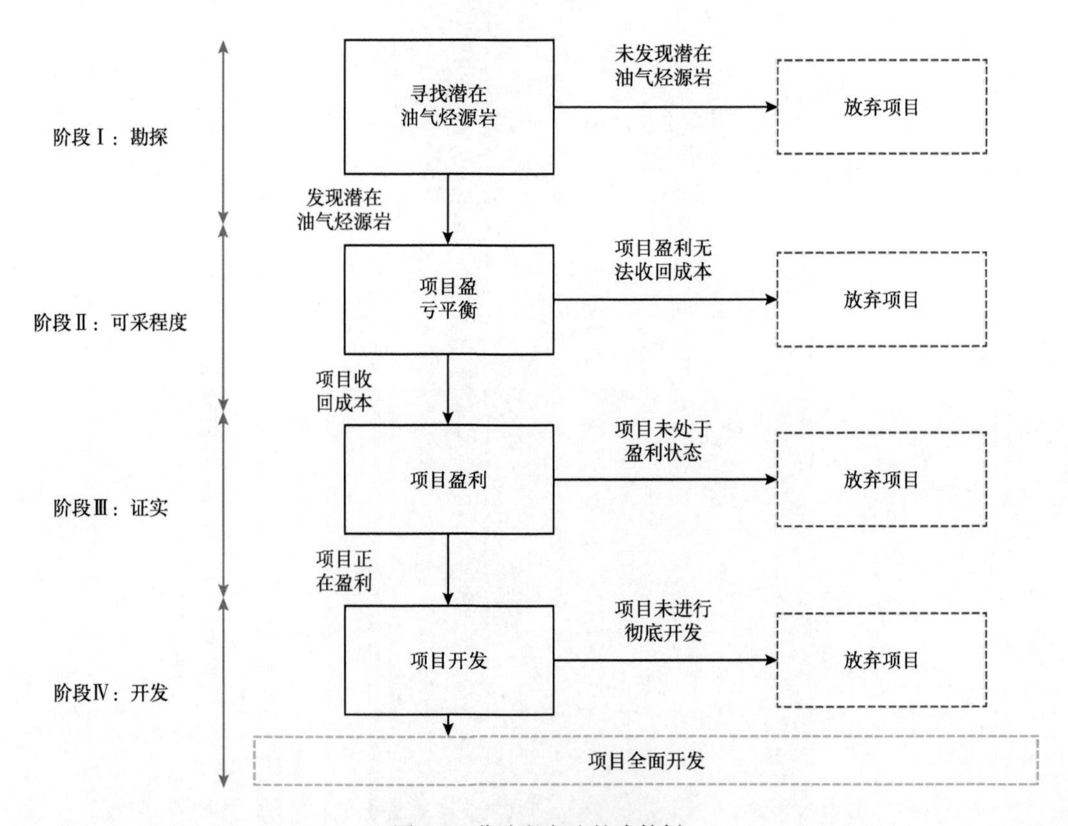

图 8.7 分阶段方法的决策树

分阶段法采用了一些重要的工具，用于提高运营效率，避免资本浪费。这些工具包括对数累积概率图、置信曲线和顺序聚集图。本节列举了一个真实案例，运用了上述方法，其实验结果能够证实本节的观点。美国 Niobrara 组的案例应用了该技术。Niobrara 组是一个致密碳酸盐岩层系，其中部署了多级压裂水平井。案例研究内容包括计算五口井在可交付阶段的测井累计产量概率。对数累积概率图展示了 P90、平均值和 P10 值的分布，通过拟合前五口井在生产高峰期的产油量，可获得这些数值。P90 的产油量估算为 6589bbl，而 P10 的产油量为 23347bbl（Jenkins et al.，2020）。

在其中一口井中应用假定的递减曲线模型，可以得到 910 万美元净现值。然后，将概率方法应用于五口井的产量，以确定数据的不确定性，其置信度为 80%，预计随着钻井数量的增加，置信度将有所增加。

在理想的情况下，证实阶段应该紧跟交付能力确定阶段，从而验证生产类型曲线，优化井距，降低钻井成本。然而，运营商决定立即进入开发阶段，完全跳过证实阶段。笔者并不反对这种方法，通过“跟踪结果”来降低风险。

开发阶段包含长达两年半的 55 口井钻井。这 55 口井的钻井产量数据表明，峰值产量约为初期 5 口井产量的一半。

令人惊讶的是，尽管自前五口井之后的几口井产量可以清楚地看出，新钻井的表现不佳，但钻井计划还是得以实施。只有五口新井停止了生产，并重新评估其开发策略。这五口井的产量明显低于预期产量。运营商的做法导致经济效益大幅下降。每口新钻井的净现值为负 80 万美元。需要注意的是，负 NPV 不会转化为损失，而是转化为项目的不良经济状况。

总之，阶段性发展战略是可持续经济状况的必要条件。通过审查策略和良好的数据处理，可避免不必要的风险，降低不确定性。

8.5 案例 2

巴肯组油田是北美最大的非常规油田之一，据美国地质调查局（USGS，2013）估算，其最终可开采石油储量约为 74×10^8bbl。自 2000 年以来，巴肯油田经历了快速发展，2019 年石油产量达到峰值，约为每天 150×10^4bbl。Ozkan 等（2012）发表了一项研究，考察了巴肯组常规和非常规油藏开采的长期经济可行性。本节将重点描述这项研究。

该研究利用了一个公司利润率优化模型，使用外源性油价模型确定油价。该模型涵盖了在不同油价下将石油留在地下的经济效益，以及钻探常规井和非常规井的可行性。研究还包含了多种产量递减率，常规井和非常规井的递减率不同。

本次研究提出的模型可以替代业界广泛应用的预期 NPV 模型；NPV 仅是模型的一个输入参数。相反，模型输出为边际利润预测值。该模型采用了边际利润边际化函数。该模型的输入参数主要来自常规油气资源和非常规油气资源的生产剖面，这些数值可应用于油气供应计划。之后将这一油气供应计划输入一个集体供应方程，用两个价格方案对该方程进行求解。

油价和成本是该模型的两个重要输入参数。油价由外部因素确定，这意味着油价是依据一组不同的外部变量因素确定。这些变量包括全球石油生产和消费、油气资源供应价格、宏观经济变量，以及多个其他变量。相对于参考价格的变化，价格本身并不重要。价格预测如图 8.8 所示。该预测结果基于能源信息管理局（EIA，2012）提供的参考价格。

边际成本则根据资源类型进行设定，对常规油气资源而言，通常设定两个边际成本估计值。S_{c1}、S_{c2} 和 S_U 分别代表第一常规资源情况、第二常规资源情况和非常规资源情况。这两种常规情况代表了勘探和生产的参考情况和高阶情况。如图 8.8 所示，油价和边际成本相互作用，生成了一个利润率场景，为计算该场景，需要向模型输入 20 年（2011 年至 2030 年）的数据。

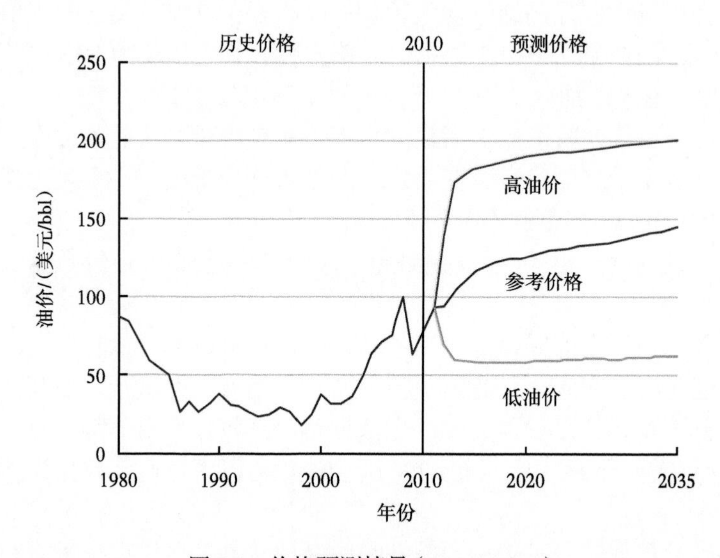

图 8.8　价格预测情景（EIA，2012）

为了满足模型的输入要求，需要对常规和非常规情景进行产量递减预测。其中采用了巴肯组常规和非常规场景的典型产量递减曲线，如图 8.9 和图 8.10 所示。

研究结果分为两种情景：高价格情景和参考价格情景。此外，研究还讨论了两种情况下的两个变量，即每种常规油气资源对非常规油气资源的产油气贡献，以及每种油气资源的年度利润贡献。

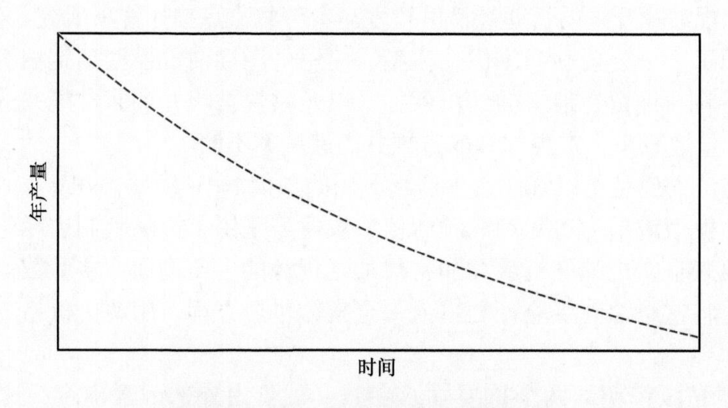

图 8.9　常规油气藏的典型指数递减

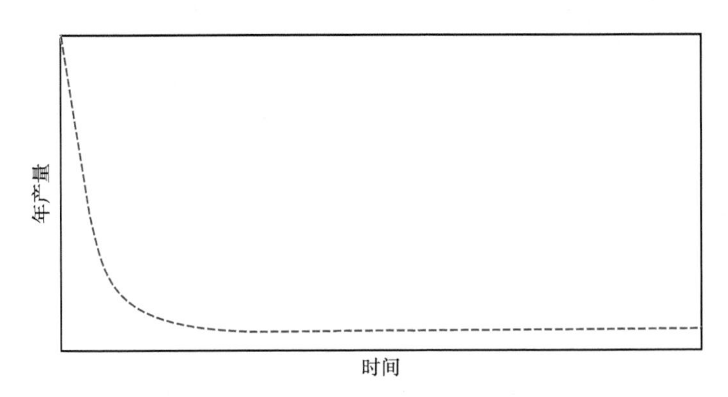

图 8.10 非常规油气资源的典型产量递减剖面

分析表明，当油气价格较高时，不应开采非常规资源，而应更多地寻找和开采常规油气资源。当油气价格较低时，应注重开采非常规油气资源，以弥补因常规油气资源衰竭而造成的生产损失。

参考文献

Al-Hajeri, M.M., Al Saeed, M., Derks, J., Fuchs, T., Hantschel, T., Kauerauf, A., Neumaier, M., Schenk, O., Swientek, O., Tessen, N., Welte, D., 2009. Basin and petro- leum system modeling. Oilfield Rev. 21 (2), 14–29.

Cipolla, C., Weng, X., Mack, M., Ganguly, U., Gu, H., Kresse, O., Cohen, C., 2012, March. Integrating microseismic mapping and complex fracture modeling to character- ize fracture complexity. In: SPE/EAGE European Unconventional Resources

Conference & Exhibition - From Potential to Production. European Association of Geoscientists & Engineers, p. cp-285.

Energy Information Administration (EIA), 2012. Annual Energy Outlook 2012.

Gustavson, J.B., Murphy, D.J., 1989, January. Risk analysis in hydrocarbon appraisals. In: SPE Hydrocarbon Economics and Evaluation Symposium. Society of Petroleum Engineers.

Hood, K.C., Yurewicz, D.A., Steffen, K.J., 2012. Assessing continuous resources building the bridge between static and dynamic analyses. Bull. Can. Petrol. Geol. 60 (3), 112–133.

Jenkins, C., McLane, M., 2020, February. How not to squander billions on your next uncon- ventional venture. In: Asia Pacific Unconventional Resources Technology Conference, Brisbane, Australia, 18-19 November 2019, pp. 141–159 (Unconventional resources technology conference).

Jochen, V.A., Malpani, R., Moncada, K., Indriati, S., Altman, R.M., Luo, F., Xu, J., 2011, January. Production data analysis: unraveling reservoir quality and completion quality. In: Canadian Unconventional Resources Conference. Society of Petroleum Engineers.

Kuila, U., Sahoo, A., Jenkins, C., Dev, T., Dutta, S., Batshas, S., Wilhelm, C., Brown, P.J., Mandal, A., Dasgupta, S., Mishra, P., 2020. Integrated Workflow for Identifying Explo- ration Targets and Quantifying Prospective Resources of the Lower Barmer Hill Resource Play, Barmer Basin, India. In: Unconventional Resources Technology Con- ference (URTEC).

Ma, Y.Z., Holditch, S., 2015. Unconventional Oil and Gas Resources Handbook: Evalua- tion and Development. Gulf Professional Publishing.

Majumdar, P., Konar, S., Dolson, J., Dhanasetty, A., Bora, A.K., Kumar, P., 2022. GERYA reservoir evolution model of synrift lacustrine hyperpycnites, Barmer Basin (Rajasthan, India). Arab. J. Geosci. 15 (16), 1–18.

Miller, C.K., Waters, G.A., Rylander, E.I., 2011, January. Evaluation of production log data from horizontal wells drilled in organic shales. In: North American Unconventional Gas Conference and Exhibition. Society of Petroleum Engineers.

Ozkan, S., Kurtoglu, B., Ozkan, E., 2012. Long-term economic viability of production from unconventional liquids-rich reservoirs: the case of Bakken field. SPE Econ. Manag. 4 (04), 215–221.

U.S. Department of the Interior, 30 April 2013. USGS Releases New Oil and Gas Assess- ment for Bakken and Three Forks. Press Release, Department of Interior.

Welte, D.H., Tissot, P.B., 1984. Petroleum Formation and Occurrence. Springer-Verlag. Zou, C., 2017. Unconventional Petroleum Geology. Elsevier.

第9章　能源转型对非常规储层的影响：碳捕集与碳封存

CCS的成功将灰色能源转化为绿色能源！

关键词：能源转型；CCS CCU；非常规致密储层（UCR）的CO_2存储；碳捕集与利用；零排放；化石燃料

9.1　研究背景

尽管非常规油气藏开发成本很高，但此类油气藏为世界范围内的石油和天然气储量提供了有力支撑。与传统油气藏相比，非常规油气藏的油气开采在技术方面仍具有挑战性。当前面临的挑战之一是如何产出遵守世界环境法规并为公共部门所接受的清洁能源。化石燃料开采过程中面临的最大问题是二氧化碳的排放。二氧化碳的捕集和封存（CCS）是减少大气中CO_2排放量的关键方法。CO_2排放量持续增长，已成为全球关注的焦点，而CO_2地质封存（CGS）为解决这场世界级大规模环境危机提供了一个可行策略。自19世纪工业化开始以来，大气中的二氧化碳含量一直以惊人的速度大幅增长。二氧化碳含量的持续上升导致全世界气候遭受影响，例如全球气温上升、局部极端天气事件增加。能源燃烧和工业化过程导致2021年全球CO_2排放量上升，创造了有史以来最高的年CO_2排放量。国际能源署（IEA）根据最新的官方国家数据，以及公开的能源、经济和天气数据，对不同的地区和不同种类的燃料逐一进行了详细分析，预计到2030年，碳排放量将达到363×10^8t，与2020年相比，增加6%。根据IEA（2022）的数据，与2020年的基准数据相比，二氧化碳排放量增加了约2.1×10^8t。从绝对值来看，与2010年相比，2021年间，能源利用过程中产生的CO_2排放量同比增长更高。2021年二氧化碳排放量激增，抵消了2020年由于疫情减少的1.9×10^9t二氧化碳排放量。与疫情前的2019年相比，2021年的二氧化碳排放量增加了约1.8×10^8t。

9.2　全球二氧化碳排放和封存措施

化石燃料的消耗导致了CO_2的排放，其中发电部门排放的CO_2最多，其次是工业和交通部门，如图9.1所示。表9.1列出了1990年（历史数据）至2050年（预测数据）间，世界范围内CO_2排放量与CO_2封存量的相关数据。Lapillonne等（2007）提供了全球CO_2排放和封存的相关统计数据。通常认为，提升能源效率，减少对化石燃料燃烧的需求，在运输和发电中使用生物燃料或氢气代替化石燃料，在发电过程中使用天然气代替煤炭，以及在地质构造中捕集并封存二氧化碳，能够减少大气中的二氧化碳排放量。

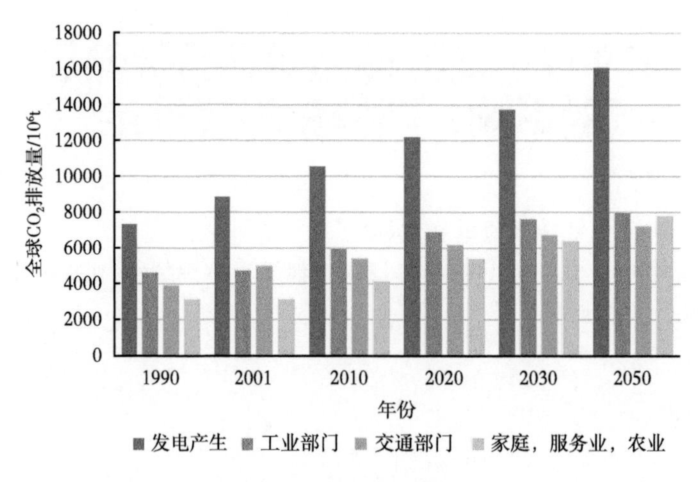

图 9.1 全球 CO_2 排放量

表 9.1 1990—2050 年 CO_2 排放量与封存量 单位：10^6t

世界范围内	年份					
	1990	2001	2010	2020	2030	2050
CO_2 总排放量	20161	23566	29055	34206	38749	44297
发电产生	7433	8932	10562	12246	13747	16065
工业部门	4653	4812	6045	6910	7656	7971
交通部门	3982	5056	5461	6206	6815	7263
家庭，服务业，农业	3191	3196	4128	5431	6488	7891
CO_2 封存量	0	0	0	10	271	2545

9.3 环保措施

二氧化碳排放与日益严重的环境问题戚戚相关，大量使用化石燃料是造成这一问题的主要原因（Zhang et al.，2018）。当前的二氧化碳排放量已升至近几十年来的最高水平，是造成全球变暖的主要温室气体，占温室气体全部排放量的 55% 以上（Pachauri et al.，2014）。因此，二氧化碳排放是导致全球变暖和气候变化的主要原因（Murshed et al.，2021）。随着二氧化碳排放量的增加，气候变化已成为人类文明的最大威胁。大气中过量的二氧化碳和其他温室气体已经将地球平均温度升高了约 1.8°F（1°C），即使即刻停止排放，大气中现有的温室气体仍将进一步导致全球变暖（Peridas et al.，2021）。因此，对环保问题的担忧促使了二氧化碳封存技术的引入，随着能源产量的增加，二氧化碳封存的规模也逐渐扩大，如图 9.2 所示。

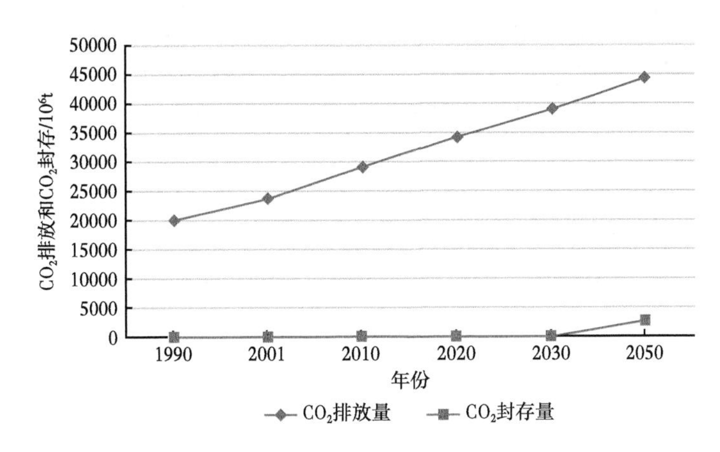

图 9.2 1990—2050 年间全球 CO_2 排放量与 CO_2 封存量

预计到 2050 年，化石燃料和石油将成为主要能源，导致环境破坏进一步加剧（Salvi et al.，2019）。因此，必须捕集和封存由此产生的 CO_2，将能源使用过程中的 CO_2 排放量降至零。可以使用先进技术，确保最大限度地减少二氧化碳的泄漏。此外，必须大幅减少 CO_2 排放量，以避免灾难性气候变化带来的经济和人文灾难。Rubin 和 De Coninck（2005）认为，CCS 能够降低减排成本，减少温室气体排放量。

9.4 碳捕集和碳封存的作用

只要人们继续依赖以化石燃料为主的能源，就应当将燃烧过程中产生的 CO_2 封存并储存在地质构造中，从而最大限度地减少二氧化碳的排放。通常从发电厂的烟气中提取（捕集）CO_2，然后将其压缩并通过管道输送。在电厂附近区域，通过深钻孔将 CO_2 注入地质层系（“封存”或“存储”）。从技术上讲，可通过深冷分离、吸附 / 提取和膜分离实现碳捕集（Figueroa et al.，2008），但最前沿的 CO_2 存储技术是将其注入深部含水层、深部煤层和海洋，从而完成 CO_2 存储，以上所有地质层序均适用于 CO_2 存储。在 CCS 过程中，碳捕集的成本最高，因为从烟气中提取 CO_2 并将其压缩的过程需要修改现有电厂的工艺流程，或改变新电厂的设计方案。无论是改变设计方案，还是将旧的生产工艺整合到新的设施中，新设备都将增加资本投入和运营费用，从而大大提高能源的价格（Smit et al.，2014）。而 CCS 的广泛使用取决于技术的成熟度、价格、整体潜力、技术的传播及其向新兴国家的技术转让程度，以及新兴国家使用这些技术的能力、监管因素、环境问题和公众舆论。通过 CCS，只能将环境中的 CO_2 排放量减少一部分，具体减排量取决于捕集、运输和存储的 CO_2 量，运输过程中可能发生的 CO_2 泄漏，以及能够长期储存的 CO_2 量（Rubin et al.，2005）。目前 CCS 研究旨在提升分离效率，并生产出提升 CO_2 捕集效率的创新材料。在过去的几十年间，人们致力于研究能够降低大气中 CO_2 浓度的方法，碳捕集和地下碳存储是其中两种选择，专业术语为碳捕集与碳封存（Soltanian et al.，2016）。研究证明，碳捕集和存储是减少 CO_2 排放的关键方法。就碳封存而言，世界各地广泛分布的各种地质构造都能够捕集大量 CO_2，其中包括：（1）处于开发状态且经济效益较低的油气藏；（2）含水层；（3）埋深较大且不可开采的煤层（Reichle et al.，1999）。这种 CO_2 存储方法称为地质封存或地质存储（Herzog et al.，2004）。在地质封存（又称地质埋存）过程中，可以利用 CO_2 提高原油采收率（EOR）。除了地质封存外，还有其他 CO_2 存储场所，如海洋。可将 CO_2 注入深海海底，或直接排放到海洋水体中，然后利用无机碳酸盐固定 CO_2。根据之前的研究，可利用树林吸收二氧化碳，以减少印度地区的二氧化碳排放量。前人研究表明，通过大量植树造林，未来十年间能够抵消约 17% 的能源排放量（Sathaye et al.，1993）。衰竭的油气藏、原油采收率提高措施、不可开采的煤层和深层多孔地层可作为地质 CO_2 汇（Vishal et al.，2016）。地质 CO_2 汇可能包含数百亿吨至数千亿吨碳（GtC，即 10^9t C）。除了 Herzog 和 Golomb（2004）的研究外，研究还对表 9.2 进行了修改，以估算 CO_2-EOR 封存能力（表 9.2）。

表 9.2　全球范围内潜在的二氧化碳封存储层容量

CO_2 封存措施	全球产量
海洋	1000~10000 GtC
深层含盐层系	100~10000 GtC
衰竭油气藏	100~1000GtC
CO_2-EOR	61~123GtC
煤层	10~1000GtC
陆相层系	10~100GtC
利用率	当前小于 0.1 GtC/a

9.5　CCS 系统的组成

二氧化碳捕集、利用和封存（CCUS）技术有望降低大气中温室气体的浓度。CCUS 包括压缩、运输并将收集的 CO_2 注入深层地质层系，进行长期储存，或注入现有油田，用于油气开采（Ajayi et al.，2019）。CCS 系统由多个基本组成部分组成，需了解每一个过程，才能充分了解 CCUS 系统中使用的各项技术。这些组成部分包括：（1）捕集；（2）运输；（3）注入；（4）存储，又称“封存”；（5）监测（Herzog，2009）。2009 年，Herzog 对 CCS 系统的组成部分进行了简要描述，如下所示：从流出物流中捕集 CO_2 并将其压缩至液体或超临界状态，即为捕集。目前，在大多数情况下，捕集的 CO_2 浓度均超过 99%；部分情况下，更低的 CO_2 浓度也是可以接受的。为了确保输送和存储 CO_2 的经济效益，必须捕集 CO_2。通常将 CO_2 的运输定义为将 CO_2 从其来源运输到储层，认为这一过程是 CCS 系统的第二个组成部分。可以利用卡车、铁路和船舶运输二氧化碳，然而，对于运输大量二氧化碳，经济效益最高的方式是管道运输。运输技术具有实用性，但是仍需要在捕集点附近建设基础设施，对捕集到的大量 CO_2 进行运输。这种方法能够大大降低运输成本，同时解决水合物结晶的问题（Vishal et al.，2016）。此外，CCS 的第三个组成部分为 CO_2 注入，即将 CO_2 注入储层的过程。通常将地质构造作为主要碳储层。CCS 系统的最后一个组成部分是在 CO_2 注入地下后对其进行监测。尽管 CO_2 既不是有害气体，也不可燃，但它仍然对环境及健康和安全构成威胁。监测的首要目标之一是确保 CO_2 封存过程取得成功，这意味着未来长达数百年甚至数十世纪的过程中，几乎所有被封存的 CO_2 都无法泄漏到大气中。

表 9.3 强调了 CCS 系统的五个关键组成部分，针对各个组成部分总结出了适用的方法和技术（Rubin，2008；Herzog，2009；Olajire，2010；Khatiwada et al.，2012；Shogenov et al.，2013；Smit et al.，2014；Ghiat et al.，2021）。

表 9.3 CCS 系统的组成部分及各部分适用方法和技术

CCS 系统的组成部分	CCS 应用方法和技术
捕集	直接空气捕集
	燃烧前捕集
	燃烧后捕集
	富氧燃烧捕集
运输	船舶运输
	铁路运输
	卡车运输
	陆上管道运输
	海上管道运输
二氧化碳注入	从陆上设施注入
	从海上设施注入
封存	生物固碳
	地质固碳
	技术固碳
监测	延时三维地震监测
	被动地震监测
	交叉井地震成像
	持续监控

9.6 存储量评估

17 个国家具有潜在的碳存储资源，通过碳储存资源目录（CSRC），对每个国家的潜在碳存储资源进行了分析。其中明确了 715 个潜在存储点的分类储量，总存储资源为 12958 Gt（表 9.4）。美国的碳存储能力最高，美国 36 个州发现有潜在的碳存储资源，目前正在对 12 个项目和 14 个区域进行相关研究（图 9.3）。

在碳存储资源中，未发现 CO_2（95.7%）和非商业 CO_2（4.3%）占商业化前期碳资源的主导地位。CO_2 总存储量的一半来自商业项目，以及那些计划注入二氧化碳进行开发，或目前正在进行 CO_2 注入和存储的地下项目，大约为 0.25Gt 或小于 0.002%（表 9.5）。这些数据摘录自 2021 年第 2 期 CSR 目录，并进行了相应修改，包含了含盐水层和油气田中的存储资源和潜在 CO_2 含量占比。

表 9.4 各个国家的二氧化碳潜在存储能力

国家	CO_2 封存潜力 /Gt
澳大利亚	502.4
丹麦	1.628
德国	0.11
孟加拉国	21.13
印度	64.14
巴基斯坦	31.7
巴西	2.47
加拿大	404
中国	3077
印度尼西亚	15.85
日本	152.27
马来西亚	149.6
墨西哥	100.8
挪威	93.6
韩国	203.4
英国	77.6
美国	8017
总计	12914.69

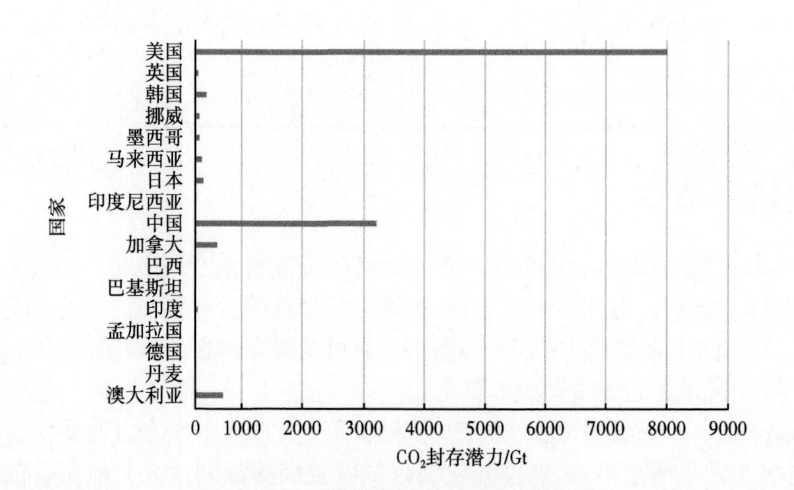

图 9.3 各国 CO_2 潜在存储能力评估

表 9.5　17 个国家的 CO_2 潜在存储资源分类

分类	CO_2 封存潜力 /Gt	百分比 /%
存储	0.037	0.00029
容量	0.217	0.00167
非工业的	551	4.25
未发现的	12407	95.75
总计	12958.25	100
含盐水层中的存储量	12684	98
油气田的存储量	274	2

此外，具体项目中仅包含了 89.9 Gt（或 0.7%）的总潜在资源。目前已经在国家级和地区级的工区和相关研究中发现了巨大的可储存量，其中含盐水层资源量占资源存储量的大部分（12684 Gt，即 98%）。

含盐水层的资源存储量与体积计算结果有很大关系，因此，其资源存储潜力较高。而油气田的资源存储量仅占总存储量的 2%（274Gt）。

9.7　碳捕集

由于使用了碳捕集技术，工业设施、发电厂和其他燃料燃烧场所的碳排放量将有所减少。将产生的 CO_2 总量减去 CO_2 捕集量，可以估算得出 CO_2 排放量。此外，可以通过多种方式减少人为排放到大气中的 CO_2 量。根据东京大学的 Yoichi Kaya 教授的研究成果，这些测量具有以下特征（Vishal et al.，2016）：

$$CO_2^{\uparrow} = \left(POP \times \frac{GDP}{POP} \times \frac{BTU}{GDP} \times \frac{CO_2^{\uparrow\uparrow}}{BTU} \right) - CO_2^{\downarrow} \tag{9.1}$$

式中：$CO_2^{\uparrow}$ 为释放到大气中的总二氧化碳；$CO_{2\downarrow}$ 为生物圈和地圈汇中存储或隔离的二氧化碳量；POP 为人口水平；$\frac{GDP}{POP}$ 为人均国内生产总值或衡量生活水平的指标；$\frac{BTU}{GDP}$ 为单位 GDP 的能源消耗量，反映了能源密度；$\frac{CO_2^{\uparrow\uparrow}}{BTU}$ 为单位能源消耗释放的二氧化碳量，反映了碳排放密度。

由式（9.1）可知，随着人口的增加，可以使用无碳燃料或提高碳捕集和碳封存水平，从而将能源密度或碳密度降至最低。为实现这一目标，可以提升能源效率，并使用非化石燃料能源（如氢和非可再生能源）。碳捕集技术的发展方向是降低碳密度，这取决于所采用的捕集类型。CCS 系统可分为三大类：燃烧前捕集、燃烧后捕集和富氧燃烧捕集。除此之外，2019 年还推出了一种新技术：直接空气捕碳，相关设施已于 2021 年 9 月投入使用（IEA，2021），下文对此进行了详细描述。利用直接空气捕碳法，可利用化学过程从环境中捕集二氧化碳。当空气流经化学物质时，化学物质选择性地与二氧化碳发生反应，去除空气中的二氧化碳，同时允许其他成分通过（Azarabadi et al.，2020）。此外，向大气排放 CO_2 之前，还可以采用燃烧前捕集法收集 CO_2。化石燃料的气化作用能够生成合成气，合成气在水变换反应过程中转化为 CO_2 和 H_2。因此，可以轻松分离 CO_2。此外，燃烧后捕集技术可利用化学溶剂从燃烧过程后的废气中收集 CO_2。另一方面，在富氧燃烧过程中，采用纯氧进行燃烧。这就是所谓的循环烟气，因为它是烟气循环回收的一部分，用于降低火焰温度。废气中 CO_2 和水蒸气的比例很高。因此，通过冷凝水蒸气，可以很容易将 CO_2 分离出来（Yadav et al.，2022）。图 9.4 展示了上述三种 CCS 技术的总体布局。下文将进一步深入研究上述各种碳捕集方法。

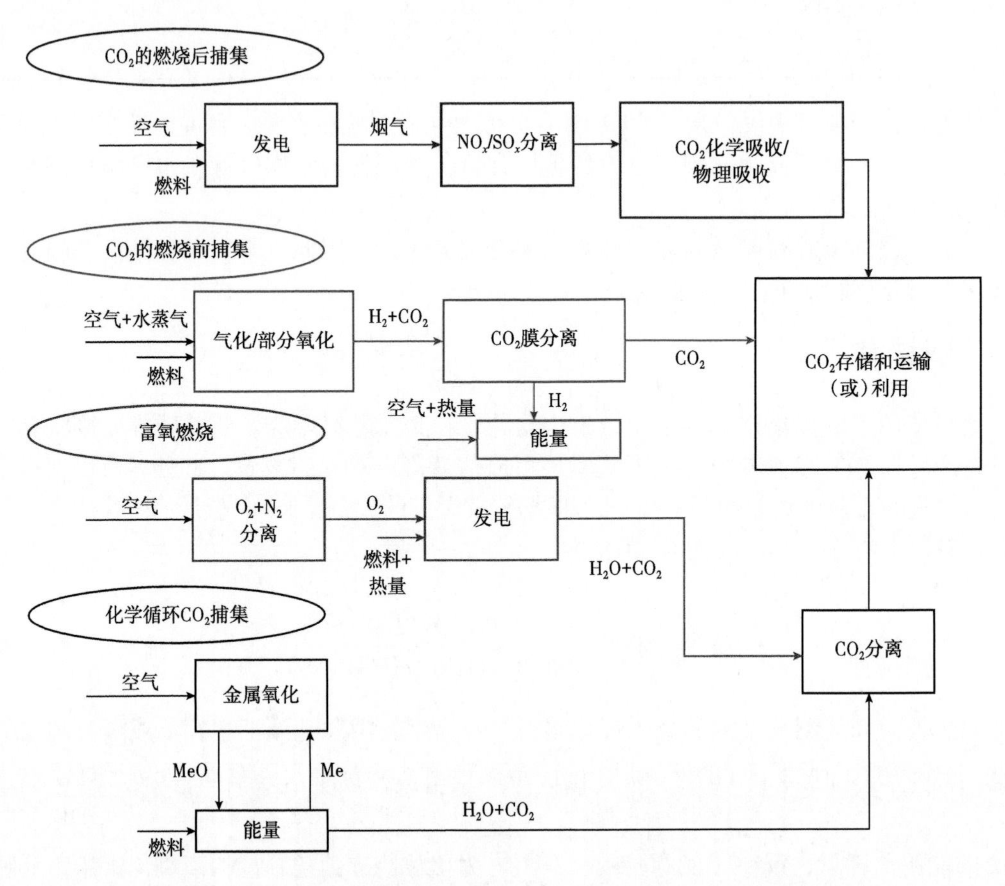

图 9.4　CO_2 捕集技术（Spigarelli et al.，2013；Valluri et al.，2022）

9.7.1　直接空气捕碳

根据 IEA（2021）的数据，利用直接空气捕碳（DAC）法，可以直接从大气中吸收 CO_2。CO_2 可以永久封存在深层地质构造中，从而形成负排放或除碳，或者将其与氢气混合，用于加工食品或生产合成燃料。为了从空气中收集 CO_2，目前正在使用的技术包含液体和固体 DAC 两种。在液态 DAC 系统中，将空气通过化学溶液（例如氢氧化物溶液），从而移除 CO_2。该方法通过高温热将化学物质重新引入工艺，同时将剩余的空气返排至大气中。另一方面，固态 DAC 系统采用了固体吸附剂过滤器，利用化学试剂吸附 CO_2。当加热过滤器并将其置于真空下时，浓缩的 CO_2 被释放并捕集，用于存储或使用。

DAC 设施已经在 19 个国家投入使用，每年吸收 CO_2 量超过 10×10^4t。美国目前正在建设 CO_2 捕集设施，其年捕集量为 100×10^4t。最新的设施已于 2021 年 9 月投入使用，每年捕集 4×10^4t 二氧化碳，并将其存储在冰岛的玄武岩中。为了在 2050 年实现净零排放，IEA（2021）指出，DAC 的规模将持续扩大，预计到 2030 年，每年可捕集 CO_2 超过 8500×10^4t，到 2050 年，每年将捕集 9.8×10^8t 以上 CO_2。然而，在技术得以改进并将捕集成本降低到一定程度之前，还需要进行更多大规模测试。

9.7.2 燃烧前捕集

燃烧前碳捕集的基本概念是用纯氧而不是空气燃烧煤炭，因此空气中混合了许多其他气体，能够吸收二氧化碳。过程中产生的烟气仅包含水和 CO_2。之后，通过冷凝水，可以简单地将 CO_2 从生成的气体混合物中分离出来。然而，为了在纯氧燃烧煤炭的同时有效地从空气中提取氧气，必须开发新的方法。目前通过低温分离进行这一操作，然而这项技术既昂贵又耗能。因此，CO_2 分离的成本主要与能源生产过程中燃烧前捕集技术中的空气分离阶段有关（Smit et al.，2014）。为了发现或创造更高效分离 CO_2 的材料，还需进行深入研究。当前面临的困难是为所有组分建立合适的可靠度标准，以实现完全连续的集成。无论实施起来有多困难，燃烧前捕集有潜力使其成本效益高于燃烧后捕集。与燃煤电厂相比，基于燃烧前捕集的 IGCC（整体煤气化联合循环）电厂的效率要高得多。因此，它们有望成为新电厂的备选方案（Vishal et al.，2016）。

9.7.3 燃烧后捕集

燃烧后捕集是从燃烧后产生的废气中去除二氧化碳的过程。该过程中可使用化学吸收方法，例如单乙醇胺的吸收。天然气企业已经使用这种方法长达 50 多年。利用这一方法，可以产生清洁的 CO_2 气流。就吸收器的尺寸和成本而言，它与 SO_2 吸收器效率相等。另一方面，吸收器将消耗工厂总蒸汽输出量的四分之一到三分之一。因此，其生产能力将出现等量减少（Yang et al.，2008）。燃烧后捕集是最有效的方法，因为它可以集成到现有的发电厂中，且不需要对发电厂本身进行任何修改。因此，燃烧后捕集法通常是最具成本效益的替代方案，尤其是对于年代较老的发电厂而言（Smit et al.，2014）。

9.7.4 富氧燃烧捕集

Abraham 于 1982 年开发了富氧燃烧技术，旨在制造 CO_2，以提高原油采收率（EOR）。随着全球变暖和气候加剧变化，CO_2 作为温室气体排放的关键因素，越来越受到全世界的关注（Yadav et al.，2022）。因此，据世界各地研究人员报道，富氧燃烧技术已成为降低 CO_2 排放量的最有前途的燃烧方案。使用富氧燃烧法，可以在燃烧过程中收集 CO_2，该燃烧过程中使用了大约 95%（摩尔分数）的纯氧和回收废气（RFG），而非空气（Toporov，2014）。当收集排气处排出的废气时，发现高浓度的 CO_2 和水蒸气，CO_2 捕集设备能够收集浓度更高的二氧化碳和水蒸气。相比之下，富氧燃烧的主要优点是能够更为简单地分离 CO_2。其他优点包括无需溶剂，设施规模减小，可通过改造现有设施（假设锅炉经过改造）使用这一方法。其缺点包括燃烧器关闭时必须确保 SO_x 处于较低水平，以及采用耐受温度范围更大的材料（Haszeldine，2009）。

9.8 二氧化碳地质封存

碳固存，又称碳封存，已在世界范围内广泛应用，形成了碳固存相关的科技“重点领域”。此外，天然碳封存方式与人工碳封存方式不同，人工碳封存方式可分为两种。天然碳封存方式为陆地碳封存，人工碳封存方式为地质构造封存，其中包括海洋封存和地质封存（Ajayi et al.，2019）。陆地封存是从大气中收集 CO_2，并将其存储在土壤和植物中。在陆地封存过程中，可通过光合作用从大气中去除 CO_2，并抑制陆地来源的 CO_2 的释放。该过程是 CO_2 存储机制里重要的一环（Litynski et al.，2006；Thomson et al.，2008）。另一方面，存储二氧化碳的最大碳汇是海洋碳封存。据预测，海洋能够封存 40000×10^8t 二氧化碳（Herzog et al.，1997），并储存当前 90% 以上的 CO_2 排放量。这项技术能够使用移动的船只、固定的管道或海上平台，将 CO_2 注入并封存到深度为 1km 的水体中。在这个深度，水的密度低于注入的 CO_2，因此预计 CO_2 会溶解并分布在整个水体中（Metz et al.，2005）。地质封存过程能够封存大量 CO_2，从而成功减缓全球变暖和相关气候变化（Celia et al.，2009；Myer，2011）。

在地质封存过程中，必须了解具体的标准，因此需要了解成功存储 CO_2 的化学和热力学条件。在向目标地层注入并存储 CO_2 的过程中，其热力学条件决定了注入和存储过程中的 CO_2 是液态、气态还是超临界状态（表 9.6）。当温度和压力高于临界点（31°C 和 7.38MPa）时，CO_2 处于超临界状态（Span et al.，1996）。由于超临界 CO_2 的密度高于气态 CO_2 密度，超临界 CO_2 的存储效果更好（Chadwick et al.，2009）。地层内部的压力和温度随着深度的增加而升高，而 CO_2 的密度随着深度的增加而降低，在地层底部达到最大密度 830kg/m^3（Bachu，2003）。根据区域地热梯度和压力剖面（Kaszuba et al.，2009），沉积盆地的温度可能为 40~200°C，压力在几十兆帕到几百兆帕之间。据估计，在 800m 以下的深度，CO_2 将处于超临界状态（van der Meer，1992）。

表 9.6 注入和封存的 CO_2 处于超临界状态条件

CO_2 超临界状态条件	值
温度（Span et al.，1996）	31°C
压力（Span et al.，1996）	7.38MPa
密度（Bachu，2003）	850kg/m^3
深度（van der Meer，1992）	800m 以下

在典型的地质碳封存区域，可通过不同的物理和化学过程捕集数百万吨 CO_2（Doughty et al.，2008）。将 CO_2 封存在没有其他实际用途的地质构造中，如深层含水层等，也可以封存在石油和天然气储层中。适合 CO_2 封存的地质区域需要慎重选择（Leung et al.，2014）。CO_2 的地质封存需具备很多条件，其中最重要的是具有足够孔隙度、厚度和渗透率的储层岩石（Solomon et al.，2008），具有良好封闭能力的盖层和稳定的地质环境。与 CO_2 的距离、有效封存量、潜在的泄漏路径等有关的要求，以及经济方面的限制，都可能导致某个区域无法用作碳封存设施（Leung et al.，2014）。Bachu（2000）详细描述了选择合适的 CO_2 存储

地质点的标准和方法，包括盆地的构造环境和地质、地热条件，地层水的水文条件、油气的赋存条件和盆地的成熟度等因素。除此之外，与基础设施和社会政治因素有关的经济因素也会对选址产生影响。此外，尽管可以利用现有技术实现地质封存，但对于长期封存大量 CO_2 造成的环境影响认识有限。在不同的地质环境下，应采用不同的标准，用于确定某区域是否能够作为 CO_2 封存区，下文将对此进行详细论述。

9.8.1 咸水层

深层咸水层可作为潜在的 CO_2 封存区，全球范围内的深层咸水层可封存高达 10000 Gt 的 CO_2（Bachu，2003）。以下是将 CO_2 分子捕集在含水层中的具体过程：水蒸气的捕集包括流体动力学捕集和残余捕集，以及孔径捕集、溶解捕集和矿物捕集（Pruess，2003）。在卤水泡的密度和浓度梯度下产生的对流作用对卤水泡的碳封存状态有着明显影响。盐水中影响 CO_2 运移的主要因素包括多相流动力学性质、地球化学相互作用、地质力学性质、孔隙度和渗透率（Bandilla et al.，2015）。20 世纪 90 年代，研究人员试图处理加拿大含硫气井中的酸性气体（H_2S 和 CO_2 的混合物）（Bachu et al.，2005），进行 CO_2 注入作业。此后，在 Sleipner 油田（北海挪威地区）、Snhvit 油田（挪威近海地区）和 In Salah 油田（阿尔及利亚地区）开展了商业性作业，1996 年至 2007 年间，成功注入了约 $1500{\times}10^4$t CO_2（Michael et al.，2010；Herzog et al.，1993）。前人已经与能源部区域碳封存合营公司（RCSP）一道，提出了多个试点规模和商业规模的项目，包括在澳大利亚戈尔贡、日本长冈和德国凯津的项目（Vishal et al.，2016）。尽管目前尚未确定，在含水层中封存二氧化碳是否对环境造成影响，但多项研究表明，通过选择合适的封存地点，可以减少不利影响（Davis et al.，2005）。用于碳封存的含水层必须包含不可渗透的盖层，从而防止注入的 CO_2 在此释放，盖层下方的层系应具有高渗透率和孔隙度，使得大量注入的 CO_2 均匀分布（Herzog et al.，1997）。大多数用于碳封存的含水层是含盐含水层，在地质环境中与埋藏较浅的淡水源隔离开来。此外，理论上存在 CO_2 泄漏至地下水饮用源的可能性，尽管这种情况发生的可能性很低。在某些州，允许将各种液体和气体污染物以一定状态储存在深层含水层中，目前这一情况越来越普遍。前人预测，注入的 CO_2 会在初期驱替取代地层水，但之后将会逐渐溶解到孔隙流体中。理想情况下，被吸收的 CO_2 和围岩之间发生化学作用，生成非常稳定的碳酸盐，从而延长 CO_2 的封存时间（Johnson，2000）。

9.8.2 衰竭油气藏

多重因素使得衰竭的油气藏成为长期封存 CO_2 的理想选项。完整性和安全性的第一个证明是，最初聚集在（构造和地层）圈闭中的油气在某些情况下没有逃逸；第二，大多数油气田已经对其地质结构和物理属性进行了深入分析；第三，石油和天然气公司已经创建了计算机模型，用于预测油气的运移、驱替和圈闭特性；第四，部分现有的基础设施和油井可进而二次利用，用于 CO_2 封存（Anderson et al.，2005）。此外，常规的油气藏，特别是已开发多年的枯竭的油气层，一直是碳固存和封存作业的最理想目标之一：（1）这些油气层的分布范围较为广泛；（2）已经建立了相应的地下和地表基础设施；（3）可以利用 CO_2 封存作业提高原油采收率（EOR），因为 CO_2 能够降低原油黏度和界面张力，并且在某些情况下能够与原油发生混溶；（4）CO_2 比 CH_4 优先吸收，从而提高 CH_4 采收率。这些油气藏的岩性组成大多为砂岩、石灰岩和白云岩，具有足够的孔隙度和渗透率，能够大量注入 CO_2。这些油气藏往往还发育低渗透盖层，如页岩、硬石膏或致密碳酸盐岩，限制了 CO_2 向浅层层系的渗漏（Sharma et al.，2021）。此外，衰竭油田中的油气不会受到 CO_2 的负面影响，因此可以制定相应的 CO_2 封存策略，在封存 CO_2 的同时，增加油气田的石油或天然气产量。然而，在许多成熟的油气田中，几十年前，井中已经灌满了钻井液。Anderson 等（2005）认为，必须在井筒中放置水泥塞，但未考虑水泥塞可能在未来用于 CO_2 封存。必须检查盖层，以及钻穿盖层的井的状况（Winter et al.，1993）。在某些情况下，油井识别方法可能较为困难；因此，可能需要利用压力和示踪剂监测证明盖层的完整性。需要注意的是，地层压力过高可能导致盖层损坏，从而降低储层容量，应避免近注水井地层堵塞和储层应力变化对储层渗透率的影响（Kovscek，2002；Bossie-Codreanu et al.，2003）。根据 Ajayi 等（2019）的研究成果，部分地质构造可用于 CO_2 封存，且已经投入使用。这些地质构造具有的明显优势已经得到充分表征。此外，这些地层能够长时间储存大量石油和天然气，其安全性已被证实，因此它们是理想的封存点。研究人员使用数值计算机模型对其进行计算，并与历史数据进行拟合，从而确定这些地质构造的碳封存可行性。在这些油田中，基础设施和油井同样可用于 CO_2 注入。在衰竭储层中，可能发生地层超压，导致盖层破裂，以及废弃井的泄漏，必须竭力避免这种情况，否则储层的碳封存能力可能大大降低。

9.8.3 提高原油采收率（EOR）

通过 CO_2 驱替（注入），可以提高原油采收率（EOR），从而提升原油产量，增加经济效益。常规的一次采油通常可采收 5%~40% 的原位原油（Holt et al.，1995）。二次采油过程采用水驱法，可采收 10%~20% 的原位原油（Bondor，1992）。使用包括 CO_2 在内的各种混溶剂，进行（三次）采油（EOR），其原油采收率为原位原油的 7%~23%（平均 13.2%）（Martin et al.，1992；Moritis，2003）。碳封存的 CO_2-EOR 项目示意图如图 9.5 所示。已提出多项 CO_2 注入技术，例如连续 CO_2 注入或水与 CO_2 气体交替注入（Klins and Farouq-Ali，1982；Klins，1984）。注 CO_2 驱油的原理是基于 CO_2 和原油混合物的相特征，这些相特征包括对储层温度、压力和原油组分的高敏感性。在高压环境下，注入非混相流体（低压条件下），油相发生膨胀，黏度降低，完成混溶驱替。在上述应用中，超过一半（高达 67%）的注入 CO_2 与产出的原油一同返回地表（Bondor，1992），之后将其分离，并重新注入油藏，以节省作业成本。其余的 CO_2 则通过多种机制保留在油藏中，这些机制包括未开采的油藏油中的不可还原饱和度和溶解，以及未与生产井通道相连的孔隙空间。

大多数 CO_2-EOR 项目能够暂时存储注入油藏的大量 CO_2，然而 EOR 项目的结束通常需要“降低”油藏压力，从而开采原油，导致了 CO_2 的释放，其中少量的注入 CO_2 仍溶解在不可动原油中（Vishal et al.，2016）。在 EOR 作业过程中，油藏必须能够存储更多的 CO_2（Klins，1984；Taber et al.，1997；Kovscek，2002；Shaw et al.，2002）。通常，储层的深度至少为 600 m。对于 API 重度为 12~25°API 的原油，注入非混溶流体进行驱替即可。当原油为轻质低黏度油（API 重度为 25~48°API）时，应采用混溶驱替法。考虑到原油组分和储层中 CO_2 的重力、温度和纯度等因素的影响，混溶驱替作业过程中，储层压力应高于最小混溶压力（10~15MPa）（Metcalfe，1982）。无论采用混溶驱替还是非混溶驱替，为有效驱替原油，理想储层的其他特征应包括：厚度较小（小于 20m），高角度地层，均质地层，垂向渗透率较低。在水平油藏中，有利的原油驱替条件应包括较少发育天然水流、明显的气顶、明显发育天然裂缝。储层的厚度和渗透率不是重要的影响因素。CO_2 封存效率也受到储层非均质性的影响。在储层中，与较重的石油和水相比，CO_2 的密度较低，从而上升至储层顶部，降低了储层的封存能力，并减少了可采收原油量。通过 CO_2 横向扩散，能够推迟其上升到储层顶部的过程，而储层非均质性可能会促使气体更完全地侵入地层，从而增加储层容积（Bondor，1992）。

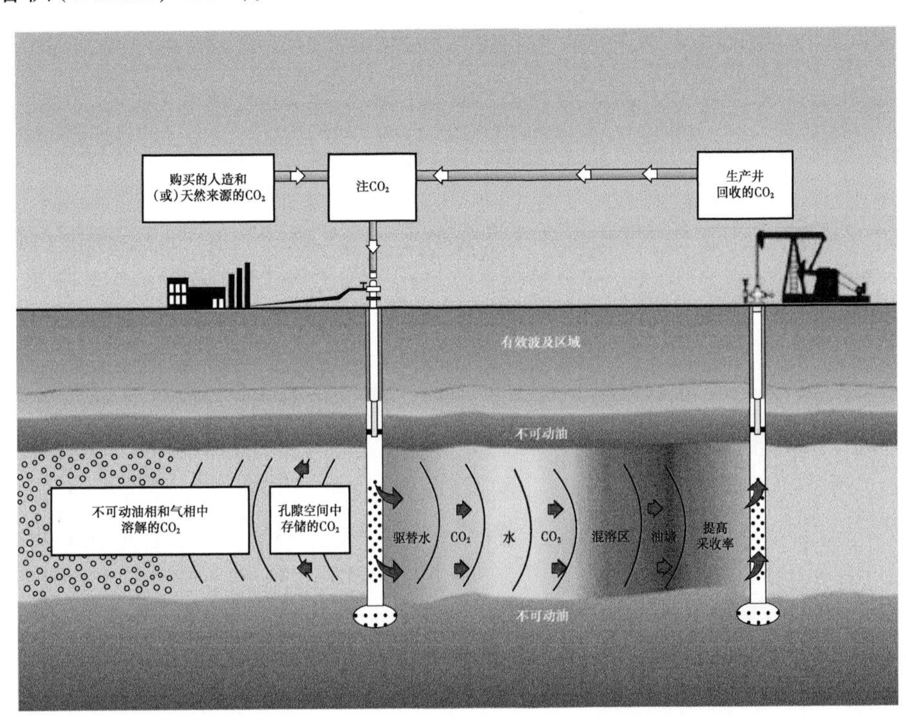

图 9.5　CO_2-EOR 作业中的 CO_2 封存示意图（Melzer，2010）

9.8.4　深海碳封存

作为人类活动产生 CO_2 汇，海洋的碳封存潜力最大，封存量约有 40000GtC，而大气中和陆地生物圈中二氧化碳水平分别为 750GtC 和 2200GtC。据估算，如果将大气中的 CO_2 浓度增加一倍，溶解到深海中 CO_2 浓度将仅仅增加 2%，海水 pH 值降低量不足 0.15 个单位（Vishal et al.，2016）。为了更好地理解海洋 CO_2 封存的机制，必须掌握 CO_2 和海水的基本特征。为了经济高效地输送 CO_2，应采用液相 CO_2 排放机制，因为在此过程中，需要将 CO_2 注入 3000m 以上的深度，防止其上升至海平面，并混入大气。此外，在高压（大于 44.4atm）和低温（10°C）环境中，CO_2 在海水中生成了厚层水合物。此外，目前正在研究将 CO_2 作为碳酸氢根离子注入海洋的替代方法。注 CO_2 不会导致海水酸化这一观点并不准确。然而，可以采取对应的限制措施，例如通过扩散器阵列分散注入 CO_2，或向注入的 CO_2 添加粉末状石灰石，以减少碳酸的形成（Williams，2001；Herzog et al.，1993）。

9.9　非常规油气资源中的 CO_2 相互作用和 CO_2 封存

非常规油气资源可能极为丰富，但目前尚不清楚其性质和分布情况。已知其数量巨大，但不易流向现有油井，因此不便于商业开采。Naik（2003）补充说，与常规的油气储层（如砂岩和碳酸盐岩）相比，非常规油气储层分布范围较小，研究程度较低，其储层主要为裂缝型储层和致密储层。然而，非常规油藏正成为日益重要的油气供应源。致密储层没有发育天然裂缝，如果不使用水力压裂，就无法实现经济性生产。非常规油藏包括焦油、沥青和稠油，以及煤层气、页岩气和盆地中心气藏。为了提升非常规油藏的经济可行性，必须不断研究新的勘探策略、开发新的生产技术。非常规储层正在成为世界范围内石油和天然气储量和产量的主要贡献方。人们普遍认为，与常规油藏相比，非常规油藏，如裂缝性、致密性油藏的开采成本更高，风险更大。据发现，区域相分析和层序地层学技术有助于定位和描绘常规储层，但这些技术往往无法定位和描绘裂缝性和致密性非常规储层。对非常规储层的研究应非常谨慎，因为其分析难度非常高，必须谨慎选择和部署采收策略，最大限度地减小开采难度。基于近期的技术发展，非常规油气藏的开发已经具备了经济可行性。在非常规储层中，可以进行 CO_2 驱油和封存，从而充分挖掘 CO_2 应用潜力，将其封存在地下，并将地层中滞留的油气驱替出来。

目前已经开发了多种 CO_2 辅助采收技术，如超临界萃取，吞吐注 CO_2 或 CO_2 驱油，这些技术利用了储层条件下 CO_2 的有利物理和化学性质，此时 CO_2 通常处于临界点（31.1℃，7.38MPa）之上。油相的膨胀及黏度和界面张力（IFT）的降低有利于剩余油的驱替，特别是当 CO_2 处于超临界状态时（sc-CO_2），CO_2 具有高扩散率、低黏度和高混溶性等特征（Lan et al.，2019）。如果不具备以上特性，剩余油将无法采收。CO_2 将优先吸附在煤层的有机物上，导致 CH_4 发生解吸，提高煤层等非常规富含有机物层系的气体采收率，进而提高甲烷的采收率（Prusty，2008）。在页岩气层系中，也成功应用了这一方法（Godec et al.，2014；Tao et al.，2013）。因此，将 CO_2 的地质封存与提高石油和天然气采收率相结合，能够提高油气采收率，同时减少温室气体的排放（Liu et al.，2019）。下文介绍了两个近期较为热门的非常规地层固碳实例。

9.9.1 不可开采煤层

在提高煤层气采收率过程中，已经利用二氧化碳（CO_2）从煤层中采收甲烷（Busch and Gensterblum，2011；Mukherjee and Misra，2018；Pan et al.，2018）。当 CO_2 和 CH_4 的比例为 2:1 时，出露的煤层表面对 CO_2 的化学吸附力高于甲烷，因此，可将 CO_2 用于提高原油采收率作业。同时，还可以利用 CO_2 提高煤层气（CBM）的采收率，这一方法的成本效益极高，甚至可能是免费的，因为增产的甲烷可以抵消 CO_2 封存作业所需的费用。煤层气的总体全球开采潜力估计约为 $2\times10^{12}m^3$，煤层的 CO_2 封存能力约为 71×10^8t（Vishal and Singh，2016）。开采自煤层的甲烷可作为能源。煤层的裂缝网络较宽，能够允许气体分子流入基质，使得吸附在煤层上的甲烷发生解吸。与常规作业相比，通过 CO_2 驱替，可以将甲烷采收率从 50% 提高到 90% 左右。从地层中采收甲烷后，可以将注入地层的 CO_2 封存起来。CO_2 在煤层中的封存深度可能大于其他地层，因此，需要将 CO_2 吸附在煤层上，从而完成 CO_2 封存（Ajayi et al.，2019）。然而，这种封存工艺的技术可行性在很大程度上取决于煤层的渗透率，而煤层渗透率取决于其深度变化，以及有效应力对煤层裂缝产生的影响（Metz et al.，2005）。圣胡安盆地实施了世界上第一个 ECBM 项目，在进行实验室和现场测试后，该盆地展现了向煤系和煤层注入 CO_2 的商业可行性（Reeves，2001）。在世界范围内，用于实验室和现场测试的其他提高煤层气采收率措施包括澳大利亚悉尼盆地和加拿大阿尔伯塔省的深层煤层气开采（Saghafi et al.，2007；Gunter et al.，1997）。

9.9.2 页岩气储层

非常规储层中的二氧化碳封存具有两个特征：（1）随着时间的推移形成裂缝网络；（2）利用注入地下的二氧化碳增加残余油气的产量。世界各地均发育页岩油气藏，以及富含有机物的页岩沉积物。油页岩的捕集过程与煤层的捕集过程相似，能够以相同的方式将 CO_2 吸附到有机物质中。利用 CO_2 提高页岩气采收率（如 ECBM）可能会降低 CO_2 封存成本。尽管目前尚不清楚在石油或天然气页岩中封存 CO_2 的潜力，但大量发育的页岩意味着 CO_2 封存能力可能很高。如果制定并应用选址标准，例如最小深度，可能对页岩体积形成约束，且这些页岩的渗透率非常低，可能阻碍大量 CO_2 注入（Anderson et al.，2005）。然而，在含气页岩中封存 CO_2 仍有多种优势（Sun et al.，2020）：CO_2 可以提高页岩气的采收率，页岩储层的封存能力对 CO_2 的封存有着重要意义。此外，由于页岩层系具有致密性，因此 CO_2 发生渗漏的可能性较低。页岩层系中发育大量纳米孔隙，对 CO_2 的吸附能力较强，有利于 CO_2 的封存。同时也证明了页岩对 CO_2 的吸附力高于 CH_4。多个案例和研究表明，非常规页岩气地层能够成功封存 CO_2（表 9.7）。

表 9.7 在非常规页岩气储层中成功利用 CO_2

Khan et al.（2012）	基于数值模拟对 CO_2 开采页岩气的可行性和经济效益进行研究
Moinfar et al.（2013）	建立复杂裂缝模型，模拟注 CO_2 提高页岩气采收率的过程
Sun et al.（2013）	证明了 CO_2 封存与提高天然气采收率措施可以实现页岩气藏的 CO_2 封存，并提高 CH_4 采收率，注入压力对 CO_2 封存和天然气产量影响巨大
Liu et al.（2013）	证明了在页岩储层中封存 CO_2 的可行性；95% 以上的注入 CO_2 被瞬间有效封存，主要封存机制为气体吸附
Li et al.（2015）	证明了向页岩气藏注入 CO_2 有利于提高裂缝渗透率
Bacon et al.（2015）	模拟甲烷开采和超临界 CO_2 注入过程，发现注入 CO_2 后，黏土中的 CH_4 解吸率高于有机物中的 CH_4 解吸率
Sang et al.（2016）	证明了压力能够影响页岩气的最终采收率，压力衰竭方案会对页岩气的开采过程产生深远影响
Liu et al.（2019）	提出了一种基于核磁共振（NMR）的新方法，利用这一方法，可以测定注 CO_2 作用下气体采收率（EGR）的增加
Sun et al.（2020）	开展了实验研究，证明压力、温度和润湿性对页岩气的等温吸附有较大影响

9.10 碳捕集机制

储层中 CO_2 的最终分布是多种因素共同作用的结果。其中部分因素包括构造或地层捕集、束缚空间捕集、溶解捕集和矿化捕集。这些因素在 CO_2 减排过程的整个周期中的各个阶段发挥了作用。例如，构造捕集能够在初期控制并安全封存 CO_2。束缚空间捕集和溶解

捕集对 CO_2 羽流的分散和运移至关重要，当 CO_2 在储层中发生膨胀时，能够与更多的岩石矿物发生接触，从而加速地球化学捕集（Metz et al.，2005）。当地球化学捕集或开采开始时，CO_2 无法以任何方式脱离储层。因此，随着渗漏风险的降低，研究人员通常认为 CO_2 地质封存较为安全（Vishal et al.，2016）。目标层系的地质和岩石物性能够影响 CO_2 的封存能力、约束和注入能力。可以通过两种方法安全捕集注入地下的超临界 CO_2：（1）物理捕集法；（2）地球化学捕集法。为了保证 CO_2 的长期封存，通常将两种机制相结合，确保封存过程的有效性（Metz et al.，2005）。图 9.6 描述了多种 CO_2 捕集机制。

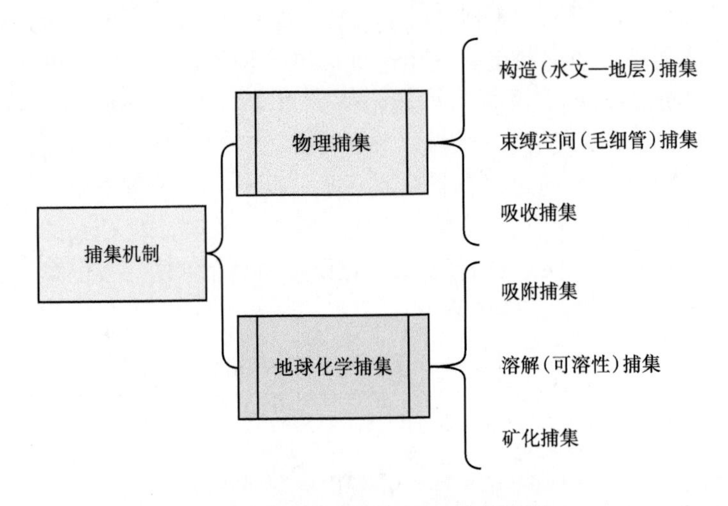

图 9.6　地质构造中的 CO_2 捕集机制

9.10.1　物理捕集

在物理捕集过程中，将 CO_2 注入含水层或储层后，仍然保留其物性，CO_2 的流动受到低渗透隔层的阻碍。物理捕集机制可分为以下几类（Jiang，2011；Ajayi et al.，2019）：

（1）构造（水文—地层）捕集；

（2）束缚空间（毛细管）捕集；

（3）吸收捕集。

9.10.1.1　构造（水文—地层）捕集

构造捕集是地质封存过程中最常见的一种捕集机制，类似的捕集机制确保了地下石油和天然气几个世纪以来的安全。在发育了盖层（一种超低渗透层系）的背斜，以及发育/未发育封闭断层的地层圈闭中，均形成了流动相或超临界流体，可用于 CO_2 封存。重点是如何最大限度地利用这种封存机制，确保注入的 CO_2 能够在地下封存长达数十年之久（Ambrose et al.，2008；Jiang，2011）。在 CO_2 注入目标层系的过程中，黏性力是最重要的影响因素，在相应的压力和温度下（与深度有关），CO_2 能够以超临界相或气相进行封存（Ajayi et al.，2019）。停止注入时，CO_2 与其他储层流体相比，具有密度差异，引发了浮力效应。超临界 CO_2 可能通过多孔介质和高渗透岩石向上运移，并通过通道进行横向运移，到达盖层、断层或其他封闭层系的间断接触面（Han，2008）。黏性力能够阻止 CO_2 发生运移，如图 9.7 所示。

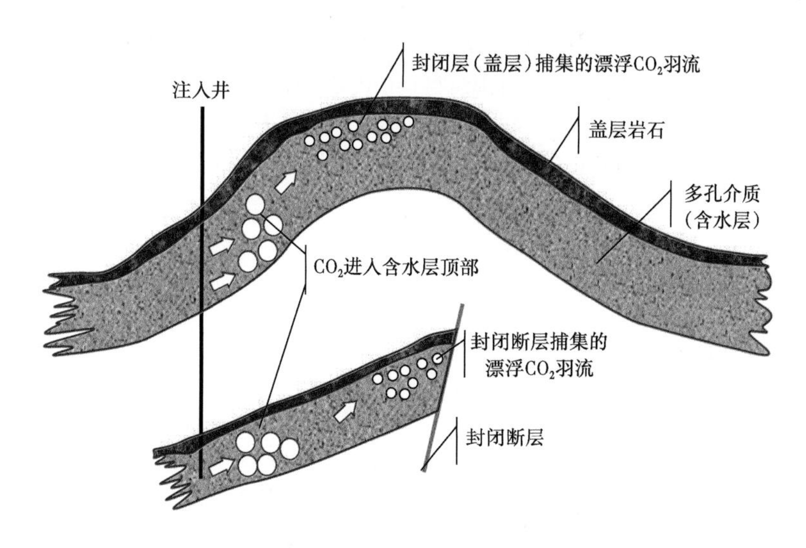

图 9.7　注入 CO_2 后地层构造的物理捕集过程（Ajayi et al.，2019）

9.10.1.2　束缚空间（毛细管）捕集

在束缚空间毛细管捕集过程中，首先将 CO_2 注入储层，并驱替卤水。然而，当注 CO_2 作业停止时，CO_2 会向两个方向发生运移：在密度差的作用下，CO_2 向上运移；在黏性力的作用下，CO_2 发生横向运移。因此，润湿相（卤水）可通过润湿性较差的相（CO_2）被引入孔隙中。然后，卤水开始驱替 CO_2，导致大量 CO_2 被捕集，封闭在微小的孔隙中（Ajayi et al.，2019）。分离的 CO_2 封存在固定相中。这种捕集技术被称为束缚空间捕集或毛细管捕集。此外，正如 Saadatpool 等（2010）所述，CO_2 和卤水之间的表面张力阻碍了 CO_2 的运移，导致 CO_2 进入毛细管的压力大于正常岩层压力。因此，在残余气体的饱和作用下，CO_2 被封闭在孔隙中。图 9.8 描述了在自吸饱和路径的作用下发生的气相突然卡断和捕集。而 CO_2 羽流在上升过程中留下了一条固相痕迹（Juanes et al.，2006）。

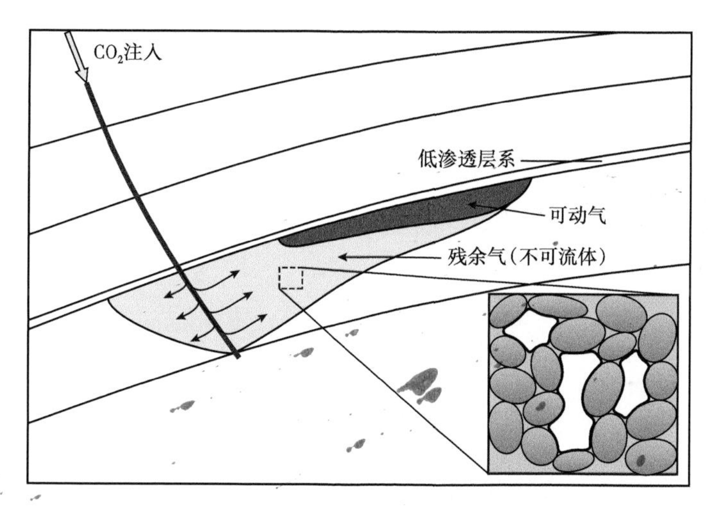

图 9.8　CO_2 束缚空间（毛细管）捕集示意图，展示了相对渗透率滞后对 CO_2 地质封存的影响（Juanes et al.，2006）

此外，在发育非均质性微毛细管的岩层中，经常存在束缚空间捕集机制。近期研究表明，与其他短期 CO_2 捕集机制相比，毛细管捕集效率更高（Burnside et al.，2014；Lamy et al.，2010）。由于毛细管力大于浮力，CO_2 能够以孔隙尺度的气泡的形式出现，且避免被盖层捕集。其他研究表明，束缚空间捕集机制可能在很大程度上约束注入 CO_2 的流动性，导致滞后模型中大量 CO_2 被捕集。此外，残余气体对 CO_2 封存有明显影响。

9.10.1.3 吸收捕集

吸收捕集和构造捕集作用发生在相同的孔隙空间中，这两种作用彼此之间可以互补。如图 9.9 所示，吸收量为绝对值。需要注意的是，吸收层将占据一定体积的孔隙空间，具体取决于物理参数（密度和体积）。因此，CO_2 体相可用的孔隙空间有所减少。如果吸收相密度大于体相密度，在捕集过程中，所有储层的吸收量都会增加，因为部分注入的 CO_2 不会造成地层压力增加，反而会提高储层吸收量，无论储层初始吸收量是多少（Busch et al.，2016）。此外，在利用测压和重量吸收装置，以及中子衍射法的同时，在高压（大于 10MPa）环境下开展了多项研究（Busch et al.，2011），研究结果表明，当吸收能力过高时，可能对 CO_2 的封存造成负面影响。当吸收能力过高时，吸收层的平均密度低于 CO_2 体相的平均密度，与 CO_2 体相的均值密度相比，吸收层中等量的流体将占据更大的体积。此外，Busch 等（2016）认为，当注入相同数量的 CO_2 时，具有过量吸收能力的储层的压力将会提升。

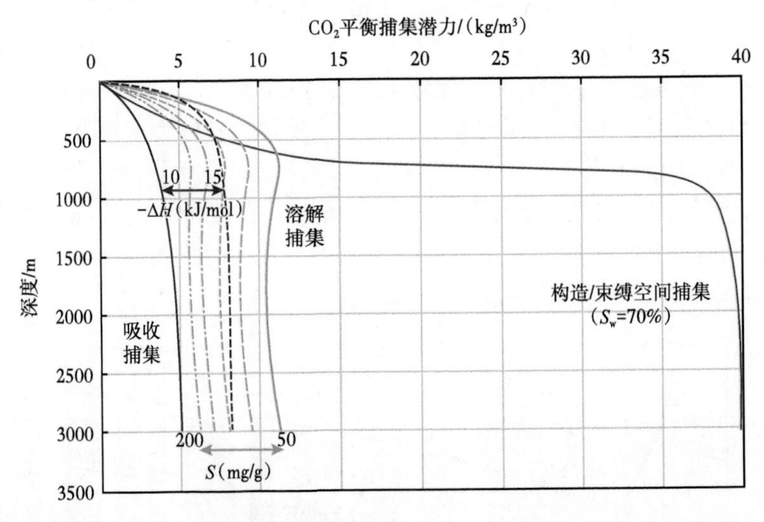

图 9.9 平衡吸收、溶解和构造 / 束缚空间捕集潜力与深度的关系（Busch et al.，2016）

9.10.2 地球化学捕集

当 CO_2 与地层卤水和岩石发生一系列地球化学相互作用，其物理和化学特征发生了变化，当 CO_2 赋存在流体相或固相中时，就会发生地球化学捕集。这种相互作用保证了 CO_2 不再局限于某一种相态，并显著提高了储层的 CO_2 封存能力，便于长期存储 CO_2（Ajayi et al.，2019）。地球化学捕集包括多种捕集机制，如：

（1）吸附捕集；

（2）溶解（可溶性）捕集；

（3）矿化捕集；

（4）流体动力学捕集。

9.10.2.1 吸附捕集

特别是在页岩气藏中，捕集机制可能以吸附机制为主。此外，页岩气藏中的天然气有两种赋存形式：游离气和吸附气。页岩的总有机碳含量（TOC）可能为 0.5%~50%，具体取决于页岩的类型（Merey et al.，2013）。因此，吸附气体的量与 TOC 的增加量成比例。页岩的吸附能力随着泥岩含量的增加而增强（Heller et al.，2011；Ross et al.，2009）。由于页岩气藏的非均质性，吸附能力的变化可能较大，为 20%~85%，具体取决于 TOC 和泥岩含量（Lancaster et al.，1993）。在页岩气藏中，气体分子（主要是 CH_4 及其杂质，如果进行了封存作业，则为 CO_2）与页岩固体表面之间存在分子间相互作用，形成气泡（包含有机质和泥岩）。当气体分子之间的相互作用强于周边介质中气体分子之间的相互作用时，将气体在固体表面积聚的过程称为吸附作用（Mengal et al.，2011）。被吸附的气体分子称为“吸附质”，固体物质称为“吸附剂”（Thomas et al.，1998）。吸附作用随温度的下降或压力的上升而上升。在相反条件下，发生解吸，被吸附的气体释放（Mohammad et al.，2009）。吸附过程是放热过程，而解吸过程是吸热过程（Thomas et al.，1998）。TOC 和泥岩含量能够对吸附和解吸作用产生影响，对于从页岩气藏中开采气体，以及将 CO_2 封存到页岩气藏而言至关重要。如果水平井成功完钻并进行水力压裂，由于油气产量增加，储层压力降低，页岩表面、基质孔隙和裂缝均会发生解吸，如图 9.10（a）所示（Merey，2019）。

解吸气和游离气进入基质后，随后进入井筒，分别如图 9.10（b）和（c）所示。如果 CO_2 被封存在页岩气藏中，则这一过程是可逆的。由图 9.10 可知，为进一步了解页岩气藏的流动动力学性质，需要了解吸附和解吸过程（Song et al.，2011）。

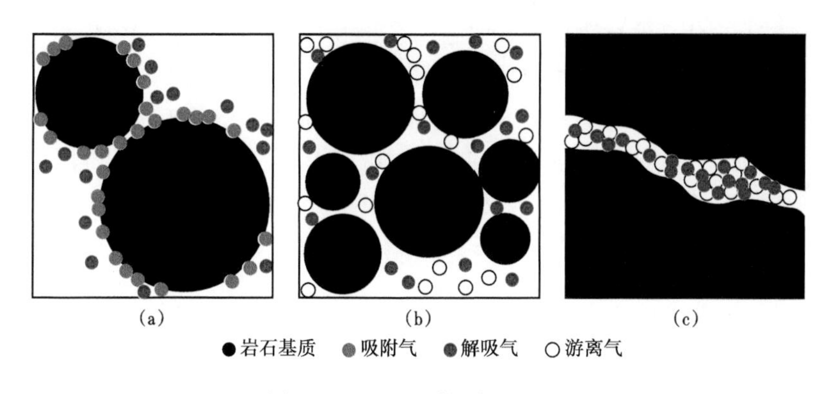

图 9.10 CO_2 吸附和解吸过程

9.10.2.2 溶解（可溶性）捕集

CO_2 以超临界或气相溶解在其他流体中，就像糖溶解在茶中（Ajayi et al.，2019）。溶解捕集是 CO_2 在盐水中溶解的结果，形成了浓度较高的 CO_2 饱和盐水。此时，CO_2 不再作为一个独立的相态存在，从而避免了浮力的影响。注入储层后，CO_2 向上扩散至储层和盖层之间的界面，然后作为一个不同的相态，在盖层下方横向扩散。当 CO_2 与周围地层中的卤水和油气接触时，发生传质作用，CO_2 溶解在卤水中，直到达到平衡状态。CO_2 在水中的溶解度受地层水的盐度、压力和温度的影响（Chang et al., 1996）。在游离气相和地层水的交界处，CO_2 发生分子扩散作用，溶解到水中。水与 CO_2 接触时达到饱和，形成 CO_2 浓度梯度。由于分子扩散系数最小，这一过程非常缓慢，CO_2 需要经历数百万年才能完全溶解在卤水中（Lindeberg et al., 1997）。CO_2 饱和卤水的密度高于周围的储层流体，随着时间的推移，其逐渐沉入地层底部，从而更安全地捕集 CO_2。CO_2 溶解在水相中，将会产生弱碳酸，并随着时间的推移分解为 H^+ 和 HCO_3^-，见（式 9.2）。

$$CO_{2(aq)} + H_2O \rightleftharpoons H^+ + HCO_3^- \tag{9.2}$$

CO_2 还可能与地层卤水中的其他阳离子结合，产生不溶性离子物质，见式（9.3）至式（9.5）。随着温度和盐度的升高，CO_2 在地层水中的溶解度降低（Ajayi et al., 2019）。

$$Ca^{2+} + CO_{2(aq)} + 2H_2O \rightleftharpoons 2H^+ + Ca(HCO_3)_{2(aq)} \tag{9.3}$$

$$Na^+ + CO_{2(aq)} + H_2O \rightleftharpoons H^+ + NaHCO_{3(aq)} \tag{9.4}$$

$$Mg^{2+} + CO_{2(aq)} + 2H_2O \rightleftharpoons 2H^+ + Mg(HCO_3)_{2(aq)} \tag{9.5}$$

9.10.2.3 矿化捕集

矿化捕集是指 CO_2 与地层中其他矿物和有机质发生相互作用，从而进入稳定矿物相中的过程。随着时间的推移，注入地层水的 CO_2 会发生溶解，并引发一系列地质过程。其中一些反应可能有利于 CO_2 的捕集，以化学反应的形式包裹或“捕集”溶解的 CO_2，产生新的碳酸盐矿物；部分反应可能对 CO_2 捕集产生负面影响，增加 CO_2 的运移程度。这些截然相反的反应过程的累积效应予以重视。上述过程受到当前岩性的构造、矿物学和水文地质条件的影响（Rochelle et al., 2004）。溶解在水相中的 CO_2 会产生弱酸，与岩石矿物结合，形成碳酸氢根离子和多种阳离子，具体取决于地层的矿物学性质。例如碱性硅酸钾方程（9.6）和钙方程（9.7）（Ajayi et al., 2019）描述了矿化捕集过程。

$$3\text{钾长石} + 2CO_{2(aq)} + 2H_2O \rightleftharpoons \text{白云母} + 6\text{石英} + 2K^+ + 2HCO_3^- \tag{9.6}$$

$$Ca^{2+} + CO_{2(aq)} + H_2O \rightleftharpoons \text{方解石} + 2H^+ \tag{9.7}$$

根据岩层的矿物学性质可知，当 CO_2 与岩层本身发生化学作用时，会沉淀碳酸盐矿物（Ajayi et al., 2019）。因此，CO_2 封存的预测准确度取决于对 CO_2 封存事件的地球化学建模的准确度（Benson and Cole, 2008）。CO_2 捕集过程受岩石中的矿物、气体压力、温度和岩石孔隙度的影响，前人发现，这一过程会导致岩石的渗透率和孔隙度发生相当大的变化（Kampman et al., 2014）。

参考文献

Ajayi, T., Gomes, J.S., Bera, A., 2019. A review of CO_2 storage in geological formations emphasizing modeling, monitoring and capacity estimation approaches. Pet. Sci. 16(5), 1028–1063.

Ambrose, W.A., Lakshminarasimhan, S., Holtz, M.H., Nu′n˜ez-Lo′pez, V., Hovorka, S.D., Duncan, I., 2008. Geologic factors controlling CO_2 storage capacity and permanence: case studies based on experience with heterogeneity in oil and gas reservoirs applied to CO_2 storage. Environ. Geol. 54(8), 1619–1633.

Anderson, J., Bachu, S., Nimir, H.B., Basu, B., Bradshaw, J., Deguchi, G., Gale, J., Von Goerne, G., Heidug, W., Holloway, S., Kamal, R., 2005. Underground Geological Storage. Cambridge University Press.

Azarabadi, H., Lackner, K.S., 2020. Postcombustion capture or direct air capture in decar- bonizing US natural gas power? Environ. Sci. Technol. 54(8), 5102–5111.

Bachu, S., 2000. Sequestration of CO_2 in geological media: criteria and approach for site selection in response to climate change. Energy Convers. Manag. 41(9), 953–970.

Bachu, S., 2003. Screening and ranking of sedimentary basins for sequestration of CO_2 in geological media in response to climate change. Environ. Geol. 44(3), 277–289.

Bachu, S., Gunter, W.D., 2005. Overview of acid-gas injection operations in western Can- ada. In: Greenhouse Gas Control Technologies 7. Elsevier Science, pp. 443–448.

Bacon, D.H., Yonkofski, C.M., Schaef, H.T., White, M.D., McGrail, B.P., 2015. CO_2 stor- age by sorption on organic matter and clay in gas shale. J. Unconv. Oil Gas Resour. 12, 123–133.

Bandilla, K.W., Celia, M.A., Birkholzer, J.T., Cihan, A., Leister, E.C., 2015. Multiphase modeling of geologic carbon sequestration in saline aquifers. Groundwater 53(3), 362–377.

Benson, S.M., Cole, D.R., 2008. CO_2 sequestration in deep sedimentary formations. Ele- ments 4(5), 325–331.

Bondor, P.L., 1992. Applications of carbon dioxide in enhanced oil recovery. Energy Con- vers. Manag. 33(5), 579–586.

Bossie-Codreanu, D., Le-Gallo, Y., Duquerroix, J.P., Doerler, N., Le Thiez, P., 2003. CO_2 sequestration in depleted oil reservoirs. In: Gale, J., Kaya, Y. (Eds.), Proceedings of the 6th International Conference on Greenhouse Gas Control Technologies (GHGT-6), 1–4 October 2002, Kyoto, Japan, Pergamon. vol. I, pp. 403–408.

Burnside, N.M., Naylor, M., 2014. Review and implications of relative permeability of CO_2/brine systems and residual trapping of CO_2. Int. J. Greenhouse Gas Control 23, 1–11.

Busch, A., Bertier, P., Gensterblum, Y., Rother, G., Spiers, C.J., Zhang, M., Wentinck, H.- M., 2016. On sorption and swelling of CO_2 in clays. Geomech. Geophy. Geo-Energy Geo-Resour. 2(2), 111–130.

Busch, A., Gensterblum, Y., 2011. CBM and CO_2-ECBM related sorption processes in coal: a review. Int. J. Coal Geol. 87(2), 49–71.

Celia, M.A., Nordbotten, J.M., 2009. Practical modeling approaches for geological storage of carbon dioxide. Groundwater 47(5), 627–638.

Chadwick, R.A., Noy, D.J., Holloway, S., 2009. Flow processes and pressure evolution in aquifers during the injection of supercritical CO_2 as a greenhouse gas mitigation mea- sure. Pet. Geosci. 15(1), 59–73.

Chang, Y.B., Coats, B.K., Nolen, J.S., 1996 March. A compositional model for CO_2 floods including CO_2 solubility in water. In: Permian Basin Oil and Gas Recovery Conference. OnePetro.

Davis, L.A., Graham, A.L., Parker, H.W., Abbott, J.R., Ingber, M.S., Mammoli, A.A., Mondy, L.A., Guo,

Q., Abou-Sayed, A., 2005. Maximizing Storage Rate and Capacity and Insuring the Environmental Integrity of Carbon Dioxide Sequestration in Geolog- ical Reservoirs. Texas Tech Univ., Lubbock, TX (United States).

Doughty, C., Freifeld, B.M., Trautz, R.C., 2008. Site characterization for CO_2 geologic storage and vice versa: the Frio brine pilot, Texas, USA as a case study. Environ. Geol. 54 (8), 1635–1656.

Figueroa, J.D., Fout, T., Plasynski, S., McIlvried, H., Srivastava, R.D., 2008. Advances in CO_2 capture technology—the US Department of Energy' s Carbon Sequestration Pro- gram. Int. J. Greenhouse Gas Control 2 (1), 9–20.

Ghiat, I., Al-Ansari, T., 2021. A review of carbon capture and utilisation as a CO_2 abatement opportunity within the EWF nexus. J. CO_2 Util. 45, 101432.

Godec, M., Koperna, G., Petrusak, R., Oudinot, A., 2014. Enhanced gas recovery and CO_2 storage in gas shales: a summary review of its status and potential. Energy Procedia 63, 5849–5857.

Gunter, W.D., Gentzis, T., Rottenfusser, B.A., Richardson, R.J.H., 1997. Deep coalbed methane in Alberta, Canada: a fuel resource with the potential of zero greenhouse gas emissions. Energy Convers. Manag. 38, S217–S222.

Han, W.S., 2008. Evaluation of CO_2 Trapping Mechanisms at the SACROC Northern Platform: Site of 35 Years of CO_2 Injection (Doctoral dissertation). New Mexico Insti- tute of Mining and Technology.

Haszeldine, R.S., 2009. Carbon capture and storage: how green can black be? Science 325 (5948), 1647–1652.

Heller, R.J., Zoback, M.D., 2011 June. Adsorption, swelling and viscous creep of synthetic clay samples. In: 45th US Rock Mechanics/Geomechanics Symposium. OnePetro.

Herzog, H., 2009. Carbon Dioxide Capture and Storage. MIT Press Essential Knowledge Series.

Herzog, H., Golomb, D., 2004. Carbon capture and storage from fossil fuel use. Encycl. Energy 1 (6562), 277–287.

Herzog, H., Drake, E., Tester, J., Rosenthal, R., 1993. A Research Needs Assessment for the Capture, Utilization, and Disposal of Carbon Dioxide From Fossil Fuel-Fired Power Plants. Report to the US Department of Energy, Grant No. DEFG02-92ER30194. AOOO, from MIT Energy Laboratory, Cambridge.

Herzog, H., Drake, E., Adams, E., 1997. CO capture, reuse, and storage technologies. Cite- seer 1997.

Holt, T., Jensen, J.I., Lindeberg, E., 1995. Underground storage of CO_2 in aquifers and oil reservoirs. Energy Convers. Manag. 36 (6–9), 535–538.

IEA, 2021. Direct Air Capture. IEA, Paris. https: //www.iea.org/reports/direct-air-capture.

IEA, 2022. CO_2 Emissions From Energy Combustion and Industrial Processes, 1900-2021. IEA, Paris. https: //www.iea.org/data-and-statistics/charts/co2-emissions-from-energy-combustion-and-industrial-processes-1900-2021.

Jiang, X., 2011. A review of physical modelling and numerical simulation of long-term geo- logical storage of CO_2. Appl. Energy 88 (11), 3557–3566.

Johnson, J.W., 2000. A solution for carbon dioxide overload. Sci. Technol. Rev. Juanes, R., Spiteri, E.J., Orr Jr., F.M., Blunt, M.J., 2006. Impact of relative permeability hys-teresis on geological CO_2 storage. Water Resour. Res. 42 (12).

Kampman, N., Bickle, M., Wigley, M., Dubacq, B., 2014. Fluid flow and CO_2–fluid–mineral interactions during CO_2-storage in sedimentary basins. Chem. Geol. 369, 22–50.

Kaszuba, J.P., Janecky, D.R., 2009. Geochemical impacts of sequestering carbon dioxide in brine formations. In: Carbon Sequestration and Its Role in the Global Carbon Cycle. vol. 183. AGU Publications, pp. 239–248.

Khan, C., Amin, R., Madden, G., 2012. Economic modelling of CO_2 injection for enhanced gas recovery and storage: a reservoir simulation study of operational parame- ters. Energy Environ. Res. 2 (2), 65–82.

Khatiwada, M., Adam, L., Morrison, M., van Wijk, K., 2012. A feasibility study of time-lapse seismic monitoring of CO_2 sequestration in a layered basalt reservoir. J. Appl. Geophys. 82, 145–152.

Klins, M.A., 1984. Carbon Dioxide Flooding. D. Reidel Publishing Co, Boston, MA, p. 267.

Klins, M.A., Farouq Ali, S.M., 1982. Heavy oil production by carbon dioxide injection. J. Can. Pet. Technol. 21 (5), 64–72.

Kovscek, A.R., 2002. Screening criteria for CO_2 storage in oil reservoirs. Pet. Sci. Technol. 20 (7–8), 841–866.

Lamy, C., Iglauer, S., Pentland, C.H., Blunt, M.J., Maitland, G., 2010 June. Capillary trap- ping in carbonate rocks. In: SPE EUROPEC/EAGE Annual Conference and Exhibi- tion. OnePetro.

Lan, Y., Yang, Z., Wang, P., Yan, Y., Zhang, L., Ran, J., 2019. A review of microscopic seepage mechanism for shale gas extracted by supercritical CO_2 flooding. Fuel 238, 412–424.

Lancaster, D.E., Hill, D., 1993. A multi-laboratory comparison of isotherm measurements of Antrim shale samples. 1993 SCA Conference Paper (No. 9303), pp. 1–16.

Lapillonne, B., Chateau, B., Criqui, P., Kitous, A., Menanteau, P., Mima, S., Gusbin, D., Gilis, S., Soria, A., Russ, P., Szabo, L., 2007. World Energy Technology Outlook-2050- WETO-H2 (No. halshs-00121063).

Leung, D.Y., Caramanna, G., Maroto-Valer, M.M., 2014. An overview of current status of carbon dioxide capture and storage technologies. Renew. Sust. Energ. Rev. 39, 426–443.

Li, X., Elsworth, D., 2015. Geomechanics of CO_2 enhanced shale gas recovery. J. Nat. Gas Sci. Eng. 26, 1607–1619.

Lindeberg, E., Wessel-Berg, D., 1997. Vertical convection in an aquifer column under a gas cap of CO_2. Energy Convers. Manag. 38, S229–S234.

Litynski, J.T., Klara, S.M., McIlvried, H.G., Srivastava, R.D., 2006. An overview of terres- trial sequestration of carbon dioxide: the United States department of Energy's fossil energy R&D program. Clim. Chang. 74 (1), 81–95.

Liu, F., Ellett, K., Xiao, Y., Rupp, J.A., 2013. Assessing the feasibility of CO_2 storage in the New Albany shale (Devonian–Mississippian) with potential enhanced gas recovery using reservoir simulation. Int. J. Greenhouse Gas Control 17, 111–126.

Liu, J., Xie, L., Yao, Y., Gan, Q., Zhao, P., Du, L., 2019. Preliminary study of influence factors and estimation model of the enhanced gas recovery stimulated by carbon dioxide utilization in shale. ACS Sustain. Chem. Eng. 7 (24), 20114–20125.

Martin, F.D., Taber, J.J., 1992. Carbon dioxide flooding. J. Pet. Technol. 44 (4), 396–400. Melzer, S., 2010. Optimization of CO_2 storage in CO_2 enhanced oil recovery projects. Adv. Resour. Int.

Mengal, S.A., Wattenbarger, R.A., 2011 September. Accounting for adsorbed gas in shale gas reservoirs. In: SPE Middle East Oil and Gas Show and Conference. OnePetro.

Merey, Ş., 2019. Analysis of the effect of experimental adsorption uncertainty on CH_4 pro-duction and CO_2 sequestration in Dadas shale gas reservoir by numerical simulations. J. Pet. Sci. Eng. 178, 1051–1066.

Merey, Ş., Sınayuc,, C, ., 2013. Experimental analysis of adsorption capacities and behaviors of shale samples. In: 19th International Petroleum and Natural Gas Congress and Exhibition of Turkey, May. European Association of Geoscientists & Engineers, pp. cp–380.

Metcalfe, R.S., 1982. Effects of impurities on minimum miscibility pressures and minimum enrichment levels for CO_2 and rich gas displacements. SPE J. 22 (2), 219–225.

Metz, B., Davidson, O., De Coninck, H.C., Loos, M., Meyer, L., 2005. IPCC Special Report on Carbon Dioxide Capture and Storage. Cambridge University Press, Cambridge.

Michael, K., Golab, A., Shulakova, V., Ennis-King, J., Allinson, G., Sharma, S., Aiken, T., 2010. Geological storage of CO_2 in saline aquifers—a review of the experience from existing storage operations. Int. J. Greenhouse Gas Control 4 (4), 659–667.

Mohammad, S., Fitzgerald, J., Robinson Jr., R.L., Gasem, K.A., 2009. Experimental uncer- tainties in volumetric methods for measuring equilibrium adsorption. Energy Fuel 23 (5), 2810–2820.

Moinfar, A., Sepehrnoori, K., Johns, R.T., Varavei, A., 2013 February. Coupled geomecha- nics and flow simulation for an embedded discrete fracture model. In: SPE Reservoir Simulation Symposium. OnePetro.

Moritis, G., 2003. CO_2 sequestration adds new dimension to oil, gas production. Oil Gas J. 101 (9), 71–83.

Mukherjee, M., Misra, S., 2018. A review of experimental research on enhanced coal bed methane (ECBM) recovery via CO_2 sequestration. Earth Sci. Rev. 179, 392–410.

Murshed, M., Alam, R., Ansarin, A., 2021. The environmental Kuznets curve hypothesis for Bangladesh: the importance of natural gas, liquefied petroleum gas, and hydropower consumption. Environ. Sci. Pollut. Res. 28 (14), 17208–17227.

Myer, L., 2011. Global Status of Geologic CO_2 Storage Technology Development. United States Carbon Sequestration Council Report July, 2011.

Naik, G.C., 2003. Tight gas reservoirs—an unconventional natural energy source for the future. Accessado em 1 (07), 2008.

Olajire, A.A., 2010. CO_2 capture and separation technologies for end-of-pipe applications–a review. Energy 35 (6), 2610–2628.

Pachauri, R.K., Allen, M.R., Barros, V.R., Broome, J., Cramer, W., Christ, R., Church, J.-A., Clarke, L., Dahe, Q., Dasgupta, P., Dubash, N.K., 2014. Climate Change 2014: Syn- thesis Report. Contribution of Working Groups I, II and III to the Fifth Assessment Report of the Intergovernmental Panel on Climate Change. IPCC, p. 151.

Pan, Z., Ye, J., Zhou, F., Tan, Y., Connell, L.D., Fan, J., 2018. CO_2 storage in coal to enhance coalbed methane recovery: a review of field experiments in China. Int. Geol. Rev. 60 (5–6), 754–776.

Peridas, G., Schmidt, B.M., 2021. The role of carbon capture and storage in the race to car- bon neutrality. Electr. J. 34 (7), 106996.

Pruess, K., 2003. Numerical Simulation of Leakage From a Geologic Disposal Reservoir for CO_2, With Transitions Between Super-and Sub-Critical Conditions. Lawrence Berke- ley National Laboratory.

Prusty, B.K., 2008. Sorption of methane and CO_2 for enhanced coalbed methane recovery and carbon dioxide sequestration. J. Nat. Gas Chem. 17 (1), 29–38.

Reeves, S.R., 2001 September. Geological sequestration of CO_2 in deep, unmineable coal- beds: an integrated research and commerical-scale field demonstration project. In: SPE Annual Technical Conference and Exhibition. OnePetro.

Reichle, D., Houghton, J., Kane, B., Ekmann, J., 1999. Carbon sequestration research and development (No. DOE/SC/FE-1). Oak Ridge National Lab. (ORNL) /National Energy Technology Lab./National Energy Technology Lab., Oak Ridge, TN/Pitts- burgh, PA/Morgantown, WV, US.

Rochelle, C.A., Czernichowski-Lauriol, I., Milodowski, A.E., 2004. The impact of chem- ical reactions on CO_2 storage in geological formations: a brief review. Geol. Soc. Lond., Spec. Publ. 233 (1), 87–106.

Ross, D.J., Bustin, R.M., 2009. The importance of shale composition and pore structure upon gas storage potential of shale gas reservoirs. Mar. Pet. Geol. 26 (6), 916–927.

Rubin, E.S., 2008. CO_2 capture and transport. Elements 4 (5), 311–317.

Rubin, E., De Coninck, H., 2005. IPCC Special Report on Carbon Dioxide Capture and Storage. Cambridge University Press, UK, p. 14. TNO (2004): Cost Curves for CO_2 Storage, Part, 2.

Saadatpoor, E., Bryant, S.L., Sepehrnoori, K., 2010. New trapping mechanism in carbon sequestration. Transp. Porous Media 82 (1), 3–17.

Saghafi, A., Faiz, M., Roberts, D., 2007. CO_2 storage and gas diffusivity properties of coals from Sydney Basin, Australia. Int. J. Coal Geol. 70 (1–3), 240–254.

Salvi, B.L., Jindal, S., 2019. Recent developments and challenges ahead in carbon capture and sequestration technologies. SN Appl. Sci. 1 (8), 1–20.

Sang, Q., Li, Y., Zhu, C., Zhang, S., Dong, M., 2016. Experimental investigation of shale gas production with different pressure depletion schemes. Fuel 186, 293–304.

Sathaye, J.A., Norgaard, R.B., Makundi, W., 1993. A Conception Framework for the Eval- uation of Cost-Effectiveness of Projects to Reduce GHG Emissions and Sequester Car- bon. Lawrence Berkeley National Laboratory.

Sharma, S., Agrawal, V., McGrath, S., Hakala, J.A., Lopano, C., Goodman, A., 2021. Geo- chemical controls on CO_2 interactions with deep subsurface shales: implications for geo- logic carbon sequestration. Environ. Sci.: Processes Impacts 9, 1278–1300.

Shaw, J.C., Bachu, S., 2002. Screening, evaluation and ranking of oil reserves suitable for CO_2 flood EOR and carbon dioxide sequestration. J. Can. Pet. Technol. 41 (9), 51–61.

Shogenov, K., Shogenova, A., Vizika-Kavvadias, O., 2013. Petrophysical properties and capacity of prospective structures for geological storage of CO_2 onshore and offshore Baltic. Energy Procedia 37, 5036–5045.

Smit, B., Reimer, J.A., Oldenburg, C.M., Bourg, I.C., 2014. Introduction to Carbon Cap- ture and Sequestration. vol. 1 World Scientific.

Solomon, S., Carpenter, M., Flach, T.A., 2008. Intermediate storage of carbon dioxide in geological formations: a technical perspective. Int. J. Greenhouse Gas Control 2 (4), 502–510.

Soltanian, M.R., Amooie, M.A., Cole, D.R., Graham, D.E., Hosseini, S.A., Hovorka, S., Pfiffner, S.M., Phelps, T.J., Moortgat, J., 2016. Simulating the Cranfield geological car- bon sequestration project with high-resolution static models and an accurate equation of state. Int. J. Greenhouse Gas Control 54, 282–296.

Song, B., Ehlig-Economides, C., Economides, M.J., 2011 January. Design of multiple trans- verse fracture horizontal wells in shale gas reservoirs. In: SPE Hydraulic Fracturing Tech- nology Conference. OnePetro.

Span, R., Wagner, W., 1996. A new equation of state for carbon dioxide covering the fluid region from the triple-point temperature to 1100 K at pressures up to 800 MPa. J. Phys. Chem. Ref. Data 25 (6), 1509–1596.

Spigarelli, B.P., Kawatra, S.K., 2013. Opportunities and challenges in carbon dioxide cap- ture. J. CO_2 Util. 1, 69–87.

Sun, H., Yao, J., Gao, S.H., Fan, D.Y., Wang, C.C., Sun, Z.X., 2013. Numerical study of CO_2 enhanced natural gas recovery and sequestration in shale gas reservoirs. Int. J. Greenhouse Gas Control 19, 406–419.

Sun, Y., Li, S., Sun, R., Liu, X., Pu, H., Zhao, J., 2020. Study of CO_2 enhancing shale gas recovery based on competitive adsorption theory. ACS Omega 5 (36), 23429–23436.

Taber, J.J., Martin, F.D., Seright, R.S., 1997. EOR screening criteria revisited—part 1: introduction to screening criteria and enhanced recovery fields projects. SPE Reserv. Eng. 12 (3), 189–198.

Tao, Z., Clarens, A., 2013. Estimating the carbon sequestration capacity of shale formations using methane production rates. Environ. Sci. Technol. 47 (19), 11318–11325.

Thomas, W.J., Crittenden, B., 1998. Adsorption Technology and Design. Butterworth- Heinemann.

Thomson, A.M., Izaurralde, R.C., Smith, S.J., Clarke, L.E., 2008. Integrated estimates of global terrestrial carbon sequestration. Glob. Environ. Chang. 18 (1), 192–203.

Toporov, D., 2014. Combustion of Pulverised Coal in a Mixture of Oxygen and Recycled Flue Gas. Elsevier.

Valluri, S., Claremboux, V., Kawatra, S., 2022. Opportunities and challenges in CO_2 uti- lization. J. Environ. Sci. 113, 322–344.

Van der Meer, L.G.H., 1992. Investigations regarding the storage of carbon dioxide in aqui- fers in the Netherlands. Energy Convers. Manag. 33 (5–8), 611–618.

Vishal, V., Singh, T., 2016. Geologic Carbon Sequestration. Springer, p. 16.

Williams, D.J., 2001. Greenhouse gas control technologies. In: Proceedings of the 5th Inter- national Conference on Greenhouse Gas Control Technologies. CSIRO Publishing.

Winter, E.M., Bergman, P.D., 1993. Availability of depleted oil and gas reservoirs for disposal of carbon dioxide in the United States. Energy Convers. Manag. 34 (9–11), 1177–1187.

Yadav, S., Mondal, S.S., 2022. A review on the progress and prospects of oxy-fuel carbon capture and sequestration (CCS) technology. Fuel 308, 122057.

Yang, H., Xu, Z., Fan, M., Gupta, R., Slimane, R.B., Bland, A.E., Wright, I., 2008. Progress in carbon dioxide separation and capture: a review. J. Environ. Sci. 20 (1), 14–27.

Zhang, B., Wang, Z., Wang, B., 2018. Energy production, economic growth and CO_2 emission: evidence from Pakistan. Nat. Hazards 90 (1), 27–50.

扩展阅读

Liu, D., Li, Y., Yang, S., Agarwal, R.K., 2021. CO_2 sequestration with enhanced shale gas recovery. Energy Sources, Part A 43 (24), 3227–3237.

Zhang, D., Song, J., 2014. Mechanisms for geological carbon sequestration. Procedia IUTAm 10, 319–327.

第 10 章　非常规致密油藏开发面临的挑战

非常规致密储层（UCR）面临的关键挑战是对储层物性的研究。其他一切挑战都不足为惧。

关键词：低采收率；L 形生产剖面；水平井钻井；水力压裂；非常规致密储层（UCR）面临的挑战

10.1　地层评价面临的挑战

在 21 世纪初，美国地区的常规天然气产量下降，多个行业对天然气的需求增加，因此，美国政府采取了强有力的措施，用于研究和开发非常规致密储层，特别是页岩气储层。近年来，美国地区在非常规致密储层的开采方面拥有众多优势，包括对资源保护力度的加强、失业率的下降、全球制造业生产力的提高，以及其他经济和环境效益。然而，在现有的技术和经济条件下，非常规致密储层的评价和开发仍然没有得到应有的关注。下文对当前面临的问题进行了深入分析，阐述了开发非常规致密储层的过程中面临的挑战，这些挑战决定了非常规致密储层的开发和利用前景。

10.1.1　非常规致密储层的性质

与常规储层不同，非常规致密储层发育超低纳达西级渗透率，流体输导能力非常低。非常规致密储层的毛细管压力较高，流体密度较大，且最低有效孔隙度变化较大（Baihly et al.，2010）。上述特征可能较为宽泛，但非常规致密储层的共同点是，必须利用特殊的技术确保油气开采的经济效益。非常规致密储层中赋存的油气资源本质上是复杂的地质油气资源，通常赋存在页岩或碎屑岩储层中，但也可能赋存于碳酸盐岩储层中。非常规致密储层中通常含有干气，在某些情况下，这些储层可能会产生高 API 重度原油（Energy，2018）。

此外，煤是含碳物质的燃料岩，碳质主要来自有机质的残留物，至少占残留物体积的 70%。盆地中的有机质碳含量与大气中碳含量的减少有关，能够保存有机质（Ju et al.，2009）。煤层能够以长期发育的致密煤层或互层的形式赋存于砂岩和页岩层序中。也可以按照矿物和有机质类型对其碳含量进行分级，划分岩石类型，划分过程中应考虑有机质成熟度和能量含量。

非常规致密层系必须形成非常大的规模和一定的厚度，才能具备经济可行性，例如，马塞勒斯页岩的分布面积约为 9500mile^2，而加瓦尔油田的分布面积约为 3.3×10^4mile^2。最常见的开采技术是长水平井中实施的强化水力压裂技术，能够与油气产生相互作用，将油气从岩石中驱替至新的或之前形成的裂缝中。开发预算中占比最大的项目往往是钻井和完井成本，增产方案的成本占此类工艺总费用的三分之一。北美的钻井生产商通常采用工厂化钻井方案（所有井均出自同一个“工厂”），减少钻井时间，从而降低钻井成本（Miller et al.，2011）。

其重点不是数据处理，而在于组织绩效和减少非生产时间（NPT）。因此，形成一个具有可重复性的高效流程的关键可能不是试错，而是可靠的技术。建议在早期阶段收集所有可用数据，而在具体实施过程中，可能需要进行测井作业，以处理意外问题。

10.1.2　挑战性参数

北美的非常规致密储层可以作为业界的参考方案，因为它是产量最大、技术最先进的油藏，足以从中总结丰富的经验教训。由此可知，北美非常规致密储层的关键参数具有极高的参考价值（King，2010）。一般来说，油气量、井间距、裂缝发育程度、成熟度、油气成因、孔隙度、有机质富集程度、游离气、应力相关关系、岩石强度和矿物学特征是非常规致密储层的关键性决定因素；通常应当参考干酪根类型，针对上述特性，采取适当的基质渗透率和水处理措施。含碳层系的甲烷资源的参数相近，一致性重要指标包括厚度、压力、气藏位置、割理、等级和岩石类型。

在非常规致密储层中，既定的完井标准包括岩石强度、地质应力位置、埋藏史、地质灾害的普遍性，如凹陷、天然裂缝屏障的存在和类型、含水层的距离和地层的敏感性。岩石的断裂性取决于强度，而岩石强度又取决于岩性、流体组分、微观构造、力学特性和原位应力。脆性指数能够衡量岩石的破裂能力。脆性不是岩石的固有性质，而是一种状态或特点，用来描述岩石失效前能够储存的能量。在外部压力作用下，岩石由断裂状态转变为延展构造，在确定岩石如何失效前，需要了解作用于岩石的压力（Friedheim et al.，2011）。常规的预测裂缝破裂的指标与岩石的单轴抗压强度（UCS）结合，在不考虑岩石张裂的情况下，无法描述岩石处于水力压裂状态下的特性。岩石的断裂能力取决于其强度和破裂能力。

10.1.3　评价方法

非常规致密储层和常规储层之间存在差异，需要在非常规致密储层的发现和开发阶段，采用多种针对性的储层评价技术。与常规地层评价相似，非常规致密储层评价过程需要评价净储层的划分标准，并计算其开采能力，但非常规致密储层的评价指标及其来源与常规评价有所不同。所包含的数据集涵盖了多种技术和学科，如三维地震、岩心数据、录井、随钻测井、测井、地质力学、VSP、水力压裂、微地震、生产测试和井数据集成，上述技术和学科均在非常规储层评价过程中发挥了重要作用（Friedheim et al.，2011）。目前并非所有的方法都适用，区域地质背景和成本有时能够决定所用方法的效率。

钻井过程中的测量精度对于油气资源的评估非常重要。天然气吸附等温线是量化页岩层系和含碳层系天然气量的最佳方法。利用岩心数据，还可建立测井数据之间的相关性，包括密度和 TOC，自然伽马和 TOC，邻区岩石密度，碳密度。通常需要使用岩心数据获得地质力学特征，并评估储层岩石对未来的钻井作业和完井液的敏感性（Rajput et al.，2016）。

为了实现非常规储层开采目标，北美地区已经利用多口常规油气井勘探非常规储层。基于裸眼井的测井资料，建立了早期的页岩气测井资料分析方法。测井资料通常包括自然伽马、电阻率、中子、密度和声波资料，正如 Schmoker（1979）所述，这些测井资料可用于早期的解释算法（Passey et al.，1990）。其他专业测井仪器，如核磁共振、元素俘获能谱和介电测井等，均可用于非常规储层油气储量评估，而密度、光谱伽马、偶极声波和高分辨率成像测井仍然是表征和呈现关键储层参数信息的重要测井工具。

在多段压裂之前，早期的页岩储层钻井工程方案通常利用水平井进行钻探，并对钻进过程进行均等划分。作业过程中应当将井部署在最佳位置 / 地点，而不仅仅利用地层几何构型平面图和作业时间表，最大限度地减少附近裂缝张力，且不破坏裂缝边界。非常规致密储层的最佳油气聚集点称为油气富集点（HES），通常位于满足所有或大部分设定条件的储层岩石中，设定条件包括 TOC 大于 2.1%、发育天然裂缝、黏土含量低于 40.0%、岩石阻力高（破裂），以及渗透率和孔隙度相对较高。

钻井液测井结果能够提供非正式的基线测定结果。Hashmy 等（2012）已确定一系列钻屑分析方法，其中包括 X 射线荧光（XRF）、X 射线衍射（XRD）和热解，以及使用先进的气体处理技术实时定位井中的 HES。可据此建立矿物 XRD 或 XRF 岩屑数据的脆性指数，从而发挥作用。MWD 测量工具可用于计算伽马值，通常是井中唯一可用的地球物理测井方法。LWD 仪器偶尔用于“甜点”区的地质导向，也可用于页岩层系的测井作业，如光谱伽马或声学各向异性，但并不常见。基于方位角的声学仪器在页岩储层各向异性的测定过程中具有很大优势，目前已证明，该仪器可用于非常规致密储层的钻井作业（Mickael et al.，2012；Maranuk et al.，2013）。

可运用多种技术了解储层信息，其中逐级测定能够提供重要的油气资源评估信息。当前采用常规方法获取训练评估数据，并进行训练，因此运营商倾向于推广这一方法至所有勘探领域，而不是在缺少可用数据的情况下，直接钻探“甜点”区，以期降低勘探风险和成本。北美页岩油气流产量表明，具有正常间隔的压裂段的生产模式具有侧重性。60% 的压裂段是非生产段，或者 70% 的产量来源于同一个生产段，而其他段几乎没有油气产量。可将电缆测井和其他计算步骤应用于更高效或更有利于完井和松散的岩性中。对所有服务供应商而言，通常基于部分较好的测井数据提出水力压裂措施建议（Wigger et al.，2014）。案例研究结果表明，使用电缆测井优化保存和完井效率指标，能够将丛式钻井性能从 30% 提高到约 70%。

10.1.4 测井和评价过程中面临的挑战

光谱伽马、交叉偶极子声波、高分辨率成像和密度测井可用于页岩层系的电缆测井。对于煤层气而言，最有效的测量方式是通过交叉偶极子声波测井和高分辨率成像测井方法进行高分辨率密度测井。两种情况下均可使用高分辨率测井，以记录与地质复杂性相关的非常规储层的非均质性特征。

电缆光谱伽马可测量岩石中的钾、钍和铀含量，以及总伽马值。铀含量与海相页岩中的 TOC 有很好的相关性，该仪器可量化 TOC，而利用其他光谱组分及其比值，能够进行高级黏土分型，识别膨胀黏土蒙皂石（Sondergeld et al.，2010）。高浓度的钾和钍表明多孔钙质和粉砂岩的广泛发育，可以从中提取有关断裂区域的信息。铀具有水溶性，可能导致天然裂缝和强铀峰值的检测结果出现误差。

密度测井仪可测量地层密度，通常用于计算孔隙度。低密度的干酪根表示孔隙度较高，可据此推导页岩有机碳含量。在煤层气评价中，需要根据煤炭沉积环境的 Z/A 密度转换（从电子到真实密度的转换）进行适当修正（Hameed et al.，2014）。

交叉偶极子声波测井仪可产生剪切率和压缩率、快剪切速度和慢剪切速度，以及各向异性计算值，是利用裂缝模拟器计算储层力学特性的基础。将声波资料与密度资料相结合，可以使用泊松比、杨氏模量和弹性常数计算动态弹性分布特征，其中包含各向异性大小。

黏土排列和沉积学差异作用下形成的分层和裂缝本质上反映了页岩的垂向—横向各向同性（VTI）。在部分北美地区的页岩层系中，常见高达 30%~60% 的各向异性。在力学特性的测量研究中，Waters 等（2011）阐述了计算各向异性的重要性，以及忽略各向异性导致水力裂缝估算结果出现的重大误差。使用水平和垂向杨氏模量和泊松比（Thiercelin et al.，1994）量化 VTI 介质中的闭合拉张作用。

高分辨率成像测井能够提供电阻率图像，可用于评估裂缝和断层，分析地层破裂作用，并提供沉积物相关信息。还可用于表征水平应力降低的方向，天然裂缝的发育、频率和走向，补充离散裂缝网络（DFN）相关信息，该裂缝网络广泛应用于水力压裂作业的优化。许多学者认为天然裂缝是成功压裂的必要条件。Engelder 等（2009）已经确定了天然裂缝的价值，还明确了两组交叉裂缝组如何增加水平井及其后续增产措施的产量，同时还指出，在阿巴拉契亚盆地马塞勒斯 Major Sand 油田 20% 的水平井中，天然裂缝有助于提升油气产量的经济效益，且无须采取额外的增产措施。

10.1.5 作业过程中的挑战

井筒完整性是非常规致密储层压裂过程中最常见的挑战之一，而水平井的水平井段深度更大、井段更长，使得这一挑战更加严峻。大多数浅层地层压力过大，会导致冲击井段、井眼爆破和井眼坍塌。当井轨迹平行于所需的应力路径时，可能导致断层和层系失效，钻井失稳。钻井密度较高的非常规致密储层对水具有敏感性，可能导致膨胀和黏附作用。如果大型水平井和螺旋钻井中的井眼清理不够充分，井径扩大和岩屑的产生可能会对数据的收集产生深远影响，甚至导致测井电缆工具发生堵塞或卡井。

优化分析的缺点是使用 PDC 和 TSP 组件形成的钻屑，引发起钻深度后滞的不确定性，环空中的岩屑混合，钻井液引发的浆液改性，井眼坍塌污染和准备时间，在 ROP 过程中，为了保持钻速，可能会出现上述方面的问题。在大多数 MWD 测井配套工具中，伽马测井工具不太常见，但也包括全尺寸 LWD 测井组件。此外，成本、可靠性和所用的工具也可能影响钻井过程。随钻测井中可用的测量技术较少，因为其测井仪器较少，且价格很高，导致钻井成本很高，且钻铤的尺寸可能不适用于钻孔尺寸（Rajput et al.，2016）。

另一个因素是，MWD/LWD 轴环可能会导致伽马光谱的测量出现偏差。在斯通利波测量过程中，无法使用 LWD 声学工具。高 TOC 异常能够表征裂缝位置，仅能用于观测，其中低伽马和 ROP 的 MWD 伽马预测能够表征更多的脆性岩石。收集训练评估数据的最简单方法是常规储层测井方法（Sondergeld et al.，2010）。针对非常规储层开发的测井方法较少，典型的测井工具下放方法受到非常规储层中钻井轨迹、井下环境较差和井眼稳定性等问题的制约；最主要的问题是如何以简单的方法将工具安全下放至指定深度。

通常使用多种运输模式，减少电缆重力测井工具的使用，或使用钻杆、管带或电缆爬行器将测井工具下放至井中。在这两种方案中，电缆都是测井管柱中不可获取的一部分。在测井组件的下部，导管或螺旋管上的电缆工具没有被覆盖或采取保护措施，障碍物接触到的第一个组件也没有额外的保护措施。测井电缆工具的重量很小，可在不损害地层的情况下导致非计划 NPT。在钻井作业过程中，井眼粗糙度也可能导致测井工具发生损坏。

这些测井电缆工具不可发生旋转，否则可能发生井下堵塞，同时还应最大限度地减少阻力或分散扭矩。通过测井电缆进行传输的管道应当避免使用浮阀，因为在加压页岩储层进行测井的过程中，浮阀可能对测井工具造成损害。对于用户来说，利用常规方法和复杂的运输技术进行测井，无法完整收集数据。

10.2 经济效益方面的挑战

对非常规致密储层而言，经济与技术上面临的挑战与特定油井的开发和生产的可行性有关。在介绍油井开发所面临的挑战后，下一节将着重介绍整体开发计划的经济效益。在地层评价阶段，经济效益面临的挑战主要包括岩石物理、地球化学，以及储层的地质力学特征，同时还应基于这些特征，将非常规致密储层的总成本与收入进行比较，充分考虑这些特征的不确定性，并评估是否低估储层面积。

10.3 单井开发过程中面临的挑战

非常规致密储层开发过程中，技术方面和经济方面都面临着挑战，因此将二者合并进行研究。技术问题和经济问题均表明，特定油井的开发过程面临着挑战。在对研究区进行所有评价后，应根据当前的技术水平，对经济效益进行评估，力求在较低的开发成本下实现高产出，达到最佳效益。图 10.1 展示了如何利用上述过程获得尽可能高的利润。图 10.1 还表明，非常规致密井开发决策的制定基于以下事实：对于不同的地质环境及特征，应当根据所生产的流体的体积和类型，采用不同的钻井、压裂技术和设备。将相关费用合并至预期运营成本中，并将其与最终的产量和收入进行比较。目前在经济和技术上面临的挑战是如何使用最廉价的技术实现最高产量。

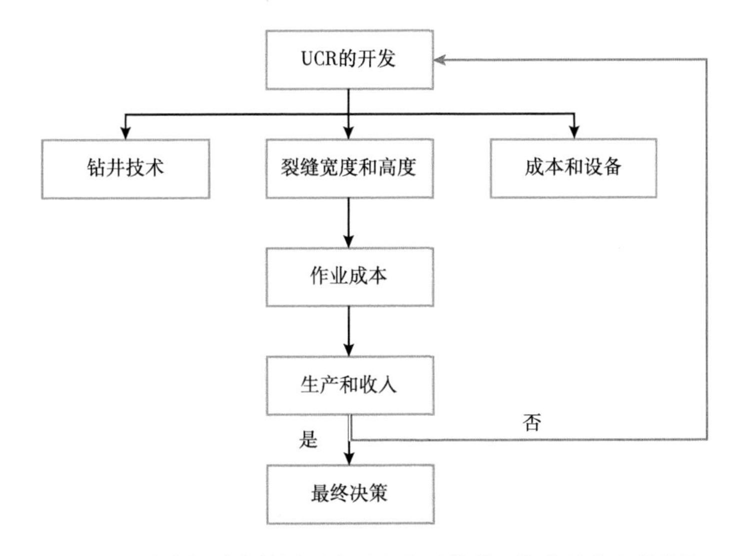

图 10.1 非常规致密储层开发过程中面临的经济和技术上的挑战

10.4 钻探技术成本

在非常规致密储层的开采过程中，钻井成本占预算的很大一部分，在总费用中占据比例也很大。目前对钻井价格预测的研究相对较少，许多相关方法仍采用基础的估算方法。Hefley 和 Seydor（2011）利用现场测试数据，量化了马塞勒斯页岩井非常规致密储层的钻探成本，研究了非常规致密储层勘探公司交叉验证的钻探成本。

一些学者提出了初步估算非常规致密储层开发成本的技术，降低单井部署成本，提升生产井段（包括垂井段和水平井段）的经济效益。其中 Schweitzer 和 Bilgesu（2009）利用线性方法校正了水平井段的长度，对水平井段的成本进行了估算。Juell 和 Whitson（2013）发现单位井段长度的成本（按每米成本计算）近似等于过渡井段的成本。Wilson 和 Durlofsky（2012）采用单位成本法快速估算钻井成本。

为了更有效地测量或预测水力压裂成本，明确非常规致密储层开采过程中的经济性，前人开发了新的技术。Sorrell 等（2012）开发了定期计算非常规致密储层勘探成本的方法，可根据每天的成本进行相关计算。这些成本通常可以分为三类：工厂成本，钻探深度成本和每天产生的成本。Moniz 等（2011）制定了开发成本的单位长度预测模型和扩展指数预测模型，以便对马塞勒斯非常规致密储层的多分支井和水平井进行详细的经济评估。在应用学习因子的同时，Wehunt 等（2012）对各种情况下的钻井成本进行建模，其中可分为三种井段：垂向井段，切向井段和水平井段。

10.5 水力压裂成本

在非常规致密储层的开发成本中，另一个重要组成部分是水力压裂作业成本（完整的技术成本）。目前尚未开发更高效的水力压裂成本估算方法。为了更准确地估算水力压裂成本，研究了裂缝长度发生改变时，水力压裂成本的相应变化。Schweitzer 和 Bilgesu（2009）根据裂缝持续时间的单位阶段费用调整了压裂成本。Sorrell 等（2012）计算了两种压裂成本：压裂作业的固定费用和取决于压裂增产阶段的可变费用。其中对压裂成本进行了比较客观的量化。此外，Juell 和 Whitson（2013）开发了一个复杂的压裂预测模型，用于成本估算，该模型涵盖了各个阶段的裂缝尺寸变化。

如前所述，其他关于裂缝成本的预测报告大多进行了简化计算。水力压裂的成本估算方法通常侧重于单个阶段的成本计算（Meyer et al.，2010）。基于历史数据，Insight（2011）对每个裂缝成本的类型进行了研究，并列出了其占总成本的比例。同样，费用对象（Hefley 和 Seydor，2011）的压裂成本也只是计算出来的。

表 10.1 简要介绍了对各种水力压裂成本的估算。这些估算技术既包含基本技术，也包含复杂的先进技术。利用能够确定开发预算的多种类型的系统，可以使用 g 型方法估算各个部分的差异，其估算精度较高，可更好地衡量质量数据。

因此，很少有研究利用 f 型方法计算水力压裂成本的可行性。许多实验采用 e 型方法量化水力压裂成本。裂缝尺寸能够对压裂成本造成较大影响，从而导致估算误差，而这一误差没有包含在研究范围内。应当注意的是，并非所有成本都出现在钻井阶段，因此与 e 型方法相比，d 型方法得到的结果更为精准。b 型和 c 型方法均考虑了水力压裂带来的影响，可以有效地最小化 e 型方法带来的估算误差。成本模型旨在确定影响压裂阶段和压裂规模的主要因素，从而更好地估算和预测压裂成本。这一方法取得了巨大进展，但目前应当开发更好的方法，用于精准预测压裂成本，特别是对于 a 型方法而言，需要更多地考虑产生费用的项目和其他因素。

表 10.1 水力压裂成本估算

类型	预测方法
a	成本估算模型
b	裂缝半长的单位阶段成本
c	裂缝长度的单位阶段成本
d	固定成本因素加上单位阶段成本
e	单位成本
f	单位面积成本
g	相当于独立的成本估算

10.6 设施开发成本

准确估算输入数据是非常必要的，这一数据能够极大地影响成本节约和控制项目预算，地面设施成本估算数据是目前已知的关键输入数据之一（Guarone et al.，2012）。由于油气产量急剧下降，必须钻探更多钻井，用于油气生产，这就需要更多的设施。需要采用新的方法和策略，用于预测并最小化安装成本。然而，令人惊讶的是，现有文献并未提出合理的方法，用于估算地面设施成本。目前已有的方法均将工厂成本纳入油井成本中（Nome and Johnston，2008）。在部分案例中，甚至没有考虑到这项费用（Wright，2008）。值得一提的是，部分文献中已经使用了简单方法，计算 Hefley 设施的成本。

设施费用可分为几类，在对大量数据进行静态分析的基础上，可列出相关占比。Li 等（2013）在单位成本估算方面取得了最新进展，其中认为，上文论述的单位生产成本和单位面积成本一直在增加。一项研究表明，管道的建设成本是安装费用的重要组成部分，可以根据管道的半径大小和长度对其费用进行建模。Wehunt 等（2012）提出了两个参数：开发井场参数（用每个井场的费用表示）和井筒系数（单井成本，用于计算设备费用）。

此外，目前尚未采用概率方法计算压裂成本和设施成本，这些成本往往被合并到井的总成本中，然后采用概率方法预测总体费用。然而，几乎没有一个系统能够合理且准确地估算设施成本，尤其是 a 型、e 型和 g 型方法，除水力压裂成本预测之外，这三种方法还另有用处。如上所述，由于缺少统计证据区分相关组分的变化，因此很难使用 b 型方法进行预测。c 型技术为设施价格的计算提供了一个新的思路，具有一定的可行性，但目前使用较少。d 型技术旨在根据设施量化安装成本，但仍需要深入分析，从而确定成本和研究区之间是否存在实质的相关性。开发井数是确定安装费用的一个重要因素。同时，井场数量也能够影响安装费用。此外，当使用这两个因素计算安装成本时，e 型方法的计算精度更高。

10.7　运营成本

与其他费用相关的运营成本是输入数据的另一个重要部分。目前涉及运营成本的估算和预测的文献可分为七类：

（1）MacDonald 等（2002）使用的运营成本估算方法侧重研究各个成本项目。

（2）部分学者，例如，Nome 和 Johnston（2008），利用单位生产成本计算浅层天然气产量增长时的运营成本。

（3）部分学者基于单位成本计算运营成本（Wright，2008）。

（4）Lake 等（2013）使用年度收益占比计算相关费用。

（5）Mason 等（2015）预测了运营成本占资本支出的比例。

（6）Taylor 等（2010）报告了研究结果，其中将 b 型和 c 型方法联合使用，因此可以预测固定部分的支出和可变部分的支出。此外，油气价格的升降带来的影响具有综合效应。

（7）Kaiser（2012）通过分配概率分布计算运营成本。

当输入参数发生变化时，很难确定使用哪种方法测定上述运营成本。

根据复杂的统计分析和商业知识，可定义 d 型和 e 型方法的占比，提供合理可靠的结果。f 型方法能够将 b 型方法与 c 型方法相结合，反映价格变化对市场的影响，大大提高预测的准确性。但是，这些方法无法充分计算不断改变的运营成本规则。根据运营经验可知，成本将随着时间的推移而上升，而非下降或保持不变。

10.8　产量和收入

非常规致密储层开采项目的产量很大程度上影响了当前的油气价格和需求。油气产量受大量因素的影响（如一系列经济指标），而非仅仅受限于当前的油气价格。非常规致密储层产量的准确估算在油藏技术经济评价中发挥着重要作用。此外，上述预测结果对于评估非常规致密储层开发项目的成本和持续时间至关重要。假设浅层油气的市场价值主要由油气产量和井口价格决定，则投资回报预测的主要内容涵盖了这两个重要因素的预测。其他投资回报预测，如退税或补贴，可以根据各自的协议进行。

非常规致密储层的产量正在迅速下降，给维持产能带来了一些困难。在这种情况下，非常规致密油藏产量和成本的预测精度也会受到重大影响。目前使用最广泛的预测策略之一是基于多种曲线的产能下降曲线分析（Harding，2008）。该方法包括双曲递减法和指数递减法。此外，还包括从双曲递减到指数递减的过渡。在前人文献中，对油井产量和之后采用的 EUR 使用了指数低函数。Dougherty 和 Chang（2010）的研究成果表明，指数递减可转化为简单的指数下降，以便更有效地预测非常规致密储层的产量。

Lake 等（2013）使用了第二种非常规致密油藏产量估算方法，且探索了一种新技术，包含上述两种产量变化。Wehunt 等（2012）利用产量下降预测模型，开发了另一种非常规致密储层开发技术。除了产量下降的相关研究外，研究人员还大量应用各种非常规致密油藏模拟和概率方法估算非常规致密储层的产量。

10.9 转换为更清洁的能源

随着当前兴起的化石燃料脱碳和清洁能源转型浪潮，在石油行业发展史上，传统和非传统油气资源均面临着关键的改革。然而，当前可再生能源尚未对化石燃料造成真正的威胁。近期，氢能作为一种可持续的绿色能源开始投入使用。与石油、煤炭和天然气等能源不同，氢在自然界中以分子键的形式存在。制备纯氢的过程需要消耗能量。氢与石油不同，并非是通过采矿获得的一次能源，而是一种“能源载体”，能够像电力一样储存、运输和利用，是一种二次能源。当前面临全球变暖和能源短缺问题，氢能可以为能源转型提供重要支撑。一些文献表明，在能源市场上，氢气拥有广大的应用前景，甚至已经优于可再生能源。据报道，到 2050 年，超过 4 亿辆汽车、1500 万至 2000 万辆卡车和大约 500 万辆公交车将由氢能提供动力，几乎覆盖了运输部门所消耗的能源量的 20%~25%（Uyar et al.，2017）。到 2050 年，氢能的开发将能够满足 18% 的最终能源需求，降低温室气体排放水平，并提供 3000 多万个就业机会。氢气是一种高效的能源，可用于燃料电池发电，为电动汽车提供动力，作为多种工业过程的原料，甚至用作国内能源支柱（Global CCS Institute Blue Hydrogen report，2021）。氢能几乎“接近零碳排放”，因此多个可持续能源和环保公司对其倍加青睐。这种近乎零碳排放的能源的重要性已经得到了全世界的认可，引发了更多关于化石燃料的应用在未来数年内走向终结的猜测。

尽管如此，未来的能源增长无疑取决于以下几个方面：能否以低成本制造真正低碳或无碳排放的氢气；愿意为其支付价格的新的用户和公司；以及以这种能源为驱动的新产品。这意味着，需要在资本和技术研发方向投入巨大资源，才能将现有的蓝氢市场转变为“绿氢市场”。当前许多利益相关方对投资开发太阳能、风能或生物质能等替代性绿色氢源持怀疑态度。然而，并非所有人都是这样。以最大的石油服务公司之一贝克休斯为例，该公司是筹集了数十亿欧元，投资清洁氢基础设施建设的三家公司之一。这些努力可能有助于脱碳的顺利进行，或者至少到 2050 年为止，大幅减少碳排放。

一些公司将氢能入驻能源市场视为逃离实际石油市场危机的一种方式，大量投资基础设施以建设和开发清洁氢气，这些基础设施用于生产、存储和分配绿色氢能，从而消除或最大限度地减少碳排放。需要解决的问题是，氢燃料何时能普及且廉价，以及如何提供所需的大量氢气。化石燃料的支持者认为，最好的办法是从已经投入使用的化石燃料、煤炭和天然气中分离氢气，并封存剩余碳。

参考文献

Baihly，J.D.，Altman，R.M.，Malpani，R.，Luo，F.，2010. Shale gas production decline trend comparison over time and basins. In：SPE Annual Technical Conference and Exhibition. Society of Petroleum Engineers.

Dougherty，E.，Chang，J.，2010. A method to quickly estimate the probable value of a shale gas well. In：SPE Western Regional Meeting. Society of Petroleum Engineers.

Energy，U. S. D. O，2018. Why Is Shale Gas Important?.

Engelder，T.，Lash，G.G.，Uzca′tegui，R.S.，2009. Joint sets that enhance production from middle and upper Devonian gas shales of the Appalachian Basin. AAPG Bull. 93，857–889.

Friedheim, J., Guo, Q., Young, S., Gomez, S., 2011. Testing and evaluation techniques for drilling fluids-shale interaction and shale stability. In: 45th US Rock Mechanics/Geo- mechanics Symposium. American Rock Mechanics Association.

Global CCS Institute, 2021. Blue Hydrogen. Available from: https: //www. globalccsinstitute.com/resources/publications-reports-research/blue-hydrogen/.

Guarnone, M., Rossi, F., Negri, E., Grassi, C., Genazzi, D., Zennaro, R., 2012. An uncon- ventional mindset for shale gas surface facilities. J. Nat. Gas Sci. Eng. 6, 14–23.

Hameed, A., Bacciarelli, M., Williams, P.J., 2014. Unconventional reservoir formation eval- uation challenges addressed with deployment-optimized open hole logging solutions. In: SPE Eastern Regional Meeting. Society of Petroleum Engineers, Charleston, WV, USA. Harding, N.R., 2008. Application of stochastic prospect analysis for shale gas reservoirs. In: SPE Russian Oil and Gas Technical Conference and Exhibition. Society of Petroleum Engineers.

Hashmy, K.H., David, T., Abueita, S., Jonkers, J., 2012. Shale reservoirs: improved produc- tion from stimulation of sweet spots. In: SPE Asia Pacific Oil and Gas Conference and Exhibition. Society of Petroleum Engineers.

Hefley, B., Seydor, S., 2011. The Economic Impact of the Value Chain of a Marcellus Shale Well. Available at SSRN 2181675.

Insight, I.G., 2011. The economic and employment contributions of shale gas in the United States. In: Prepared for America's Natural Gas Alliance by IHS Global Insight (USA). America's Natural Gas Alliance, Washington, DC.

Ju, Y., Li, X., 2009. New research progress on the ultrastructure of tectonically deformed coals. Prog. Nat. Sci. 19, 1455–1466.

Juell, A.O., Whitson, C.H., 2013. Optimized well modeling of liquid-rich shale reservoirs. In: SPE Annual Technical Conference and Exhibition. Society of Petroleum Engineers. Kaiser, M.J., 2012. Profitability assessment of Haynesville shale gas wells. Energy 38, 315–330.

King, G.E., 2010. Thirty years of gas shale fracturing: what have we learned? In: SPE Annual Technical Conference and Exhibition. Society of Petroleum Engineers.

Lake, L.W., Martin, J., Ramsey, J.D., Titman, S., 2013. A primer on the economics of shale gas production just how cheap is shale gas? J. Appl. Corp. Financ. 25, 87–96.

Li, Q., Chen, M., Jin, Y., Zhao, F., Jiang, H., 2013. Economic influence of hydraulic frac- turing parameters on horizontal wells in shale gas bed. Tezhong Youqicang-Spec. Oil Gas Reservoirs 20, 146–150.

Macdonald, R., Frantz Jr., J., Merriam, G., Schlotterbeck, S., 2002. Comparing production responses from Devonian shale and Berea Wells stimulated with nitrogen foam and prop- pant vs. nitrogen-only, pike co., Kentucky. In: SPE Annual Technical Conference and Exhibition. Society of Petroleum Engineers.

Maranuk, C., Mickael, M., Zimmermann, P., 2013. Applications of a unique spectral azi- muthal gamma ray tool to unconventional reservoirs. In: SPWLA 54th Annual Logging Symposium. Society of Petrophysicists and Well-Log Analysts.

Mason, C.F., Muehlenbachs, L.A., Olmstead, S.M., 2015. The economics of shale gas devel- opment. Ann. Rev. Resour. Econ. 7, 269–289.

Meyer, B.R., Bazan, L.W., Jacot, R.H., Lattibeaudiere, M.G., 2010. Optimization of mul- tiple transverse hydraulic fractures in horizontal wellbores. In: SPE Unconventional Gas Conference. Society of Petroleum Engineers.

Mickael, M.W., Barnett, C., Diab, M.S., 2012. Shear wave anisotropy measurement from azimuthally focused LWD sonic tool. In: SPE Canadian Unconventional Resources Conference. Society of Petroleum Engineers.

Miller, C.K., Waters, G.A., Rylander, E.I., 2011. Evaluation of production log data from horizontal wells drilled in organic shales. In: North American Unconventional Gas Con- ference and Exhibition. Society of Petroleum Engineers, The Woodlands, Texas, USA. Moniz, E.J., Jacoby, H.D., Meggs, A.J., Armtrong, R., Cohn, D., Connors, S., Deutch, J., Ejaz, Q., Hezir, J., Kaufman, G., 2011. The Future of Natural Gas. Massachusetts Insti-tute of Technology, Cambridge, MA.

Nome, S., Johnston, P., 2008. From Shale to Shining Shale: A Primer on North American Natural Gas Shale Plays. Deutsche Bank, Red Orbit News, p. 7.

Passey, Q., Creaney, S., Kulla, J., Moretti, F., Stroud, J., 1990. A practical model for organic richness from porosity and resistivity logs. AAPG Bull. 74, 1777–1794.

Rajput, S., Thakur, N.K., 2016. Rock properties. In: Rajput, S., Thakur, N.K. (Eds.), Geo- logical Controls for Gas Hydrate Formations and Unconventionals. Elsevier (Chapter 5).

Schmoker, J.W., 1979. Determination of organic content of Appalachian Devonian shales from formation-density logs: geologic notes. AAPG Bull. 63, 1504–1509.

Schweitzer, R., Bilgesu, H.I., 2009. The role of economics on well and fracture design com- pletions of Marcellus Shale wells. In: SPE Eastern Regional Meeting. Society of Petro- leum Engineers.

Sondergeld, C.H., Newsham, K.E., Comisky, J.T., Rice, M.C., Rai, C.S., 2010. Petro- physical considerations in evaluating and producing shale gas resources. In: SPE Unconventional Gas Conference. Society of Petroleum Engineers, Pittsburgh, Pennsylvania, USA.

Sorrell, S., Gracceva, F., Eriksson, A., Zeniewski, P., Speirs, J., Mcglade, C., Pearson, I., Toft, P., Schuetz, M., Alecu, C., 2012. Unconventional Gas: Potential Energy Market Impacts in the European Union. JRC Scientific and Policy Reports, p. 328.

Taylor, R.S., Glaser, M.A., Kim, J., Wilson, B., Nikiforuk, G., Noble, V., Rosenthal, L., Aguilera, R., Hoch, O.F., Storozhenko, K.K., 2010. Optimization of horizontal well- bore and fracture spacing using an interactive combination of reservoir and fracturing simulation. In: Canadian Unconventional Resources and International Petroleum Con- ference. Society of Petroleum Engineers.

Thiercelin, M., Plumb, R., 1994. A core-based prediction of lithologic stress contrasts in East Texas formations. SPE Form. Eval. 9, 251–258.

Uyar, T.S., Be¸sikci, D., 2017. Integration of hydrogen energy systems into renewable energy systems for better design of 100% renewable energy communities. Int. J. Hydrog. Energy 42, 2453–2456.

Waters, G.A., Lewis, R.E., Bentley, D., 2011. The effect of mechanical properties anisotropy in the generation of hydraulic fractures in organic shales. In: SPE Annual Technical Con- ference and Exhibition. Society of Petroleum Engineers.

Wehunt, D., Hrachovy, M.J., Walker, S.C., Ayyalasomayajula, P.S., 2012. An efficient deci- sion framework for optimizing tight and unconventional resources. In: SPE Hydrocar- bon Economics and Evaluation Symposium. Society of Petroleum Engineers.

Wigger, E., Viswanathan, A., Fisher, K., Slocombe, R., Kaufman, P., Chadwick, C., 2014. Logging solutions for completion optimization in unconventional resource plays. In: SPE/EAGE European Unconventional Resources Conference and Exhibition. Euro- pean Association of Geoscientists & Engineers, pp. 1–17.

Wilson, K., Durlofsky, L.J., 2012. Computational optimization of shale resource develop- ment using reduced-physics surrogate models. In: SPE Western Regional Meeting. Soci- ety of Petroleum Engineers.

Wright, J.D., 2008. Economic evaluation of shale gas reservoirs. In: SPE Shale Gas Produc- tion Conference. Society of Petroleum Engineers.

单位换算表

1ft=0.3048m

1in=2.54cm

1mile=1609.347m

1acre=4046.9m^2

1mile^2=2.59m^2

1bbl=0.1589m^3

1gal=3.785L

1ft^3=0.02832m^3

1lb=0.4536kg

1dyn=1×10^{-5}N

1hp=745.70W

K=°C+273.15

°F=°C×1.8+32

国外油气勘探开发新进展丛书（一）

书号：3592
定价：56.00元

书号：3663
定价：120.00元

书号：3700
定价：110.00元

书号：3718
定价：145.00元

书号：3722
定价：90.00元

国外油气勘探开发新进展丛书（二）

书号：4217
定价：96.00元

书号：4226
定价：60.00元

书号：4352
定价：32.00元

书号：4334
定价：115.00元

书号：4297
定价：28.00元

国外油气勘探开发新进展丛书（三）

书号：4539
定价：120.00元

书号：4725
定价：88.00元

书号：4707
定价：60.00元

书号：4681
定价：48.00元

书号：4689
定价：50.00元

书号：4764
定价：78.00元

国外油气勘探开发新进展丛书（四）

书号：5554
定价：78.00元

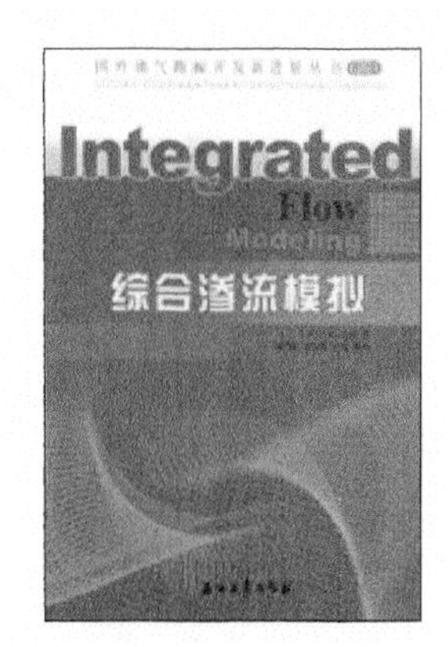

书号：5429
定价：35.00元

书号：5599
定价：98.00元

书号：5702
定价：120.00元

书号：5676
定价：48.00元

书号：5750
定价：68.00元

国外油气勘探开发新进展丛书（五）

书号：6449
定价：52.00元

书号：5929
定价：70.00元

书号：6471
定价：128.00元

书号：6402
定价：96.00元

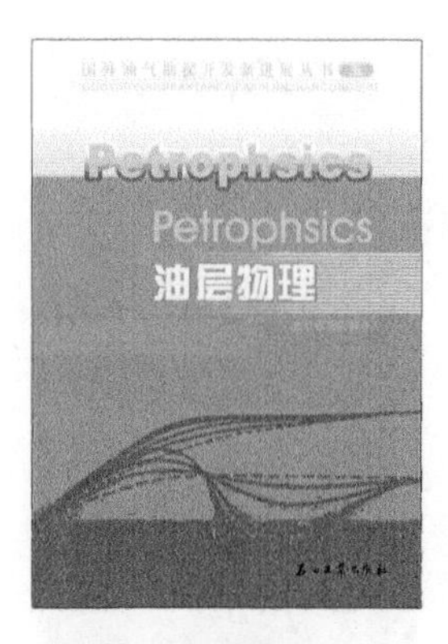

书号：6309
定价：185.00元

书号：6718
定价：150.00元

国外油气勘探开发新进展丛书（六）

书号：7055
定价：290.00元

书号：7000
定价：50.00元

书号：7035
定价：32.00元

书号：7075
定价：128.00元

书号：6966
定价：42.00元

书号：6967
定价：32.00元

书号：8092
定价：38.00元

书号：8804
定价：38.00元

书号：9483
定价：140.00元

国外油气勘探开发新进展丛书（九）

书号：8351
定价：68.00元

书号：8782
定价：180.00元

书号：8336
定价：80.00元

书号：8899
定价：150.00元

书号：9013
定价：160.00元

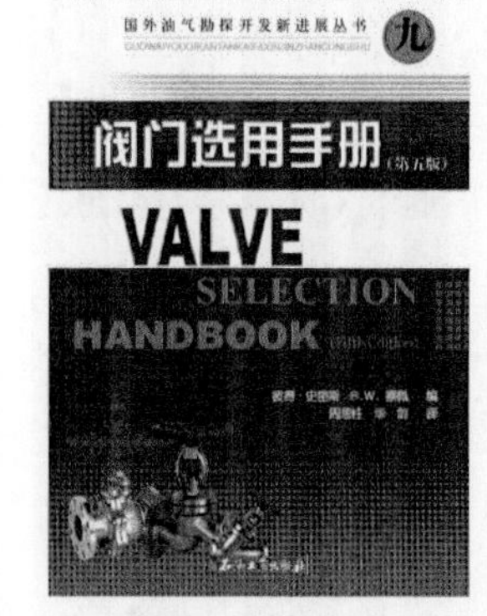

书号：7634
定价：65.00元

国外油气勘探开发新进展丛书（十）

书号：9009
定价：110.00元

书号：9989
定价：110.00元

书号：9574
定价：80.00元

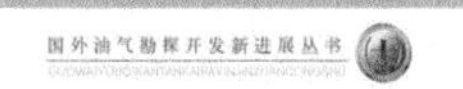

书号：9024
定价：96.00元

书号：9322
定价：96.00元

书号：9576
定价：96.00元

国外油气勘探开发新进展丛书（十一）

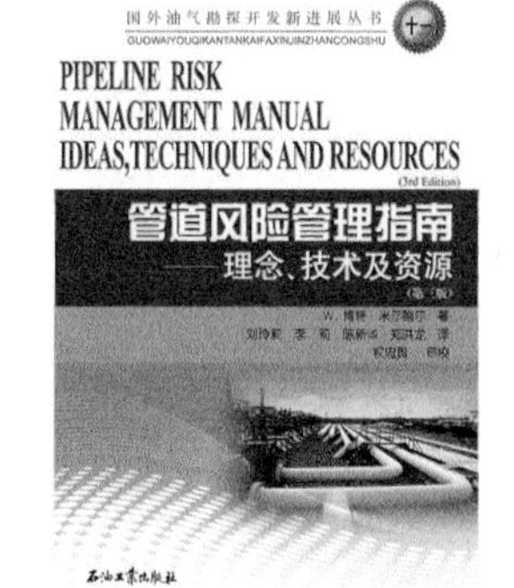

书号：0042
定价：120.00元

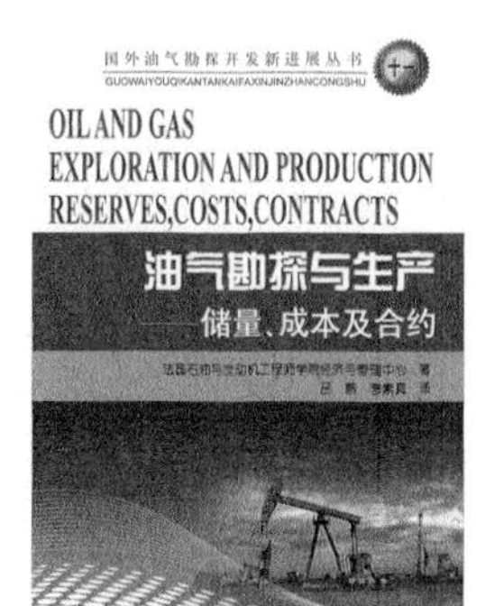

书号：9943
定价：75.00元

书号：0732
定价：75.00元

书号：0916
定价：80.00元

书号：0867
定价：65.00元

书号：0732
定价：75.00元

国外油气勘探开发新进展丛书（十二）

书号：0661
定价：80.00元

书号：0870
定价：116.00元

书号：0851
定价：120.00元

书号：1172
定价：120.00元

书号：0958
定价：66.00元

书号：1529
定价：66.00元

国外油气勘探开发新进展丛书（十三）

书号：1046
定价：158.00元

书号：1167
定价：165.00元

书号：1645
定价：70.00元

书号：1259
定价：60.00元

书号：1875
定价：158.00元

书号：1477
定价：256.00元

国外油气勘探开发新进展丛书（十四）

书号：1456
定价：128.00元

书号：1855
定价：60.00元

书号：1874
定价：280.00元

书号：2857
定价：80.00元

书号：2362
定价：76.00元

国外油气勘探开发新进展丛书（十五）

书号：3053
定价：260.00元

书号：3682
定价：180.00元

书号：2216
定价：180.00元

书号：3052
定价：260.00元

书号：2703
定价：280.00元

书号：2419
定价：300.00元

国外油气勘探开发新进展丛书（十六）

书号：2274
定价：68.00元

书号：2428
定价：168.00元

书号：1979
定价：65.00元

书号：3450
定价：280.00元

书号：3384
定价：168.00元

书号：5259
定价：280.00元

国外油气勘探开发新进展丛书（十七）

书号：2862
定价：160.00元

书号：3081
定价：86.00元

书号：3514
定价：96.00元

书号：3512
定价：298.00元

书号：3980
定价：220.00元

书号：5701
定价：158.00元

国外油气勘探开发新进展丛书（十八）

书号：3702
定价：75.00元

书号：3734
定价：200.00元

书号：3693
定价：48.00元

书号：3513
定价：278.00元

书号：3772
定价：80.00元

书号：3792
定价：68.00元

国外油气勘探开发新进展丛书（十九）

书号：3834
定价：200.00元

书号：3991
定价：180.00元

书号：3988
定价：96.00元

书号：3979
定价：120.00元

书号：4043
定价：100.00元

书号：4259
定价：150.00元

国外油气勘探开发新进展丛书（二十）

书号：4071
定价：160.00元

书号：4192
定价：75.00元

书号：4770
定价：118.00元

书号：4764
定价：100.00元

书号：5138
定价：118.00元

书号：5299
定价：80.00元

国外油气勘探开发新进展丛书（二十一）

书号：4005
定价：150.00元

书号：4013
定价：45.00元

书号：4075
定价：100.00元

书号：4008
定价：130.00元

书号：4580
定价：140.00元

书号：5537
定价：200.00元

国外油气勘探开发新进展丛书（二十二）

书号：4296
定价：220.00元

书号：4324
定价：150.00元

书号：4399
定价：100.00元

书号：4824
定价：190.00元

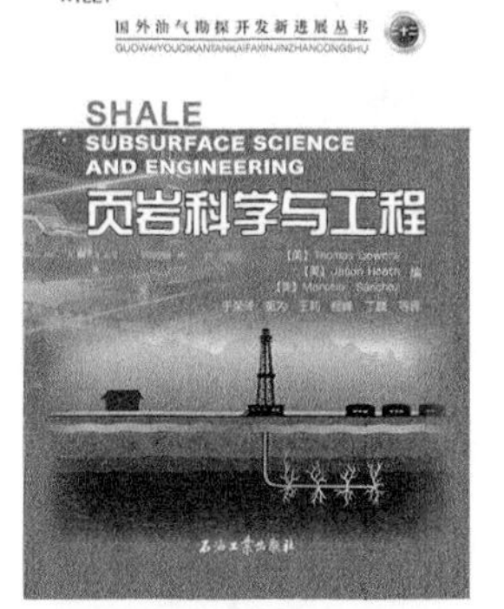

书号：4618
定价：200.00元

书号：4872
定价：220.00元

国外油气勘探开发新进展丛书（二十三）

书号：4469
定价：88.00元

书号：4673
定价：48.00元

书号：4362
定价：160.00元

书号：4466
定价：50.00元

书号：4773
定价：100.00元

书号：4729
定价：55.00元

国外油气勘探开发新进展丛书（二十四）

书号：4658
定价：58.00元

书号：4785
定价：75.00元

书号：4659
定价：80.00元

书号：4900
定价：160.00元

书号：4805
定价：68.00元

书号：5702
定价：90.00元

国外油气勘探开发新进展丛书（二十五）

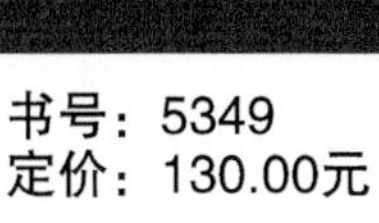

书号：5349
定价：130.00元

书号：5449
定价：78.00元

书号：5280
定价：100.00元

书号：5317
定价：180.00元

书号：6509
定价：258.00元

书号：5718
定价：90.00元

国外油气勘探开发新进展丛书（二十六）

书号：6703
定价：160.00元

书号：6738
定价：120.00元

书号：7111
定价：80.00元

书号：5677
定价：120.00元

书号：6882
定价：150.00元